Reduzierung der Fertigungsprogrammvarianz mittels datenbasierter Ähnlichkeitsanalyse

Reduction of Manufacturing Program Variance through Data-driven Similarity Analysis

Von der Fakultät für Maschinenwesen
der Rheinisch-Westfälischen Technischen Hochschule Aachen
zur Erlangung des akademischen Grades eines
Doktors der Ingenieurwissenschaften
genehmigte Dissertation

vorgelegt von

Marius Paul Krug

Berichter/in:

Univ.-Prof. Dr.-Ing. Dipl.-Wirt. Ing. Günther Schuh
apl. Prof. Dr.-Ing. Wolfgang Boos

Tag der mündlichen Prüfung: 29. Juli 2024

ERGEBNISSE AUS DER PRODUKTIONSTECHNIK

Marius Krug

Reduzierung der Fertigungsprogrammvarianz mittels datenbasierter Ähnlichkeitsanalyse

Herausgeber:
Prof. Dr.-Ing. Dipl.-Wirt. Ing. G. Schuh
Prof. Dr.-Ing. C. Brecher
Prof. Dr.-Ing. R. H. Schmitt

Band 2/2025

WZL | RWTH AACHEN UNIVERSITY

Fraunhofer IPT

Bibliografische Information der Deutschen Nationalbibliothek
Die Deutsche Nationalbibliothek verzeichnet diese Publikation in der Deutschen Nationalbibliografie; detaillierte bibliografische Daten sind im Internet über https://portal.dnb.de abrufbar.

Marius Krug:

Reduzierung der Fertigungsprogrammvarianz mittels datenbasierter Ähnlichkeitsanalyse

1. Auflage, 2025

Gedruckt auf holz- und säurefreiem Papier, 100% chlorfrei gebleicht.

Wissenschaftsverlag des Instituts für Industriekommunikation und Fachmedien
an der RWTH Aachen
Steinbachstr. 25, 52074 Aachen
Internet: www.apprimus-verlag.de, E-Mail: info@apprimus-verlag.de

Druck: CPI Druckdienstleistungen GmbH
Ferdinand-Jühlke-Straße 7 | 99095 Erfurt

ISBN 978-3-98555-253-5

D 82 (Diss. RWTH Aachen University, 2024)

Vorwort

Die vorliegende Dissertation entstand während meiner Zeit als wissenschaftlicher Mitarbeiter am Lehrstuhl für Produktionssystematik des Werkzeugmaschinenlabors WZL der RWTH Aachen. Für die Möglichkeit, in diesem dynamischen und praxisnahen Umfeld lernen, forschen und promovieren zu können, danke ich besonders meinem Doktorvater Herrn Professor Günther Schuh. Großer Dank gilt außerdem Herrn Professor Wolfgang Boos für die Übernahme des Koreferats. Herrn Professor Johannes Henrich Schleifenbaum danke ich für den Prüfungsvorsitz und Herrn Professor Stefan Pischinger für den Prüfungsbeisitz.

Für die bereichernde und prägende Zeit am WZL möchte ich mich herzlich bei meinen Kolleginnen und Kollegen der Abteilung Produktionsmanagement bedanken. Der fachliche Austausch, die gegenseitige Unterstützung und die gemeinsamen Momente nach Feierabend waren für mich nicht nur inspirierend und motivierend, sondern auch ein schöner Ausgleich. Die geteilten Erlebnisse in Projekten, auf Dienstreisen und abseits der Arbeit werden mir in bester Erinnerung bleiben. Mein besonderer Dank gilt auch meinen Hiwis, Bacheloranden und Masteranden, deren tatkräftiger Einsatz eine wertvolle Unterstützung bei der Erarbeitung dieser Dissertation war.

Mein größter Dank gilt meiner Familie. Meine Eltern haben mir viel ermöglicht und beigebracht, mich stets bei meinen Entscheidungen beraten und mir einen einzigartigen Rückhalt gegeben. Der starke familiäre Zusammenhalt mit ihnen und meinen beiden Schwestern hat mir jederzeit die nötige innere Ruhe, die Kraft und das Selbstvertrauen geschenkt, um meine Ziele zu erreichen. Von Herzen danke ich auch meiner Freundin für ihre fortwährende Geduld und ihr großes Verständnis während der Entstehung dieser Arbeit.

Aachen, im Dezember 2024

Marius Krug

Inhaltsübersicht

Inhaltsverzeichnis

Abbildungsverzeichnis

Tabellenverzeichnis

Formelverzeichnis

Formelzeichenverzeichnis

a'_k	-	Normalisierte Ausprägung eines Merkmals k
a_{ik}	-	Ausprägung des Merkmals k bei Objekt i
a_k	-	Ausprägung eines Merkmals k
$a_{max,k}$	-	Maximale Ausprägung des Merkmals k
$a_{min,k}$	-	Minimale Ausprägung des Merkmals k
a_{xf}	-	x-te Ausprägung des Merkmals f
a_{xg}	-	x-te Ausprägung des Merkmals g
A^{FP}	$\mathbb{N}_0$	Anzahl identifizierter Ausreißer in $D^{FT}_{n \times n}$
A^{FT}	$\mathbb{N}_0$	Anzahl identifizierter Ausreißer in $D^{FT}_{n \times n}$
c_l	-	Cluster l
c^{FT}_t	-	Fertigungsteilcluster t
c^{FP}_p	-	Fertigungsprozesscluster p
c^{medoid}_l	-	Objekt im Clusterzentrum des Clusters l
CP_c	[0; 1]	Potenzial des Clusters c
$d^{Ü}_{fg}$	[0; 1]	Distanz zwischen f und g im Merkmal Vorgangsfolge
d^{AP}_{fg}	[0; 1]	Distanz zwischen f und g im Merkmal Arbeitsplatz
d^{BZ}_{fg}	[0; 1]	Distanz zwischen f und g im Merkmal Bearbeitungszeit
d^{FH}_{fg}	[0; 1]	Distanz zwischen f und g im Merkmal Fertigungshilfsmittel
d^{LG}_{fg}	[0; 1]	Distanz zwischen f und g im Merkmal Losgröße
d^{FT}_{fgij}	[0; 1]	Distanz zu f und g gehöriger Fertigungsteile i und j
$d^{(k)}_{ij}$	-	Distanz der Ausprägungen des Merkmals k
d_{ij}	[0; 1]	Distanzmaß zwischen den Objekten i und j

d_{ijfg}^{FP}	[0; 1]	Distanz zu i und j gehöriger Fertigungsprozesse f und g
$d_{c_l}^{avg}(x_i)$	[0; 1]	Durchschnittliche Distanz zwischen Objekt x_i und den übrigen Objekten des Clusters c_l
$d_{c_{l+1}}^{avg}(x_i)$	[0; 1]	Durchschnittliche Distanz zwischen Objekt x_i und den Objekten des nächstgelegenen Clusters c_{l+1}
$d(x_i, c_l^{medoid})$	[0; 1]	Distanz zwischen Objekt x_i und c_l^{medoid}
$D_{m_a \times m_a}^{FP}$	-	Um Ausreißer bereinigte Distanzmatrix der Fertigungsprozessvarianten
$D_{n_a \times n_a}^{FT}$	-	Um Ausreißer bereinigte Distanzmatrix der Fertigungsteilvarianten
DIM^{FT}	ℕ	Dimensionalität der Fertigungsteildaten (FT)
DIM^{x}	ℕ	Dimensionalität des Profils x der Fertigungsprozessdaten
$D_{m \times m}^{Ü}$	-	Distanzmatrix Übergangsprofil
$D_{m \times m}^{AP}$	-	Distanzmatrix Arbeitsplatzprofil
$D_{m \times m}^{BZ}$	-	Distanzmatrix Bearbeitungszeitprofil
$D_{m \times m}^{FH}$	-	Distanzmatrix Fertigungshilfsmittelprofil
$D_{m \times m}^{FP}$	-	Distanzmatrix der Fertigungsprozessvarianten
$D_{m \times m}^{LG}$	-	Distanzmatrix Losgrößenprofil
$D_{n \times n}^{FT}$	-	Distanzmatrix der Fertigungsteilvarianten
FPV	[0; ∞[	Fertigungsprogrammvarianz
$FPVV$	[0; ∞[	Varianzverhältnis
GP_i	[0; 1]	Potenzial der Gruppe von Variantenkombinationen mit identischer Fertigungsteilvariante i
H_{ik}	$\mathbb{N}_0$	Anzahl Spalten der Merkmalsgruppe i, die mit Spalte k stark korrelieren
k^{FT}	ℕ	Parameter der kNN Heuristik für Fertigungsteildaten
k^{x}	ℕ	Parameter der kNN Heuristik für das Profil x der Fertigungsprozessdaten
K	-	Anzahl der Cluster
$K^{FP,eins}$	$\mathbb{N}_0$	Anzahl identifizierter Einzelcluster in $D_{m_a \times m_a}^{FP}$

$K^{FP,opt}$	$\mathbb{N}$	Anzahl an Clustern in $D^{FP}_{m_a \times m_a}$, für die ZF^{FP} minimal ist
K^{FP}	$\mathbb{N}$	Anzahl identifizierter Cluster in $D^{FP}_{m_a \times m_a}$
$K^{FT,eins}$	$\mathbb{N}_0$	Anzahl identifizierter Einzelcluster in $D^{FT}_{n \times n}$
$K^{FT,opt}$	$\mathbb{N}$	Anzahl an Clustern in $D^{FT}_{n_a \times n_a}$, für die ZF^{FT} minimal ist
K^{FT}	$\mathbb{N}$	Anzahl identifizierter Cluster in $D^{FT}_{n_a \times n_a}$
LG_{if}	$\mathbb{N}$	Losgröße des i zugehörigen Fertigungsprozesses f
m_a	$\mathbb{N}$	Anzahl Dimensionen der Distanzmatrix $D^{FP}_{m_a \times m_a}$
m_f	-	Arithm. Mittel der Ausprägungen des Merkmals f
m_g	-	Arithm. Mittel der Ausprägungen des Merkmals g
$\max \sum LG$	$\mathbb{N}$	Maximale im Betrachtungsbereich aufgetretene Summe an Losgrößen zu einer Fertigungsteilvariante
$\min d^{FT}_d$	[0; 1]	Distanz des als Ausreißer identifizierten Fertigungsteils d zur nächstgelegenen Variante in $D^{FT}_{n \times n}$
$\min d^{FT}_e$	[0; 1]	Distanz des als Einzelcluster vorliegenden Fertigungsteils e zur nächstgelegenen Variante in $D^{FT}_{n_a \times n_a}$
$\min d^{FT}_i$	[0; 1]	Distanz des Fertigungsteils i zur nächstgelegenen Fertigungsteilvariante
$\min d^{FP}_{if}$	[0; 1]	Distanz des zu i gehörigen Fertigungsprozesses f zur nächstgelegenen Fertigungsprozessvariante
$\min d^{FP}_r$	[0; 1]	Distanz des als Einzelcluster vorliegenden Fertigungsprozesses r zur nächstgelegenen Variante in $D^{FP}_{m_a \times m_a}$
$\min d^{FP}_s$	[0; 1]	Distanz des als Ausreißer identifizierten Fertigungsprozesses s zur nächstgelegenen Variante in $D^{FP}_{m \times m}$
M	-	Anzahl der Merkmale
M_i	$\mathbb{N}_0$	Anzahl unkorrelierter Spalten der Merkmalsgruppe i
$MinPts$	$\mathbb{N}$	Schwellenwert für die Anzahl an Objekten in einer ϵ-Umgebung um ein Kernobjekt
$MinPts^{FT}$	$\mathbb{N}$	Parameter $MinPts$ für die Fertigungsteildaten
$MinPts^{x}$	$\mathbb{N}$	Parameter $MinPts$ für das Profil x der Fertigungsprozessdaten

n_a	ℕ	Anzahl Dimensionen der Distanzmatrix $D^{FT}_{n_a \times n_a}$
N	ℕ	Anzahl der Merkmalsgruppen im Datensatz
N_i^{FP}	ℕ	Anzahl i zugehöriger Fertigungsprozessvarianten
N_{ij}^{FPKomb}	ℕ	Anzahl Kombinationsmöglichkeiten zu i und j gehöriger Fertigungsprozessvarianten
p_i	-	Verkaufspreis pro Stück des Fertigungsteils i
P_{cu}	[0; 1]	Potenzial der zu c gehörenden Variantenkombination u
P_{fg}^{NivLG}	[0; 1]	Potenzial einer Nivellierung der Losgrößen von f und g
P_{fgij}^{NivBZ}	[0; 1]	Potenzial einer Nivellierung der Bearbeitungszeiten von f und g
P_{fgij}^{PrzSt}	[0; 1]	Potenzial einer Prozess-Standardisierung von f und g
P_{fgij}^{Pstpn}	[0; 1]	Potenzial eines Postponements von f und g
P_{if}^{FlxFT}	[0; 1]	Potenzial flexibler Fertigungstechniken für die zu i gehörenden Fertigungsprozessvarianten f
P_{if}^{Knd}	[0; 1]	Potenzial einer Kündigung des Fertigungsteils i
P_{if}^{Outsrc}	[0; 1]	Potenzial flexibler Fertigungstechniken für die zu i gehörenden Fertigungsprozessvarianten f
P_{ijfg}^{PrdSt}	[0; 1]	Potenzial einer Produkt-Standardisierung von i und j
P_{iv}	[0; 1]	Potenzial der Variantenkombination v mit identischer Fertigungsteilvariante i
r	≥ 1	Minkowski-Konstante
r_{fg}	[0; 1]	Korrelationskoeffizient zwischen Merkmal f und g
R_k	-	Spannweite der Ausprägungen des Merkmals k
s_{ij}	[0; 1]	Ähnlichkeitsmaß zwischen den Objekten i und j
$s(x_i)$	[−1; 1]	Silhouetten-Koeffizient für Objekt x_i
S_{ih}^{FH}	{0; 1}	Vorkommen des Fertigungshilfsmittels h in Prozessinstanz i
S_i^{LG}	ℕ	Losgröße der Prozessinstanz i
S_{if}^{AP}	{0; 1}	Vorkommen des Arbeitsplatzes f in Prozessinstanz i

S_{if}^{BZ}	$[0;\infty[$	Verweildauer der Prozessinstanz i auf AP f
S_{ig}^{AP}	$\{0;1\}$	Vorkommen des Übergangs g in Prozessinstanz i
V^{FP}	$[0;\infty[$	Fertigungsprozessvarianz
V^{FT}	$[0;\infty[$	Fertigungsteilvarianz
V_c	$\mathbb{N}$	Anzahl zu c gehörender Variantenkombinationen
$w_{Ü}$	$[0;1]$	Gewichtungsfaktor Übergangsprofil
w_{AP}	$[0;1]$	Gewichtungsfaktor Arbeitsplatzprofil
w_{BZ}	$[0;1]$	Gewichtungsfaktor Bearbeitungszeitprofil
w_B^x	$[0;1]$	Gewichtungsfaktor des Beitrags zur Varianzreduktion für $x \in \left\{\begin{matrix} PrdSt, Knd, PrzSt, Pstpn, \\ NivLG, NivBZ, FlxFT, Outsrc \end{matrix}\right\}$
w_{FH}	$[0;1]$	Gewichtungsfaktor Fertigungshilfsmittelprofil
w_{LG}	$[0;1]$	Gewichtungsfaktor Losgrößenprofil
w_U^x	$[0;1]$	Gewichtungsfaktor der Umsetzbarkeit für $x \in \left\{\begin{matrix} PrdSt, Knd, PrzSt, Pstpn, \\ NivLG, NivBZ, FlxFT, Outsrc \end{matrix}\right\}$
w_i	$[0;1]$	Gewichtungsfaktor der Merkmalsgruppe i
w_{ij}	$[0;1]$	Gewichtungsfaktor der unkorrelierten Spalte j der Merkmalsgruppe i
w_{ik}^{kor}	$[0;0{,}5]$	Gewichtungsfaktor der stark korrelierten Spalte k der Merkmalsgruppe i
W_i	$\mathbb{N}$	Anzahl Variantenkombinationen mit identischer Fertigungsteilvariante i
ZF^{FP}	-	Zielfunktion der Fertigungsprozessvarianz
ZF^{FT}	-	Zielfunktion der Fertigungsteilvarianz
$\delta_{ij}^{(k)}$	-	Vergleichbarkeit hinsichtlich des Merkmals k
δ	-	Gewichtungsfaktor der allgemeinen Ähnlichkeitsfunktion
λ	-	Gewichtungsfaktor der allgemeinen Ähnlichkeitsfunktion
ϵ	-	Radius der ϵ-Umgebung um ein Objekt

Abkürzungsverzeichnis

AGNES	AGlomerative NESting
AP	Arbeitsplatz
arithm.	arithmetisch
Artikel-Nr.	Artikelnummer
Auftrags-Nr.	Auftragsnummer
B	Bohren
BDE	Betriebsdatenerfassung
bspw.	beispielsweise
bzw.	beziehungsweise
BZ	Bearbeitungszeit
CAD	Computer Aided Design
CAE	Computer Aided Engineering
CAM	Computer Aided Manufacturing
CLD	Casual Loop Diagram
CM2	Complexity adjusted contribution margin
CRISP-DM	Cross-Industry Standard Process for Data Mining
D	Drehen
DBSCAN	Density-Based Spatial Clustering of Applications with Noise
DCC	System Design Driver Classification Code
d.h.	das heißt
DIANA	DIvisive ANAlysis
DIN	Deutsches Institut für Normung
DM	Data Mining
DOE	Design of Experiment
Durchm.	Durchmesser

ECC	Enabler Classification Code
ERP	Enterprise Resource Planning
et al.	et alii
F	Fräsen
FH	Fertigungshilfsmittel
GAMS	General Algebraic Modeling System
ggf.	gegebenenfalls
i.A.a.	in Anlehnung an
ID	Identifikator
IEEE	Institute of Electrical and Electronics Engineers
IQR	Interquartilabstand
ISO	International Organization for Standardization
KKP	Kundenkopplungspunkt
kNN	k-Nächster-Nachbar
LCC	System Layout Classification Code
LG	Losgröße
MDE	Maschinendatenerfassung
MES	Manufacturing Execution System
MIP	Mixed Integer Programm
ML	Maschinelles Lernen
norm.	normiert
o.Ä.	oder Ähnliche
PBCM	Process-Based Cost Modeling Program
PCC	Process Classification Code
PDM	Produktdatenmanagement
PLM	Product Lifecycle Management
PSCC	Production System Classification Code
RWTH	Rheinisch-Westfälische Technische Hochschule
S.	Seite
SD	System Dynamics
sog.	sogenannt

STING	STatistical INformations Grid
TSP	Traveling Salesman Problem
u.a.	unter anderem
UML	Unified Modeling Language
V	Vorrichtung
Var.-Komb.	Variantenkombination
VCC	variety-induced complexity cost
VCCF	variety-induced complexity cost factors
VDI	Verein Deutscher Ingenieure
vgl.	vergleiche
W	Werkzeug
WZL	Werkzeugmaschinenlabor
z.B.	zum Beispiel

Zusammenfassung

Als Folge einer wachsenden Angebotsvielfalt ist in vielen produzierenden Unternehmen eine Steigerung der internen Fertigungsprogrammvarianz zu verzeichnen, die sich in erhöhten Kosten für Administration und Herstellung des erweiterten Fertigungsteilespektrums niederschlägt. Trotz steigender Absätze führen diese varianzinduzierten Kosten häufig zu einer unbeabsichtigten Verschlechterung der Wirtschaftlichkeit und Wettbewerbsfähigkeit der Unternehmen, der es mit einer Reduzierung der Fertigungsprogrammvarianz zu entgegnen gilt.

Zur Reduzierung der Fertigungsprogrammvarianz und Steigerung der Profitabilität steht im Variantenmanagement eine Reihe von Maßnahmen zur Verfügung, deren effektive Anwendung Transparenz über die bestehende Fertigungsprogrammvarianz voraussetzt. In Folge variantenreicher Fertigungsprogramme ist diese Transparenz mit manuellen Methoden jedoch kaum aufwandsgerecht zu ermitteln. Datenbasierte Ähnlichkeitsanalyseverfahren bieten Potenzial zur Reduzierung des manuellen Aufwands, finden für eine übergreifende Ermittlung und Reduzierung der Fertigungsprogrammvarianz jedoch bisher keine Verwendung.

Das Ziel der Arbeit ist die Entwicklung eines Vorgehens zur aufwandsgerechten Ermittlung und Reduzierung der Fertigungsprogrammvarianz durch Verwendung datenbasierter Ähnlichkeitsanalysen. Die Methodik setzt sich aus drei Lösungsmodulen zusammen. Das erste Modul widmet sich der Definition und Erzeugung einer modellierungsgerechten Datengrundlage. Darauf aufbauend wird im zweiten Modul eine Vorgehensweise zur Ermittlung der Fertigungsprogrammvarianz mittels datenbasierter Ähnlichkeitsanalyse entwickelt. Im dritten Lösungsmodul werden die Ergebnisse anschließend zur Identifikation potenzialstarker Anwendungsbereiche varianzreduzierender Maßnahmen verwendet, die eine Entscheidungsunterstützung zur Reduzierung der Fertigungsprogrammvarianz ermöglichen.

Summary

As manufacturers expand their product offerings, they encounter a rise in internal manufacturing program variance, resulting in higher costs for the administration and production of a wider array of manufacturing components. Despite increased sales, these variance-induced costs often lead to an unintentional deterioration of the profitability and competitiveness of the companies, necessitating the reduction of manufacturing program variance.

To reduce manufacturing program variance and increase profitability, variant management offers several viable measures. However, their effective implementation requires clear insights into the existing manufacturing program variance. Due to the large number of variants within the manufacturing programs, manual methods are insufficient for assessing these variances with reasonable effort. Data-driven similarity analyses present an opportunity to streamline this process, but have not yet been used for a comprehensive assessment and reduction of manufacturing program variance.

The objective of this thesis is to develop an approach for assessing and reducing manufacturing program variance with reasonable effort by utilizing data-driven similarity analyses. The methodology comprises three solution modules. The first module is dedicated to the definition and generation of a data foundation suitable for modeling. Based on this, the second module develops a procedure for assessing manufacturing program variance through data-driven similarity analyses. In the third solution module, the outcomes are leveraged to identify high-potential areas for implementing variance-reducing measures, thereby supporting the decision-making process for reducing manufacturing program variance.

1 Einleitung

Zur Einleitung der Dissertationsschrift wird die Motivation für das Forschungsvorhaben dargelegt (vgl. Kapitel 1.1). Darauf aufbauend werden die Zielsetzung der Arbeit beschrieben sowie die Haupt- und Teilforschungsfragen formuliert (vgl. Kapitel 1.2). Nach der Erläuterung des forschungsmethodischen Rahmens (vgl. Kapitel 1.3) wird abschließend der Aufbau der Arbeit erklärt (vgl. Kapitel 1.4).

1.1 Motivation

Nachdem Absatzmärke in der Vergangenheit durch variantenarme Produkte und hauptsächlich nationalen Wettbewerb geprägten waren, sehen sich produzierende Unternehmen heute vermehrt kundenindividuellen Anforderungen, verkürzten Produktlebenszyklen und einem turbulenten, globalen Handelsumfeld ausgesetzt.[1] Um dem Markt gerecht zu werden und weiterhin wettbewerbsfähig zu bleiben, reagieren Unternehmen mit einer Erhöhung der externen Angebotsvielfalt[2], oder ermöglichen Individualisierungen in Form einer kundenspezifischen Produktentwicklung.[3] Als Folge ist eine steigende externe Produktvarianz zu verzeichnen. So gaben in einer Studie aus dem Jahre 2021 zwei Drittel der befragten Unternehmen an, dass sich die Variantenzahl in den letzten zehn Jahren mindestens verzehnfacht hat.[4] Insbesondere in der Einzel- und Kleinserienfertigung, die durch kundenauftragsgetriebene Produktion nach dem engineer- oder make-to-order Prinzip geprägt ist, ist eine hohe Produktvarianz zu beobachten.[5] Um die geforderte externe Produktvarianz zu bedienen, steigt in den Unternehmen auch die interne Fertigungsteilvarianz und die Wiederverwendungshäufigkeit bestehender Fertigungsteilvarianten sinkt.[6] Aufgrund des breiteren

---

1 Vgl. Bauernhansl, T./ Miehe, R. (2020) Industrielle Produktion – Historie, Treiber und, S. 23.
2 Vgl. Krause, D./ Gebhardt, N. (2023) Methodical Development of Modular Product, S. 6.
3 Vgl. Wiendahl, H.-P./ Wiendahl, H.-H. (2020) Betriebsorganisation für Ingenieure, S. 148.
4 Vgl. Maetschke, J. et al. (2022) PPS-Report 2021, S. 402.
5 Vgl. Moser, T. et al. (2020) Industrie 4.0 – Konsequenzen für, S. 69.
6 Vgl. Krause, D./ Gebhardt, N. (2023) Methodical Development of Modular Product, S. 6.

Fertigungsteilespektrums erhöht sich der Flexibilitätsbedarf in der Fertigung, sodass betroffene Unternehmen vermehrt nach dem dafür geeigneten Werkstattprinzip fertigen.[7] In dieses werden zur Herstellung des breiteren Fertigungsspektrums zusätzliche Arbeitsvorgänge, Fertigungsmittel und Fertigungshilfsmittel wie Vorrichtungen, Werkzeuge und NC-Programme integriert. Die Folgen sind eine zunehmende Prozessvielfalt, eine hohe Materialflusskomplexität, eine kaum vorhersehbare Auslastung der Fertigungsressourcen und hohe Werkzeug- sowie Fertigungshilfsmittelkosten.[8] Trotz steigenden Absatzes durch neue Fertigungsteile sinken über die Breite des Fertigungsspektrums die Losgrößen, was häufigeres Umrüsten erfordert und schwankende Bearbeitungszeiten an den Fertigungsmitteln verursacht.[9] In den Unternehmen steigt mit der Fertigungsteilvarianz somit auch die Fertigungsprozessvarianz, die gemeinsam unter dem Begriff der Fertigungsprogrammvarianz zusammengefasst werden. Als häufigster und wesentlicher Nachteil einer hohen Fertigungsprogrammvarianz werden dabei steigende Kosten genannt. So ist pro Fertigungsteil mit jährlichen Administrationskosten von bis zu 15.000 € zu rechnen, während in der Herstellung 15-20% der Stückkosten varianzinduziert sind.[10]

Produzierende Unternehmen stehen daher vor der Herausforderung, die Fertigungsprogrammvarianz zu reduzieren, um in einem globalen Wettbewerbsumfeld mit hohem Kostendruck zu bestehen. Dabei stellen neben Produktkündigungen insbesondere Standardisierungsmaßnahmen zentrale Hebel zur Reduzierung der Fertigungsprogrammvarianz und Steigerung der Wirtschaftlichkeit dar.[11] Die Erzeugung von Standards auf Fertigungsteil- und Fertigungsprozessseite gestaltet sich jedoch vor allem in der Einzel- und Kleinserienfertigung als schwierig, da die Anzahl an Fertigungsteilvarianten und die damit einhergehende Fertigungsprozessvarianz besonders ausgeprägt sind.[12] So zeigen branchentypische Fallbeispiele aus der Industrie Unternehmen mit über 90.000 Fertigungsteilen, die auf über 100 verschiedenen Fertigungsmitteln in mehr als 4.000 unterschiedlichen Fertigungsprozessabläufen produziert

---

7 Vgl. Lödding, H. (2016) Verfahren der Fertigungssteuerung, S. 126; Kellner, F./ Lienland, B./ Lukesch, M. (2020) Produktionswirtschaft, S. 76.

8 Vgl. Lyons, A./ Um, J./ Sharifi, H. (2020) Product variety, customisation and business, S. 8 - 30.

9 Vgl. Krause, D./ Gebhardt, N. (2023) Methodical Development of Modular Product, S. 39.

10 Vgl. Ehrlenspiel, K. et al. (2020) Kostengünstig Entwickeln und Konstruieren, S. 313 - 316; Myrodia, A. et al. (2021) Identifying variety-induced complexity cost factors, S. 385.

11 Vgl. Schuh, G. et al. (2021) Sustainable innovation, S. 215 - 216.

12 Vgl. Schuh, G. et al. (2019) Data Structure of the Digital, S. 1094; Koether, R./ Meier, K.-J. (2020) Lean Production für die variantenreiche, S. 69.

werden.[13] In der Folge ist die Fertigungsprogrammvarianz in der Praxis oft zu groß, um sie mit vertretbarem Aufwand manuell zu erfassen.[14] Dennoch ist eine detaillierte Ermittlung der Fertigungsprogrammvarianz eine notwendige Voraussetzung, um Transparenz zu schaffen und Potenziale zur Varianzreduktion zu identifizieren, die das Dilemma zwischen individueller Produktion ("Economies of Scope") und Massenproduktion ("Economies of Scale") adressieren.[15] Eine Alternative zur manuellen Ermittlung der Fertigungsprogrammvarianz stellt die Nutzung von Daten dar, die in modernen Produktionsbetrieben kontinuierlich in großen Mengen erfasst werden. Die Analyse dieser Daten mit Methoden aus den Bereichen Data Mining und maschinelles Lernen schafft in der Praxis bereits erhebliche Wettbewerbsvorteile.[16] Übertragen auf die Herausforderungen einer steigenden Fertigungsprogrammvarianz haben diese Methoden das Potenzial, ein effektives Variantenmanagement zu unterstützen, werden in produzierenden Unternehmen jedoch kaum eingesetzt.[17] Beispiele aus der Produktentwicklung zeigen, dass insbesondere datenbasierte Ähnlichkeitsanalysen, z.B. durch Anwendung von Clusteringalgorithmen, ein geeignetes Hilfsmittel des Variantenmanagements darstellen. So finden sie bereits heute Verwendung, um Fertigungsteile automatisiert zu klassifizieren[18] oder die Wiederverwendung entwickelter Teilumfänge in der Konstruktion zu erhöhen.[19] Zur Ermittlung und Reduzierung der Fertigungsprogrammvarianz ist jedoch eine übergreifende Betrachtung der Fertigungsteil- und Fertigungsprozessvarianten im Sinne eines ganzheitlichen Variantenmanagements erforderlich.[20] An dieser Stelle setzt die vorliegende Arbeit an.

1.2 Zielsetzung der Arbeit und Konzeption der Forschungsfrage

Das Ziel der vorliegenden Dissertation ist es, ein Vorgehen zur Reduzierung der Fertigungsprogrammvarianz mittels datenbasierter Ähnlichkeitsanalyse zu entwickeln.

---

13 Vgl. Brecher, C. et al. (2012) Integrative Business and Technology Cases, S. 1057; Schuh, G. et al. (2013) Designing Rotationally Symmetric Products for, S. 287 - 288.

14 Vgl. Krause, D./ Gebhardt, N. (2023) Methodical Development of Modular Product, S. 21.

15 Vgl. Wiendahl, H.-P./ Scholtissek, P. (1994) Management and Control of Complexity, S. 539; Produ, T./ Laperrière, L./ Reinhart, G. (2017) CIRP Encyclopedia of Production Engineering, S. 3.

16 Vgl. Dogan, A./ Birant, D. (2021) Machine learning and data mining.

17 Vgl. Schuh, G. et al. (2019) Data Mining Definitions and Applications, S. 874.

18 Vgl. Wiendahl, H.-P./ Wiendahl, H.-H. (2020) Betriebsorganisation für Ingenieure, S. 179.

19 Vgl. Cadenas (o.J.) PARTsolutions; Dassault Systemes (o.J.) OnePart; Siemens (o.J.) Geolus Shape Search; Simuform (o.J.) Similia; Simus Systems (o.J.) Simus Classmate.

20 Vgl. Schuh, G./ Riesener, M. (2018) Produktkomplexität managen, S. 18; Ehrlenspiel, K. et al. (2020) Kostengünstig Entwickeln und Konstruieren, S. 317 - 322.

Auf diese Weise sollen eine Reduzierung varianzinduzierter Aufwendungen und eine Verbesserung der Wirtschaftlichkeit anwendender Unternehmen ermöglicht werden, um einen nachhaltigen Beitrag zur Steigerung ihrer Wettbewerbsfähigkeit zu leisten. Durch die Verwendung datenbasierter Ähnlichkeitsanalyseverfahren soll außerdem eine gegenüber manuellen Methoden aufwandsarme Möglichkeit zur Ermittlung der Varianz in variantenreichen Fertigungsprogrammen geschaffen werden. Diese soll anschließend als Grundlage zur Identifikation potenzialstarker Anwendungsbereiche für varianzreduzierende Maßnahmen dienen. Das Ziel der Forschungsarbeit lässt sich daher wie folgt zusammenfassen:

Ziel des Forschungsvorhabens ist die Entwicklung eines systematischen Vorgehens zur Reduzierung der Fertigungsprogrammvarianz, das durch datenbasierte Ähnlichkeitsanalysen eine aufwandsarme Ermittlung der Varianz in variantenreichen Fertigungsprogrammen ermöglicht und AnwenderInnen in der Identifikation potenzialstarker Anwendungsbereiche für varianzreduzierende Maßnahmen unterstützt.

Die Zielerreichung der Methodik wird durch drei Lösungsmodule adressiert:

(1) Das *Eingangsmodul* widmet sich der Definition und Erzeugung einer modellierungsgerechten Datengrundlage.

(2) Darauf aufbauend wird im *Vorgehensmodul* eine Vorgehensweise zur Ermittlung der Fertigungsprogrammvarianz mittels datenbasierter Ähnlichkeitsanalyse entwickelt.

(3) Im *Ergebnismodul* werden die Ergebnisse anschließend zur Identifikation potenzialstarker Anwendungsbereiche varianzreduzierender Maßnahmen verwendet, die eine Entscheidungsunterstützung zur Reduzierung der Fertigungsprogrammvarianz ermöglichen.

Nach KUBICEK ist Forschung als ein Lernprozess zu verstehen, in dem durch die Beantwortung theoriegeleiteter, an die Realität gestellter Fragen neues Erfahrungswissen entsteht.[21] Aus der zuvor beschriebenen Motivation und Zielstellung lässt sich für diese Forschungsarbeit daher folgende übergeordnete Forschungsfrage ableiten:

Wie kann die Fertigungsprogrammvarianz mittels datenbasierter Ähnlichkeitsanalysen systematisch reduziert werden?

21 Vgl. Kubicek, H. (1976) Heuristische Bezugsrahmen und heuristisch angelegte, S. 14.

Die Beantwortung der übergeordneten Forschungsfrage soll es produzierenden Unternehmen ermöglichen, auch ohne umfangreiches Methodenwissen und zeitintensive manuelle Analysen Transparenz über die bestehende Fertigungsprogrammvarianz zu erhalten und Potenziale für deren Reduzierung zu identifizieren. Durch die Anwendung datenbasierter Ähnlichkeitsanalyseverfahren wird dabei eine aufwandsgerechte Varianzermittlung auch bei variantenreichen Fertigungsprogrammen gewährleistet. Eine Entscheidungsunterstützung dient darüber hinaus der anwendungsorientierten Nutzbarkeit der Ergebnisse der zu entwickelnden Methodik.

1.3 Forschungsmethodischer Rahmen

Zur strukturierten Beantwortung der übergeordneten Forschungsfrage dient die Wissenschaft, die als eine forschende Tätigkeit begründetes, geordnetes und für gesichert erachtetes Wissen hervorbringt.[22] Die wissenschaftliche Positionierung der Arbeit folgt dabei der Wissenschaftssystematik nach ULRICH & HILL, die den Begriff der Wissenschaft in die Bereiche der Real- und Formalwissenschaften unterteilen. Dabei liegt der Fokus der Formalwissenschaften auf der Konstruktion regelbasierter Zeichensysteme wie der Philosophie, Logik oder Mathematik. Die Realwissenschaften verfolgen demgegenüber das Ziel, wahrnehmbare Ausschnitte der Wirklichkeit zu beschreiben, zu erklären und zu gestalten. Die Erklärung von Wirklichkeitsausschnitten wird auch als reine Grundlagenwissenschaft bezeichnet, mit der theoretische Ziele verfolgt werden. Die Gestaltung von Wirklichkeitsausschnitten wird demgegenüber den angewandten Handlungswissenschaften zugeordnet. Diese verfolgen praktische Ziele, indem menschliche Handlungsalternativen analysiert und Entscheidungsprozesse zur Gestaltung sozialer und technischer Systeme entwickelt werden.[23]

Das Thema der vorliegenden Arbeit, die Reduzierung der Fertigungsprogrammvarianz mittels datenbasierter Ähnlichkeitsanalyse, lässt sich in das ingenieurwissenschaftliche Forschungsgebiet des Produktionsmanagements einordnen. Damit gehört die Arbeit zu den angewandten Handlungswissenschaften im Bereich der Formalwissenschaft (vgl. Abbildung 1.1).

---

22 Vgl. Dudenredaktion (o.J.) Wissenschaft, die.

23 Vgl. Ulrich, P./ Hill, W. (1976) Wissenschaftstheoretische Grundlagen der Betriebswirtschaftslehre, S. 350.

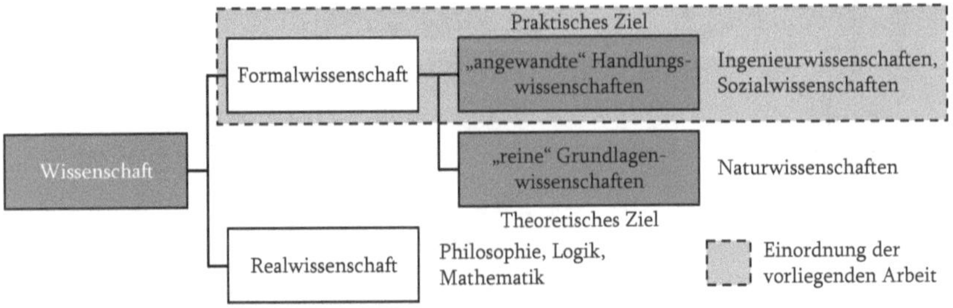

Abbildung 1.1: Einordnung entsprechend der Wissenschaftssystematik[24]

Elementar für den Lernprozess durch Forschung ist neben der in den vorherigen Kapiteln dargelegten Motivation und Zielstellung außerdem das der Hauptforschungsfrage zugrundeliegende Vorverständnis des Autors.[25] Dieses beruht auf seiner Tätigkeit als wissenschaftlicher Mitarbeiter am Werkzeugmaschinenlabor WZL der RWTH Aachen, während derer der Autor zahlreiche Forschungsprojekte sowie Beratungsprojekte in der produzierenden Industrie durchgeführt und geleitet hat. Das auf diese Weise gewonnene Erfahrungswissen wurde durch relevante Literatur im Themenfeld ergänzt und durch Diskussionen während der Betreuung einer Vielzahl von Bachelor- und Masterarbeiten weiterentwickelt. Der fortlaufende Austausch mit Industrie- und FachkollegInnen hat darüber hinaus zur kritischen Reflexion der Praxis- und Forschungsrelevanz sowie zur inhaltlichen Ausrichtung der Lösungskonzeption beigetragen.

Das beschriebene Vorverständnis des Autors lässt sich nach KUBICEK in einem heuristischen Bezugsrahmen abbilden, der die Kategorien und Analyseeinheiten im Kontext der Problemstellung zueinander in Beziehung setzt. Auf diese Weise werden das Vorverständnis sowie die theoretische Perspektive des Autors auf die übergeordnete Forschungsfrage expliziert und eine weitere, schrittweise Präzisierung Forschungsfrage durch Unterforschungsfragen unterstützt.[26] Der heuristische Bezugsrahmen für die vorliegende Arbeit ist in Abbildung 1.2 dargestellt.

---

24 i.A.a. Ulrich, P./ Hill, W. (1976) Wissenschaftstheoretische Grundlagen der Betriebswirtschaftslehre, S. 350.

25 Vgl. Kubicek, H. (1976) Heuristische Bezugsrahmen und heuristisch angelegte, S. 14 - 15.

26 Vgl. Kubicek, H. (1976) Heuristische Bezugsrahmen und heuristisch angelegte, S. 17 - 24.

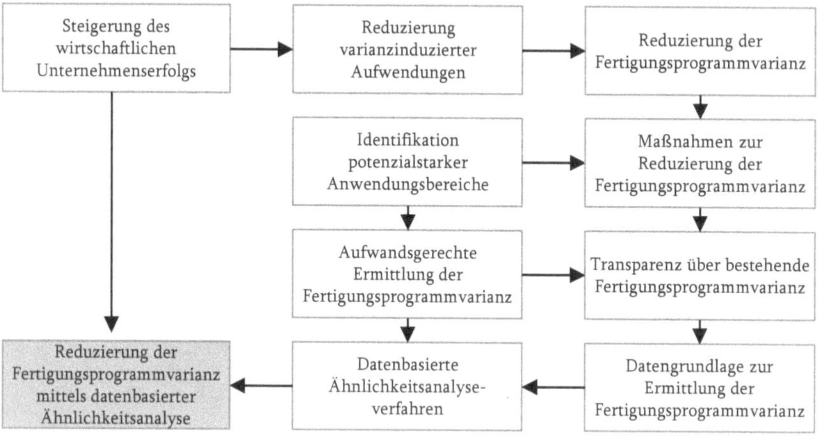

Abbildung 1.2: Heuristischer Bezugsrahmen des Vorverständnisses

Auf Basis der Zielstellung, der übergeordneten Forschungsfrage sowie des heuristischen Bezugsrahmens werden zur Strukturierung des forschungsmethodischen Vorgehens die folgenden Unterforschungsfragen abgeleitet:

(1) Wie muss eine Datengrundlage zur Erzeugung von Transparenz über die Fertigungsprogrammvarianz gestaltet sein?

(2) Wie kann die Fertigungsprogrammvarianz mittels datenbasierter Ähnlichkeitsanalysen ermittelt werden?

(3) Wie können Potenziale zur Reduzierung der Fertigungsprogrammvarianz datenbasiert identifiziert und durch eine Entscheidungsunterstützung in Maßnahmen überführt werden?

Das wissenschaftliche Vorgehen zur Beantwortung dieser Fragen orientiert sich am explorativen Forschungszyklus nach TOMCZAK (vgl. Abbildung 1.3). Dabei stellen die Unterforschungsfragen die aus dem Vorverständnis des Autors abgeleiteten Fragen an die Realität dar. Zur Beantwortung der Fragen werden Daten gesammelt, aus deren Analyse sich ein Abbild der Realität ergibt. Dieses wird kritisch geprüft und mit dem theoretischen Vorverständnis abgeglichen, um durch Abstraktion und Perspektivenwechsel ein neues, weiterentwickeltes Verständnis zu erlangen.[27] Der Forschungszyklus wird so lange iterativ durchlaufen, bis ein ausreichendes Verständnis zur Beherrschung der Problemsituation erlangt wurde.[28]

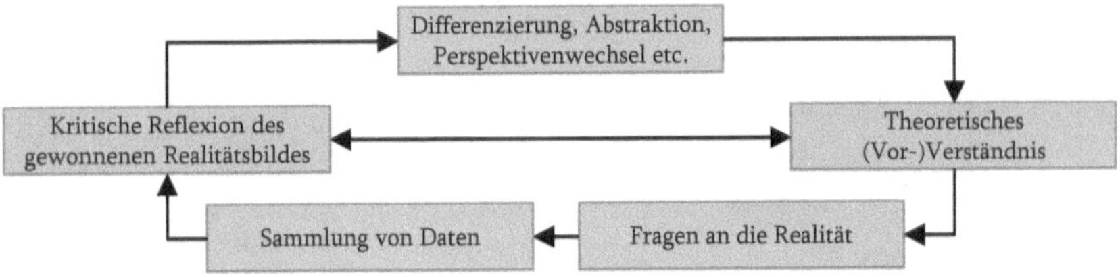

Abbildung 1.3: Explorativer Forschungszyklus nach TOMCZAK[29]

1.4 Aufbau der Arbeit

Die Ergebnisdokumentation der Arbeit folgt in ihrem Aufbau den sieben Phasen angewandter Forschung nach ULRICH und wird entsprechend in sieben Kapitel strukturiert.[30] Auf diese Weise soll der in den angewandten Handlungswissenschaften geforderte Bezug zur Praxis sichergestellt werden.

In Kapitel 1 wird die dem Dissertationsvorhaben zugrundeliegende Motivation beschrieben sowie die Zielsetzung einer Reduzierung der Fertigungsprogrammvarianz mittels datenbasierter Ähnlichkeitsanalyse dargelegt. Anschließend werden der forschungsmethodische Rahmen, die zu beantwortenden Forschungsfragen sowie der Aufbau der Arbeit vorgestellt. In Kapitel 2 wird zunächst der Betrachtungs- und Gestaltungsbereich der Arbeit betriebstypologisch charakterisiert. Im Anschluss werden die relevanten Grundlagen der Fertigungsprogrammvarianz und datenbasierten Ähnlichkeitsanalyse dargestellt sowie aktuelle Herausforderungen in der Praxis herausgearbeitet. Aufbauend auf dem identifizierten Handlungsbedarf werden in Kapitel 3 Anforderungen aus der Praxis definiert und dem Stand der Forschung gegenübergestellt. Dazu werden bestehende datenbasierte Ansätze zur Reduzierung der Fertigungsprogrammvarianz vorgestellt und hinsichtlich der Erfüllung der zuvor definierten Anforderungen bewertet. Anhand identifizierter Forschungslücken wird abschließend der

27 Vgl. Tomczak, T. (1992) Forschungsmethoden in der Marketingwissenschaft: Ein, S. 84.
28 Vgl. Kubicek, H. (1976) Heuristische Bezugsrahmen und heuristisch angelegte, S. 28 - 29.
29 i.A.a. Tomczak, T. (1992) Forschungsmethoden in der Marketingwissenschaft: Ein, S. 84.
30 Vgl. Ulrich, H./ Dyllick, T./ Probst, G. (1984) Management, S. 193.

Forschungsbedarf für die vorliegende Arbeit abgeleitet. In Kapitel 4 werden die Anforderungen aus Praxis und Theorie zunächst konsolidiert, bevor die Kernidee der Arbeit vorgestellt und das Grobkonzept der Methodik zur Reduzierung der Fertigungsprogrammvarianz mittels datenbasierter Ähnlichkeitsanalyse hergeleitet wird. Die Detaillierung der einzelnen Lösungsmodule des Grobkonzepts erfolgt darauf aufbauend in Kapitel 5. Beginnend mit dem Eingangsmodul widmet sich Kapitel 5.1 zunächst der Erzeugung der erforderlichen Datengrundlage zur Schaffung von Transparenz über die bestehende Fertigungsprogrammvarianz. Dafür werden ausgehend von der Zielstellung Datenbedarfe hergeleitet und Schritte zur modellierungsgerechten Vorbereitung der Daten definiert. In Kapitel 5.2 wird anschließend das Vorgehensmodul detailliert, indem anhand der Datengrundlage ein Vorgehen zur Ermittlung der Fertigungsprogrammvarianz durch Anwendung datenbasierter Ähnlichkeitsanalyseverfahren entwickelt wird. Kapitel 5.3 widmet sich abschließend der Entwicklung einer Entscheidungsunterstützung zur Reduzierung der Fertigungsprogrammvarianz, die auf einer datenbasierten Identifikation potenzialstarker Anwendungsbereiche für varianzreduzierende Maßnahmen beruht. Die detaillierte Methodik wird in Kapitel 6.1 an einem anonymisierten Fallbeispiel angewendet und validiert. Darauf aufbauend erfolgt eine kritische Reflexion der Anwendung in Kapitel 6.2. Das Kapitel 7 dient abschließend der Zusammenfassung der Arbeit und gibt einen Ausblick auf den weiteren Forschungsbedarf.

Der Zusammenhang zwischen den sieben Phasen angewandter Forschung nach ULRICH und dem beschriebenen Aufbau dieser Arbeit ist in Abbildung 1.4 dargestellt.

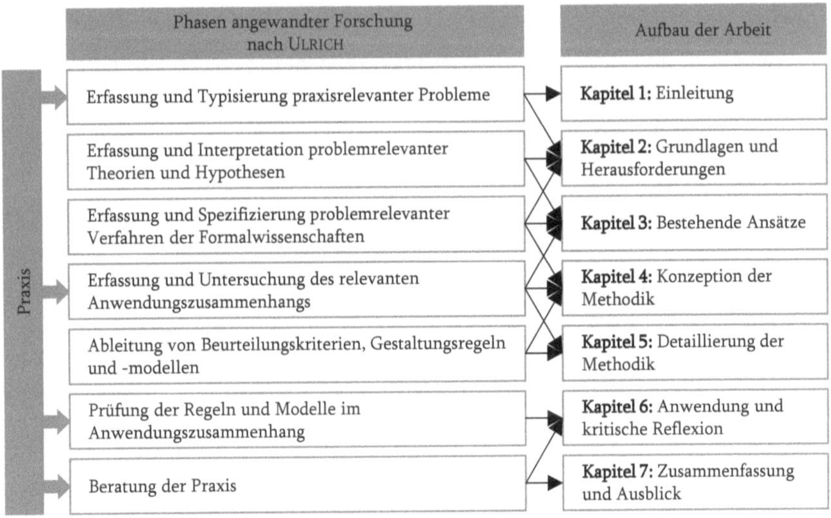

Abbildung 1.4: Phasen angewandter Forschung[31] und Aufbau der Arbeit

31 Vgl. Ulrich, H./ Dyllick, T./ Probst, G. (1984) Management, S. 193.

2 Grundlagen und Herausforderungen des Betrachtungs- und Gestaltungsbereichs

Ausgehend von der in Kapitel 1 beschriebenen Ausgangssituation und Zielsetzung werden im folgenden Kapitel die relevanten Grundlagen der Fertigungsprogrammvarianz und datenbasierten Ähnlichkeitsanalyse dargestellt sowie aktuelle Herausforderungen in der Praxis herausgearbeitet. Dazu wird der Betrachtungs- und Gestaltungsbereich der Arbeit zunächst betriebstypologisch charakterisiert (vgl. Kapitel 2.1), bevor Grundlagen der Fertigungsprogrammvarianz erläutert und bestehende Methoden zu ihrer Ermittlung und Reduzierung dargestellt werden (vgl. Kapitel 2.2). In Kapitel 2.3 werden anschließend Grundlagen der Ähnlichkeitsanalyse erläutert sowie Vorgehen und Verfahren zu datenbasierten Ähnlichkeitsanalyse mittels Data Mining vorgestellt. Aufbauend auf den theoretischen Grundlagen werden in Kapitel 2.4 Herausforderungen in der Praxis herausgearbeitet und der resultierende Handlungsbedarf geschlussfolgert (vgl. Kapitel 2.5).

2.1 Betriebstypologische Einordnung des Betrachtungs- und Gestaltungsbereichs

Der Begriff der Fertigungsprogrammvarianz lässt eine Vielfalt möglicher Produkte und industrieller Fertigungsprozesse für deren Herstellung zu. Zur Eingrenzung bedarf es daher zunächst einer betriebstypologischen Einordnung des Betrachtungsbereichs dieser Arbeit. Nach SCHOMBURG lassen sich verschiedene Erscheinungsformen von Betrieben mithilfe eines Typisierungsansatzes basierend auf Merkmalen und Merkmalsausprägungen darstellen und voneinander abgrenzen.[32] In Anlehnung an diese Vorarbeit entwickeln SCHUH & SCHMIDT ein morphologisches Merkmalsschema, das eine Abgrenzung unterschiedlicher Betriebstypen anhand von zwölf charakterisierenden Merkmale ermöglicht.[33] Dabei wird die produktseitige Varianz aufgrund

---

32 Vgl. Schomburg, E. (1980) Entwicklung eines betriebstypologischen Instrumentariums zur, S. 32.

33 Vgl. Schuh, G./ Schmidt, C. (2014) Produktionsmanagement, S. 22.

der Kundeneinflussnahme insbesondere durch die Auftragsauslösungsart[34], das Erzeugnisspektrum[35] sowie die Erzeugnisstruktur[36] bestimmt. Maßgeblichen Einfluss auf die fertigungsseitige Varianz eines Betriebes haben die Merkmale Fertigungsart und Ablaufart in der Teilefertigung.[37] Für die betriebstypologische Einordnung des Betrachtungsbereichs dieser Arbeit wird daher im Folgenden auf diese fünf Merkmale eingegangen. Weitere Informationen zu den übrigen Merkmalen der Morphologie nach SCHUH & SCHMIDT sind der Literatur zu entnehmen.[38]

Auftragsauslösungsart

Die Auslösung eines Auftrags initiiert den Auftragsabwicklungsprozess eines Unternehmens. Sie ist durch den Absatzmarkt geprägt und erfolgt auf Grundlage individueller Kundenaufträge oder kundenanonymer Absatzerwartungen.[39] Maßgebliches Unterscheidungskriterium der Auftragsauslösung ist der Kundenkopplungspunkt (KKP), der den Übergang zwischen kundenanonymer zu kundenindividueller Produktion beschreibt.[40] Je nach Lage des KKP wird zwischen den in Abbildung 2.1 dargestellten Auftragsabwicklungstypen unterschieden.

Das *Make-to-Stock Prinzip* ist durch eine späte Kundeneinflussnahme gekennzeichnet. Die Auftragsabwicklung erfolgt weitestgehend kundenanonym, erst mit dem Versand der Ware findet eine Kopplung von Auftrag und KundIn statt. Beim *Assemble-to-Order Prinzip* werden Teile prognosebasiert vorgefertigt, die Endmontage und Distribution erfolgen kundenauftragsspezifisch. Mit zunehmendem Kundeneinfluss verschiebt sich der KKP in Richtung der vorgelagerten Wertschöpfungsschritte. So ist das *Make-to-Order Prinzip* bereits durch eine kundenindividuelle Fertigung geprägt; beim *Engineer-to-Order Prinzip* findet die Kundeneinflussnahme schon zu Beginn der Wertschöpfungskette, also im Konstruktionsstadium, statt.[41] Insbesondere diese beiden Auftragsabwicklungstypen ermöglichen daher ein hohes Maß kundenseitiger Individualisierung, wie sie typischerweise im Maschinen- und Anlagenbau gefordert

---

34 Vgl. Kellner, F./ Lienland, B./ Lukesch, M. (2020) Produktionswirtschaft, S. 10.

35 Vgl. Schuh, G./ Schmidt, C. (2014) Produktionsmanagement, S. 23.

36 Vgl. Wiendahl, H.-P./ Wiendahl, H.-H. (2020) Betriebsorganisation für Ingenieure, S. 148.

37 Vgl. Scholz-Reiter, B./ Höhns, H. (2012) Selbststeuerung logistischer Prozesse mit Agentensystemen, S. 313.

38 Vgl. Schuh, G./ Schmidt, C. (2014) Produktionsmanagement, S. 22 - 33.

39 Vgl. Büdenbender, W. (1991) Ganzheitliche Produktionsplanung und -steuerung, S. 34.

40 Vgl. Kellner, F./ Lienland, B./ Lukesch, M. (2020) Produktionswirtschaft, S. 9.

41 Vgl. Kellner, F./ Lienland, B./ Lukesch, M. (2020) Produktionswirtschaft, S. 10.

wird.[42] Als Folge der Individualisierung leiden diese Unternehmen häufig unter einem Anstieg der produkt- und prozessseitigen Varianz[43], weshalb das Engineer-to-Order und Make-to-Order Prinzip im Fokus dieser Arbeit stehen.

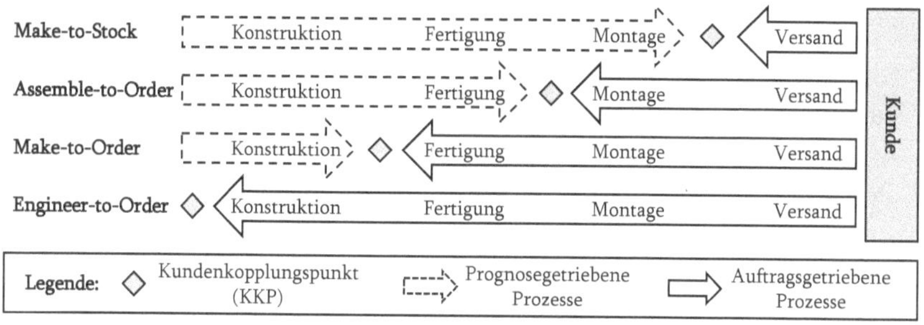

Abbildung 2.1: Auftragsabwicklungstypen in Abhängigkeit des KKP[44]

Erzeugnisspektrum

Der Kundeneinfluss im Konstruktionsstadium steht den Standardisierungsbestrebungen produzierender Unternehmen im Wege. Dieser Zusammenhang wird in den Ausprägungen des Erzeugnisspektrums abgebildet. *Erzeugnisse nach Kundenspezifikation* sind typischerweise Neukonstruktionen und fast ausschließlich durch kundenseitige Anforderungen geprägt. Sie lassen damit nur wenig Spielraum zur Standardisierung. *Typisierte Erzeugnisse mit kundenspezifischen Varianten* werden durch Anpassungskonstruktion bestehender Erzeugnisse realisiert und erlauben so anteilig die Erhaltung von Standards. Mit abnehmendem Kundeneinfluss auf die Konstruktion steigt der Standardisierungsgrad der Erzeugnisse. *Standarderzeugnisse mit Varianten* werden zur Erfüllung von Kundenanforderungen aus Standard- und Variantenkomponenten zusammengesetzt. Kundenspezifische Modifikationen kommen nur noch in geringem Umfang vor. *Standarderzeugnisse ohne Varianten* werden von Unternehmen anhand von Marktbedürfnissen, jedoch ohne Kundeneinfluss auf die Konstruktion entwickelt.[45] Da Kundenindividualisierung ein wesentlicher Treiber der Varianz in produzierenden Unternehmen ist, sind insbesondere die drei erstgenannten Ausprägungen des Erzeugnisspektrums im Rahmen dieser Arbeit von Bedeutung.

---

42 Vgl. Schuh, G./ Schenk, M./ Quick, J. (2012) Prozessarchitektur, S. 89; Kellner, F./ Lienland, B./ Lukesch, M. (2020) Produktionswirtschaft, S. 10.

43 Vgl. Wiendahl, H.-P./ Wiendahl, H.-H. (2020) Betriebsorganisation für Ingenieure, S. 148.

44 i.A.a. Kellner, F./ Lienland, B./ Lukesch, M. (2020) Produktionswirtschaft, S. 9.

45 Vgl. Schuh, G./ Schmidt, C. (2014) Produktionsmanagement, S. 23 - 24.

Erzeugnisstruktur

Die Erzeugnisstruktur, auch Produktstruktur (vgl. Kapitel 2.2.1) genannt, beschreibt die Zusammensetzung eines Erzeugnisses aus Haupt- und Untergruppen sowie Einzelteilen.[46] Die Klassifizierung erfolgt anhand der Merkmale Anzahl der Strukturstufen (Strukturtiefe) sowie Anzahl der Stücklistenpositionen (Strukturbreite) eines Erzeugnisses.[47] Je nach Ausprägung dieser Merkmale wird zwischen den in Abbildung 2.2 dargestellten Erzeugnisstrukturtypen unterschieden. Der Betrachtungsbereich der Arbeit beschränkt sich auf Erzeugnisse der untersten Strukturstufe, die nicht weiter zerlegbar sind und auch als Bauteile bezeichnet werden (vgl. Kapitel 2.2.1). Diese sind dem Erzeugnisstrukturtyp der *geringteiligen Erzeugnisse* zuzuordnen.

Mehrteilige Erzeugnisse mit komplexer Struktur	Mehrteilige Erzeugnisse mit einfacher Struktur	Geringteilige Erzeugnisse
$N_{St} > 5$ $N_{Pos} > 500$	$5 > N_{St} > 3$ $500 > N_{Pos} > 25$	$N_{St} < 3$ $N_{Pos} < 25$

N_{St}: Anzahl Strukturstufen N_{Pos}: Anzahl Stücklistenpositionen

Abbildung 2.2: Erzeugnisstrukturtypen[48]

Fertigungsart

Die Fertigungsart charakterisiert die Häufigkeit der Leistungswiederholung eines produzierenden Unternehmens. Sie wird anhand der durchschnittlichen Auflagenhöhe (Losgröße) und Wiederholhäufigkeit der produzierten Erzeugnisse innerhalb eines Jahres bestimmt.[49] Anhand der Ausprägungen dieser Merkmale lassen sich die Fertigungsarten Einmalfertigung, Einzel- und Kleinserienfertigung, Serienfertigung sowie Massenfertigung differenzieren (vgl. Abbildung 2.3).

---

46 Vgl. Wiendahl, H.-P./ Wiendahl, H.-H. (2020) Betriebsorganisation für Ingenieure, S. 145.

47 Vgl. Schuh, G./ Schmidt, C. (2014) Produktionsmanagement, S. 24.

48 i.A.a. Schuh, G./ Schmidt, C. (2014) Produktionsmanagement, S. 25.

49 Vgl. Schuh, G./ Schmidt, C. (2014) Produktionsmanagement, S. 29.

	Einmalfertigung	Einzel- und Kleinserienfertigung	Serienfertigung	Massenfertigung
Durchschnittliche Auflagenhöhe der Erzeugnisse	Gering	< 50	> 50	Sehr groß
Durchschnittliche Wiederholbarkeit pro Jahr	Keine	< 12	< 24	Ununterbrochen

Abbildung 2.3: Ausprägungen der Fertigungsart[50]

Gegenüber der wiederholungsfreien *Einmalfertigung* zeichnet sich die *Massenfertigung* durch die ununterbrochene Fertigung eines Erzeugnisses aus. Zwischen diesen Extremen liegen die *Serienfertigung* und die *Einzel- und Kleinserienfertigung*, wobei letztere durch geringere Losgrößen und Wiederholfhäufigkeiten gekennzeichnet ist. Die gegebenen quantitativen Grenzwerte sind dabei lediglich als Richtwerte zu verstehen, da die Übergänge zwischen den Fertigungsarten in der Praxis fließend sind.[51] Die zuvor beschriebenen Trends der Individualisierung und der steigenden Variantenzahlen erfordern die Fertigung kundenindividueller Produkte in kleinen Stückzahlen, wie es in der Einzel- und Kleinserienfertigung typisch ist.[52] In Abgrenzung zur Einmalfertigung ermöglicht die vorhandene Wiederholhäufigkeit zudem eine Anpassung zukünftiger Fertigungsabläufe eines Erzeugnisses, z.B. durch varianzreduzierende Maßnahmen. Die Einzel- und Kleinserienfertigung liegt daher im Fokus dieser Arbeit.

Ablaufart in der Teilefertigung

Ein weiteres Merkmal zur Typologisierung produzierender Unternehmen ist die Ablaufart der Teilefertigung. Sie bildet die räumliche Anordnung der Fertigungsmittel und den Materialfluss zwischen diesen ab.[53] Zu unterscheiden sind die in Abbildung 2.4 dargestellten Prinzipien der Werkstattfertigung, Gruppenfertigung und Fließfertigung.

---

[50] i.A.a. Schuh, G./ Schmidt, C. (2014) Produktionsmanagement, S. 29.
[51] Vgl. Schuh, G./ Schmidt, C./ Helmig, J. (2012) Prozesse, S. 131.
[52] Vgl. Nöhring, F. et al. (2016) Moderne Zeitwirtschaft in der Einzel- und, S. 256.
[53] Vgl. Schuh, G./ Schmidt, C. (2014) Produktionsmanagement, S. 30.

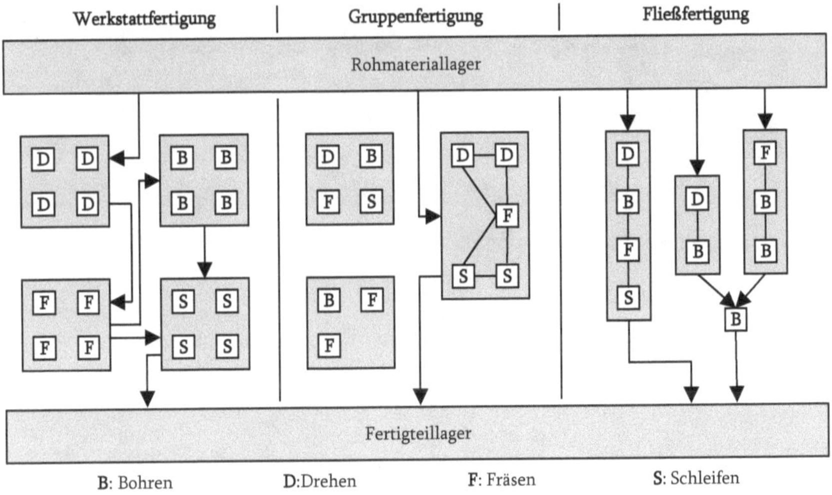

Abbildung 2.4: Ablaufarten in der Teilefertigung[54]

Kennzeichnend für die *Werkstattfertigung* ist die räumliche Anordnung aller Fertigungsmittel mit gleicher Verrichtung in einer Fertigungseinheit (z.B. Dreherei, Fräserei).[55] Der Materialfluss zwischen den Werkstätten ist nicht gerichtet, sondern definiert durch die im Arbeitsplan festgelegte Reihenfolge zu durchlaufender Fertigungsmittel.[56] Dadurch ermöglicht die Werkstattfertigung eine hohe Variabilität und Flexibilität der Fertigungsprozesse, die jedoch typischerweise mit langen Transportwegen, nicht harmonisierten Materialflüssen sowie erhöhten Durchlaufzeiten einhergehen.[57] Die *Gruppenfertigung*, auch Inselfertigung genannt, basiert auf einer objektbezogenen Anordnung von Fertigungsmitteln, die zur Herstellung fertigungstechnisch ähnlicher Teile benötigt werden.[58] Sie ermöglicht die vollständige Bearbeitung eines Teils an einem Ort, wobei die Fertigungsmittel innerhalb einer Gruppe in beliebiger Reihenfolge durchlaufen werden können.[59] Die *Fließfertigung* verfolgt ebenfalls eine objektbezogene Anordnung der Fertigungsmittel, jedoch ausgerichtet nach der

54 i.A.a. Holtewert, P./ Wiendahl, H.-H. (2020) Fertigungs- und Montagesysteme, S. 139.
55 Vgl. Schuh, G./ Schmidt, C. (2014) Produktionsmanagement, S. 30.
56 Vgl. Kellner, F./ Lienland, B./ Lukesch, M. (2020) Produktionswirtschaft, S. 74.
57 Vgl. Holtewert, P./ Wiendahl, H.-H. (2020) Fertigungs- und Montagesysteme, S. 140.
58 Vgl. Schuh, G./ Schmidt, C. (2014) Produktionsmanagement, S. 30.
59 Vgl. Kellner, F./ Lienland, B./ Lukesch, M. (2020) Produktionswirtschaft, S. 77.

im Arbeitsplan festgelegten Arbeitsvorgangsfolge einer Teilegruppe.[60] Unterliegt der Materialfluss zwischen den Fertigungsmitteln einem festen Takt, spricht man von Fließbandfertigung oder Transferstraßen. Ist der Materialfluss zeitlich ungebunden, wird auch der Begriff Reihenfertigung verwendet.[61] Aufgrund des gerichteten Materialflusses sind die Ablaufarten Gruppenfertigung und Fließfertigung insbesondere bei hohen Stückzahlen und niedriger Varianz geeignet. Demgegenüber ermöglicht die Werkstattfertigung durch ihre hohe Flexibilität auch die wirtschaftliche Fertigung geringer Stückzahlen bei hoher Varianz.[62] In der Einzel- und Kleinserienfertigung ist die Werkstattfertigung daher dominierend[63] und liegt auch im Betrachtungsfokus dieser Arbeit.

Zusammenfassend liegt der betriebstypologische Betrachtungsbereich dieser Arbeit auf Unternehmen, die nach dem engineer- oder make-to-order Prinzip geringteilige Erzeugnisse nach Kundenspezifikation oder Standarderzeugnisse mit Varianten in einer Einzel- und Kleinserienfertigung in Werkstattorganisation produzieren.

2.2 Grundlagen der Fertigungsprogrammvarianz

Zur Darstellung der Grundlagen der Fertigungsprogrammvarianz werden zunächst relevante Begrifflichkeiten definiert (vgl. Kapitel 2.2.1). Anschließend werden die Auswirkungen einer steigenden Fertigungsprogrammvarianz erläutert (vgl. 2.2.2), bevor bestehende Methoden zur Ermittlung (vgl. 2.2.3) und Maßnahmen zur Reduzierung der Fertigungsprogrammvarianz (vgl. Kapitel 2.2.4) vorgestellt werden. In Kapitel 2.2.5 wird abschließend ein Zwischenfazit gezogen.

2.2.1 Relevante Begrifflichkeiten

Fertigung

Die Begriffe Fertigung und Produktion finden in der Praxis häufig synonym Verwendung.[64] Dabei beschreibt die Produktion einen Transformationsprozess, bei dem Produktionsfaktoren (Inputfaktoren) zu höherwertigen Outputfaktoren umgewandelt

---

60 Vgl. Schuh, G./ Schmidt, C. (2014) Produktionsmanagement, S. 30.
61 Vgl. Kellner, F./ Lienland, B./ Lukesch, M. (2020) Produktionswirtschaft, S. 78 - 80.
62 Vgl. Holtewert, P./ Wiendahl, H.-H. (2020) Fertigungs- und Montagesysteme, S. 140.
63 Vgl. Lödding, H. (2016) Verfahren der Fertigungssteuerung, S. 126.
64 Vgl. Warnecke, H.-J. (1984) Der Produktionsbetrieb, S. 437.

werden.[65] FANDEL spricht anstelle von Faktoren von Gütern[66], DYCKHOFF ET AL. sprechen von Objekten[67] als Beteiligte am Transformationsprozess. Unter Produktion wird somit die Erzeugung von Gütern durch Verwendung von Produktionsfaktoren verstanden.[68] Diese Produktionsfaktoren umfassen menschliche Arbeitsleistungen, Betriebsmittel, Werkstoffe sowie Informationen und Wissen, z.B. in Form von Daten.[69] Nach WARNECKE stellt die Produktion einen Oberbegriff dar, der sich in die Teilbereiche der Teilefertigung und der Montage gliedern lässt. Demnach werden in der Teilefertigung Einzelteile hergestellt, die entweder direkt an den Kunden geliefert oder im Rahmen der Montage zu Baugruppen bzw. Produkten zusammengebaut werden.[70] WESTKÄMPER & LÖFFLER folgen dieser Definition und stellen Fertigung und Montage als aufeinanderfolgende Teilbereiche der Produktion dar, wobei die Fertigung der Montage stets vorausgeht.[71] In dieser Arbeit wird den Definitionen nach WARNECKE und WESTKÄMPER & LÖFFLER gefolgt und die Fertigung als industrielle Leistungserstellung von Einzelteilen unter Ausschluss von Montageumfängen definiert.

Fertigungsprozess

Die Gesamtheit aller zur Fertigung eines Einzelteils erforderlichen Fertigungsschritte werden unter dem Begriff Fertigungsprozess zusammengefasst. Ein Fertigungsprozess lässt sich folglich in einzelne Fertigungsschritte, auch Arbeitsvorgänge genannt, unterteilen. Dabei stellt ein Arbeitsvorgang einen abgeschlossenen Teil eines Fertigungsprozesses dar, der an einem Arbeitsplatz durchgeführt wird.[72] Die Beschreibung eines Fertigungsprozesses anhand seiner Arbeitsvorgänge wird im Arbeitsplan abgebildet.[73] Dieser umfasst neben Informationen zum Ausgangsteil insbesondere Angaben zur Vorgangsfolge, den benötigten Fertigungsmitteln sowie Vorgabezeiten. Darüber hinaus besteht die Möglichkeit, Mengenbereiche für die Fertigung zu definieren.[74]

---

65 Vgl. Schuh, G./ Schmidt, C. (2014) Produktionsmanagement, S. 2.

66 Vgl. Fandel, G. (2005) Produktion I, S. 34.

67 Vgl. Dyckhoff, H./ Spengler, T. (2010) Produktionswirtschaft, S. 3.

68 Vgl. Kellner, F./ Lienland, B./ Lukesch, M. (2018) Produktionswirtschaft, S. 2.

69 Vgl. Gutenberg, E. (1951) Grundlagen der Betriebswirtschaftslehre, S. 3; Thommen, J.-P. et al. (2020) Allgemeine Betriebswirtschaftslehre, S. 5.

70 Vgl. Warnecke, H.-J. (1984) Der Produktionsbetrieb, S. 437 - 438.

71 Vgl. Westkämper, E./ Löffler, C. (2016) Strategien der Produktion, S. 39.

72 Vgl. Awiszus, B. et al. (2020) Grundlagen der Fertigungstechnik.

73 Vgl. Schuh, G./ Schmidt, C. (2014) Produktionsmanagement, S. 47.

74 Vgl. Westkämper, E./ Schloske, A. (2020) Fertigungs- und Fabrikbetrieb, S. 1006; Wiendahl, H.-H./ Denner, T. (2020) Arbeitsplanung, S. 170.

Das *Ausgangsteil* für die Herstellung eines Fertigungsteils wird hauptsächlich durch die im Rahmen der Konstruktion angelegten Merkmale bestimmt. Bestehen hinsichtlich des Materials Freiheiten, wird eine Auswahl nach Kriterien der Wirtschaftlichkeit, Materialverfügbarkeit oder Wiederbeschaffungszeit getroffen.[75]

Die *Vorgangsfolge* beschreibt, anhand welcher Abfolge von Arbeitsvorgängen aus einem Ausgangsteil ein Fertigteil zu erzeugen ist. Die Auswahl der Arbeitsvorgänge erfolgt unter Berücksichtigung vorhandener Fertigungsmittel nach technologischen und wirtschaftlichen Kriterien. Dabei sind auch überbetriebliche Kostenvergleiche im Sinne einer Make-or-Buy Entscheidung durchzuführen.[76] Im Ergebnis spiegelt die Vorgangsfolge den für ein Unternehmen optimalen Fertigungsablauf eines Einzelteils wider.[77]

Die für jeden Arbeitsvorgang erforderlichen *Fertigungsmittel* werden im Rahmen der Fertigungsmittelzuordnung definiert. Die Angaben umfassen sowohl die benötigten Arbeitsplätze bzw. Maschinen als auch zusätzliche Fertigungshilfsmittel wie Werkzeuge, Vorrichtungen oder Prüfmittel. Auch NC-Programme zur Maschinenprogrammierung sind den Fertigungshilfsmitteln zuzuordnen.[78]

Die geplante Ausführungszeit eines Arbeitsvorgangs an einer Maschine ist durch *Vorgabezeiten* gegeben.[79] Diese Zeitvorgaben werden für die in Abbildung 2.5 dargestellten Vorgangssegmente einzeln erfasst.

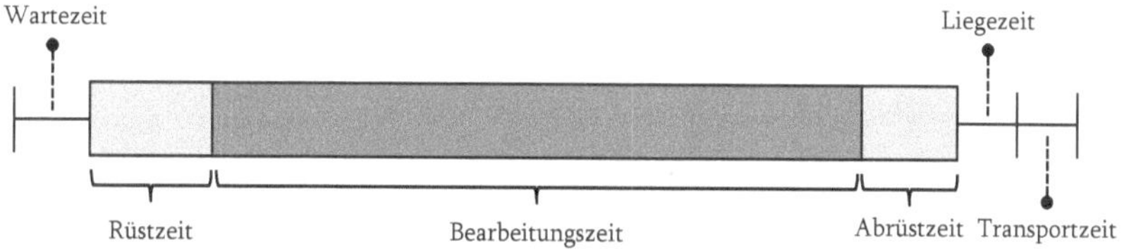

Abbildung 2.5: Vorgabezeiten im Arbeitsplan[80]

Rüstzeiten dienen der Einrichtung einer Maschine und entstehen beispielsweise durch die Bestückung mit Werkzeugen oder Werkstücken. Wird die Maschine nach

---

75 Vgl. Wiendahl, H.-H./ Denner, T. (2020) Arbeitsplanung, S. 174 - 175.
76 Vgl. Wiendahl, H.-H./ Denner, T. (2020) Arbeitsplanung, S. 175 - 178.
77 Vgl. Westkämper, E./ Schloske, A. (2020) Fertigungs- und Fabrikbetrieb, S. 1006.
78 Vgl. Wiendahl, H.-H./ Denner, T. (2020) Arbeitsplanung, S. 178 - 186.
79 Vgl. Westkämper, E./ Schloske, A. (2020) Fertigungs- und Fabrikbetrieb, S. 1006.
80 i.A.a. Sinsel, A. (2020) Grundlagen der Produktionsoptimierung, S. 52.

einem Arbeitsvorgang wieder in einen ungerüsteten Zustand versetzt, entstehen Abrüstzeiten. Zusammen mit der Bearbeitungszeit, während der die Wertschöpfung stattfindet, bilden Rüst- und Abrüstzeiten die Durchführungszeit eines Arbeitsvorgangs. Warte-, Liege- und Transportzeiten werden als Übergangszeiten bezeichnet und dienen als Puffer, um aufgetretene Verzögerungen in der Auftragsabwicklung abzufangen. Einen Richtwert für die Fertigung stellt daher lediglich die Durchführungszeit dar.[81]

Der *Mengenbereich* definiert den Stückzahlbereich, für den ein Arbeitsplan mitsamt seinen Arbeitsvorgängen auftragsunabhängig gültig ist.[82] Ausgelöst durch den Bedarf einer bestimmten Sollmenge eines Einzelteils wird aus einem Arbeitsplan ein Fertigungsauftrag generiert. Diese auftragsspezifisch zu fertigende Sollmenge wird auch als Losgröße bezeichnet.[83] Die Losgröße gibt an, welche Anzahl an Gleichteilen hintereinander gefertigt und anschließend zum nächsten Prozessschritt weitergegeben werden, ohne dass Umrüstvorgänge notwendig sind.[84] Dabei wird das Ziel verfolgt, in kostenoptimalen Losgrößen zu fertigen.[85]

Fertigungsteil

Die als Output der Fertigung erzeugten Güter werden als Produkte bezeichnet.[86] In der DIN EN ISO 10209 ist ein Produkt folglich als „Gegenstand oder Substanz, produziert von einem natürlichen oder künstlichen Prozess“[87], definiert. In der industriellen Fertigung sind Produkte vornehmlich materielle Erzeugnisse[88], die, am Markt angeboten, durch ihre spezifischen Funktionen die Bedürfnisse der KundInnen befriedigen.[89] Eine weiterführende Definition und Beschreibung eines Produkts richtet sich daher nach den von KundInnen geforderten Produktfunktionen sowie dem strukturellen Aufbau des Produkts aus Produktelementen wie Baugruppen und Bauteilen.[90] Der Zusammenhang zwischen funktionaler und struktureller Produktsicht zeigt sich

---

81 Vgl. Sinsel, A. (2020) Grundlagen der Produktionsoptimierung, S. 52 - 53.
82 Vgl. Wiendahl, H.-P./ Wiendahl, H.-H. (2020) Betriebsorganisation für Ingenieure, S. 191.
83 Vgl. Sinsel, A. (2020) Grundlagen der Produktionsoptimierung, S. 51 - 53.
84 Vgl. Bertagnolli, F. (2020) Lean Management, S. 60.
85 Vgl. Wiendahl, H.-H./ Denner, T. (2020) Arbeitsplanung, S. 178.
86 Vgl. Kellner, F./ Lienland, B./ Lukesch, M. (2020) Produktionswirtschaft, S. 3.
87 DIN Deutsches Institut für Normung e. V. (2020) Technische Produktdokumentation - Vokabular, S. 16.
88 DIN Deutsches Institut für Normung e. V. (2015) Qualitätsmanagementsysteme - Grundlagen, S. 44.
89 Vgl. Kotler, P. et al. (2016) Marketing management, S. 520.
90 Vgl. Ponn, J./ Lindemann, U. (2011) Konzeptentwicklung und Gestaltung technischer Produkte, S. 74.

in der Produktarchitektur[91], die sich aus den drei Ebenen Funktionsstruktur, Produktstruktur und Transformation zusammensetzt (vgl. Abbildung 2.6).

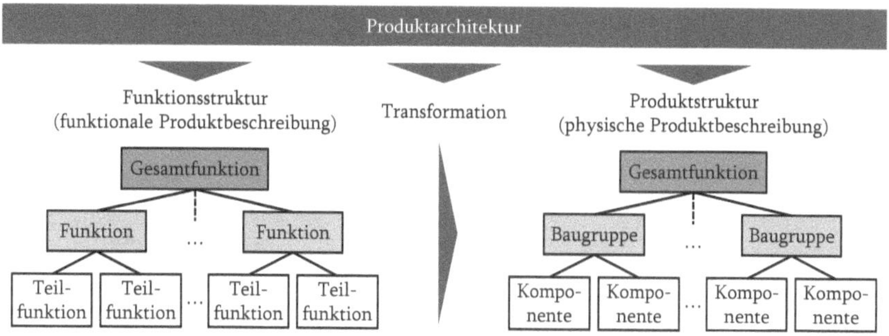

Abbildung 2.6: Transformation der Funktions- in eine Produktstruktur[92]

Die Funktionsstruktur stellt demnach die Zusammensetzung der Gesamtfunktion eines Produkts aus einer Vielzahl an Teilfunktionen dar.[93] Die Produktstruktur hingegen beschreibt die technisch-physische Zusammensetzung eines Produkts aus Baugruppen und Komponenten, durch die die vom Kunden geforderten Produktfunktionen erfüllt werden.[94] Synonym zur Komponente als Produktelement der untersten Strukturebene findet in der Literatur auch der Begriff *Bauteil* Verwendung.[95] KOLLER beschreibt ein Bauteil dabei als ein nicht weiter zerlegbares Bauelement technischer Systeme.[96] Neuere Definitionen berücksichtigen, dass ein Bauteil zwar zerlegt werden kann, damit aber immer ein Verlust der grundlegenden Eigenschaften und somit der Funktionen einhergeht.[97] Baugruppen bilden höhere Strukturstufen, die mehrere Bauteile zusammenfassen und somit das Ergebnis von Kombinationsprozessen wie bspw. Montageoperationen sind.[98] In Abgrenzung dazu stehen in dieser Arbeit Bauteile als Ergebnis reiner Fertigungsprozesse, d.h. ohne Montageanteil, im Fokus. Diese werden im Folgenden als *Fertigungsteile* definiert.

---

91 Vgl. Ulrich, K. (1995) The role of product architecture, S. 420.
92 Vgl. Göpfert, J. (1998) Modulare Produktentwicklung, S. 75.
93 Vgl. Bender, B. et al. (2020) Grundlagen technischer Systeme und des, S. 4.
94 Vgl. Göpfert, J. (1998) Modulare Produktentwicklung, S. 75.
95 Vgl. Schuh, G./ Riesener, M. (2018) Produktkomplexität managen, S. 90; Bender, B. et al. (2020) Grundlagen technischer Systeme und des, S. 8.
96 Vgl. Koller, R. (1998) Konstruktionslehre für den Maschinenbau, S. XVIII.
97 DIN Deutsches Institut für Normung e. V. (2020) Technische Produktdokumentation - Vokabular, S. 8.
98 Vgl. Bender, B. et al. (2020) Grundlagen technischer Systeme und des, S. 34 - 36.

Fertigungsteile sowie Produkte im Allgemeinen werden anhand ihrer Merkmale und Eigenschaften weiter beschrieben. Dabei erfassen Merkmale die Struktur, Gestalt und Beschaffenheit eines Produkts, z.B. durch Formelemente, geometrische Abmessungen, Oberflächenbeschaffenheiten sowie Werkstoffe. Im Rahmen der Konstruktion werden diese Merkmale direkt durch die Entwickelnden beeinflusst.[99] Demgegenüber beschreiben Eigenschaften die Kundenwahrnehmung eines Produkts, z.B. dessen Zuverlässigkeit, Sicherheit oder Ästhetik.[100] Sie sind das Ergebnis festgelegter Merkmale[101] und werden in der Entwicklung daher nicht direkt beeinflusst, sondern nur über eine Änderung der Merkmale des Produkts.[102] Anders als Eigenschaften sind Merkmale hinsichtlich ihrer Ausprägung quantifizierbar[103] und eigenen sich somit zur Abgrenzung und Unterscheidung verschiedener Varianten eines Produkts bzw. eines Fertigungsteils.[104]

KLOCKE unterteilt Merkmale von Fertigungsteilen in die Gruppen geometrie- und werkstoffbeschreibende Merkmale. Dabei wird die Geometrie durch Maß-, Form- und Lagemerkmale beschrieben, während zur Merkmalsgruppe Werkstoff Materialbeschaffenheiten der Oberfläche und des Werkstoffgefüges gezählt werden.[105] Im Werkstückklassifizierungssystem nach OPITZ werden neben Geometrie- und Werkstoffmerkmalen außerdem Formelemente separat erfasst. Diese umfassen bspw. Bohrungen, Nuten und Verzahnungen und werden hinsichtlich ihrer Kombinationen, Form, Anzahl und Abmessungen beschrieben.[106] Eine Übersicht typischer Fertigungsteilmerkmale ist in Abbildung 2.7 gegeben.

---

99 Vgl. Weber, C. (2012) Produkte und Produktentwicklungsprozesse abbilden mit, S. 31; Krause, D./ Gebhardt, N. (2018) Methodische Entwicklung modularer Produktfamilien, S. 72 - 73.

100 Vgl. Krause, D./ Gebhardt, N. (2018) Methodische Entwicklung modularer Produktfamilien, S. 73.

101 Vgl. Kirchner, E. (2020) Werkzeuge und Methoden der Produktentwicklung, S. 10.

102 Vgl. Weber, C. (2012) Produkte und Produktentwicklungsprozesse abbilden mit, S. 32.

103 Vgl. Krause, D./ Gebhardt, N. (2018) Methodische Entwicklung modularer Produktfamilien, S. 73.

104 Vgl. Buchholz, M. (2012) Theorie der Variantenvielfalt, S. 11.

105 Vgl. Klocke, F. (2021) Fertigungsgerecht, S. 705.

106 Vgl. Opitz, H. (1969) Merkmalanalyse für datenverarbeitende Fertigungsplanung, S. 8 - 29.

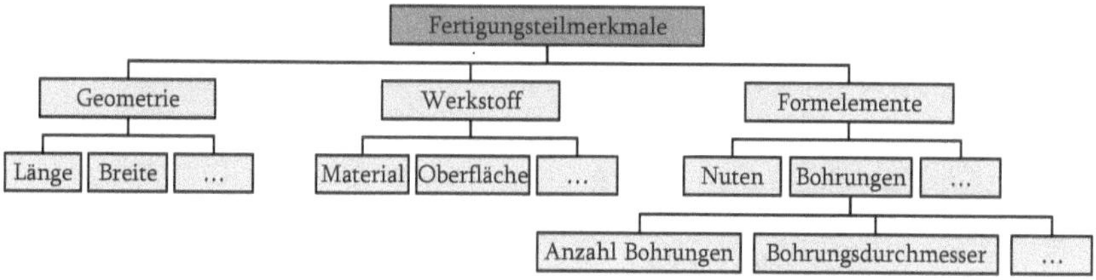

Abbildung 2.7: Übersicht typischer Merkmale von Fertigungsteilen[107]

Fertigungsprogramm

Die Gesamtheit auf dem Markt angebotener Produkte eines produzierenden Unternehmens wird als Produktprogramm bezeichnet.[108] Demgegenüber umfasst das Produktionsprogramm lediglich solche Produkte, die das Unternehmen selbst herstellt. Werden neben Produkten aus Eigenfertigung auch solche aus Fremdfertigung angeboten, stellt das Produktionsprogramm folglich eine Teilmenge des Produktprogramms dar.[109] Das Produktionsprogramm entsteht in enger Zusammenarbeit zwischen Vertrieb, Einkauf und Produktion. Ausgehend von den geplanten Absatzzahlen bzw. vorliegenden Kundenaufträgen werden unter Berücksichtigung des Bestands, der Beschaffungsmärkte sowie vorhandener Produktionskapazitäten die gewinnoptimalen Produktionszahlen bestimmt.[110] Somit beschäftigt sich das Produktionsprogramm nicht allein mit den herzustellenden Produkten, sondern auch mit den dafür benötigten Produktionsprozessen.[111] Entsprechend des in Kapitel 2.1 definierten Betrachtungsbereichs sowie der vorhergehenden Begriffsdefinitionen stehen Fertigungsteile sowie die zugrundeliegenden Fertigungsprozesse im Fokus dieser Arbeit. Diese werden im Folgenden unter dem Begriff *Fertigungsprogramm* zusammengefasst.

Varianz

In der Stochastik beschreibt der Begriff der Varianz die Stärke der Streuung einer Verteilung um den Erwartungswert.[112] Eine allgemeinere Bedeutung des Begriffs im

---

107 Eigene Darstellung i.A.a. Opitz, H. (1969) Merkmalanalyse für datenverarbeitende Fertigungsplanung, S. 8 - 29; Lindemann, U. (2009) Methodische Entwicklung technischer Produkte, S. 160; Klocke, F. (2021) Fertigungsgerecht, S. 705.

108 Vgl. Krause, D./ Gebhardt, N. (2018) Methodische Entwicklung modularer Produktfamilien, S. 68.

109 Vgl. Thommen, J.-P. et al. (2020) Allgemeine Betriebswirtschaftslehre, S. 185.

110 Vgl. Hachtel, G./ Holzbaur, U. (2010) Produktionsmanagement, S. 91; Schuh, G./ Schmidt, C. (2014) Produktionsmanagement, S. 64.

111 Vgl. Schuh, G./ Brandenburg, U./ Cuber, S. (2012) Aufgaben, S. 43.

112 Vgl. Henze, N. (2018) Stochastik für Einsteiger, S. 160.

Sprachgebrauch findet sich im Duden. Dort wird Varianz als Abweichung oder Unterschied beschrieben.[113] Synonym zur Varianz finden im Gebiet der Produktionstechnik häufig die Begriffe Varietät und Variantenvielfalt Verwendung.[114] DIN 199-2 definiert Varianten dabei als „Gegenstände ähnlicher Form und/oder Funktion mit einem in der Regel hohen Anteil identischer Gruppen oder Teile"[115]. BUCHHOLZ leitet daraus ab, dass Varianten Objekte mit mehr oder minder hoher Ähnlichkeit sind, die sich stets in einem oder mehreren Merkmalen oder Merkmalsausprägungen voneinander unterscheiden. Eine Abgrenzung von Varianten ergibt sich somit aus der relativen Unähnlichkeit einzelner Merkmale und deren Ausprägungen.[116] FRANKE spricht allgemeiner von technischen Systemen, deren Varianten anhand der Unähnlichkeit ihrer Elemente und Eigenschaften unterschieden werden.[117] Nach ZENNER ist diese Definition derart erweiterbar, dass neben der Produktperspektive auch die Fertigungsperspektive Berücksichtigung findet.[118] Der Einfachheit halber werden im Rahmen dieser Arbeit für beide Perspektiven einheitlich die Begriffe Merkmal und Merkmalsausprägung verwendet.

Die Unähnlichkeit zwischen Merkmalen und deren Ausprägungen tritt in drei unterschiedlichen Zusammenhängen auf: der Zeit-, Mengen- oder Artvarianz (vgl. Abbildung 2.8). Zeit- und Mengenvarianz entstehen durch die Produktion eines Produkts in ungleichen Zeiten bzw. Mengen[119], sind also das Ergebnis von Produktionsvarianten. Eine mögliche Ursache der Zeit- und Mengenvarianz sind beispielsweise Unähnlichkeiten in den Ausprägungen der Merkmale Bearbeitungszeit oder Losgröße eines Fertigungsprozesses. Artvarianz entsteht sowohl durch Produkt- als auch durch Produktionsvarianten. Letztere lassen sich weiter unterteilen in Prozessvarianten, z.B. als Ergebnis abweichender Vorgangsfolgen, und Ressourcenvarianten, z.B. durch Verwendung unterschiedlicher Fertigungsmittel.[120] Produktvarianten wiederum sind auf

---

113 Vgl. Dudenredaktion (o.J.) Varianz, die.

114 Vgl. Große-Heitmeyer, V./ Wiendahl, H.-P. (2004) Einführung, S. 7.

115 DIN Deutsches Institut für Normung e.V.Begriffe im Zeichnungs- und Stücklistenwesen, S. 9.

116 Vgl. Buchholz, M. (2012) Theorie der Variantenvielfalt, S. 11 - 13.

117 Vgl. Franke, H.-J. (1998) Produkt-Variantenvielfalt - Ursachen und Methoden zu, S. 2 - 14.

118 Vgl. Zenner, C. (2006) Durchgängiges Variantenmanagement in der Technischen, S. 50.

119 Vgl. Schuh, G. (1988) Gestaltung und Bewertung von Produktvarianten, S. 42.

120 Vgl. Zenner, C. (2006) Durchgängiges Variantenmanagement in der Technischen, S. 50 - 51.

Unähnlichkeiten in der Struktur, Gestalt und Beschaffenheit eines Produkts zurückzuführen[121], z.B. hinsichtlich der Merkmale Abmessungen, Material oder Anzahl Bohrungen.

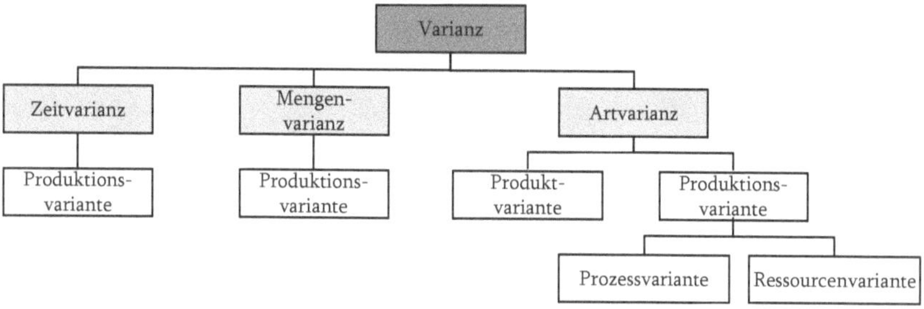

Abbildung 2.8: Unterscheidung der Varianz[122]

BUCHHOLZ bemängelt, dass Vielfalt meist nur über die Anzahl von Varianten bestimmt wird, also rein auf dem Vorhandensein von Unterschieden beruht. Um entsprechend des Varianzbegriffs auch die Stärke der Streuung zu berücksichtigen, ist zusätzlich eine Bewertung des Ausmaßes der Unähnlichkeit erforderlich.[123] Auf diese Weise wird auch eine Abgrenzung von Varianten einer Produktart bei geringer Unähnlichkeit, bzw. eine Abgrenzung unterschiedlicher Produktarten bei hoher Unähnlichkeit ermöglicht.[124] Im Rahmen dieser Arbeit soll dem Verständnis von BUCHHOLZ gefolgt und Varianz als Anzahl und Verschiedenheit von Varianten definiert werden, wobei die Verschiedenheit den Grad der Unähnlichkeit repräsentiert.

Eine weitere Unterscheidung der Varianz wird anhand der internen bzw. externen Sicht auf das Unternehmen vorgenommen. In diesem Zusammenhang beschreibt interne Varianz die Vielfalt an Produkten und Prozessen entlang der Auftragsabwicklung innerhalb eines Unternehmens. Demgegenüber beschreibt die externe Varianz die Kundensicht auf das Unternehmen und beschränkt sich daher auf Produktvarianten, die aus Kundenperspektive erkennbar und nutzbar sind. Während externe Varianz bei Erfüllung von Kundenwünschen umsatzsteigernd wirkt, hat interne Varianz typischerweise negative Auswirkungen auf das Unternehmen und sollte vermieden

---

121 Vgl. Buchholz, M. (2012) Theorie der Variantenvielfalt, S. 11; Krause, D./ Gebhardt, N. (2018) Methodische Entwicklung modularer Produktfamilien, S. 73.

122 i.A.a. Zenner, C. (2006) Durchgängiges Variantenmanagement in der Technischen, S. 50.

123 Vgl. Buchholz, M. (2012) Theorie der Variantenvielfalt, S. 23.

124 Vgl. Buchholz, M. (2012) Theorie der Variantenvielfalt, S. 13.

werden.[125] Entsprechend des in Kapitel 2.1 definierten Betrachtungsbereichs steht das Fertigungsprogramm und folglich die interne Varianz im Fokus dieser Arbeit.

Wenngleich häufig synonym verwendet, ist der Begriff Komplexität von den Begriffen Variantenvielfalt und Varianz abzugrenzen. So lässt sich Komplexität als eine Eigenschaft eines Systems verstehen, die durch die Anzahl und Verschiedenheit der Elemente und Beziehungen sowie ihrer Veränderlichkeit über die Zeit bestimmt ist.[126] In Abgrenzung zur Komplexität berücksichtigt die Varianz keine Veränderlichkeit, stellt daher immer nur einen Systemzustand zu einem festen Zeitpunkt dar.

Fertigungsprogrammvarianz

Nachdem in den vorhergehenden Abschnitten die Begriffe Fertigungsprozess, Fertigungsteil, Fertigungsprogramm und Varianz im Kontext dieser Arbeit erläutert wurden, wird die Bedeutung des Begriffs Fertigungsprogrammvarianz abgeleitet. Wie dargelegt ist das Fertigungsprogramm eines Unternehmens durch die herzustellenden Fertigungsteile und die zugrundeliegenden Fertigungsprozesse charakterisiert. Diese werden anhand ihrer Merkmale und Merkmalsausprägungen beschrieben. Durch Unähnlichkeiten in den Merkmalen und Ausprägungen lassen sich unterschiedliche Fertigungsteilvarianten sowie Fertigungsprozessvarianten voneinander abgrenzen. Die Anzahl und der Grad der Unähnlichkeit dieser innerhalb des Unternehmens vorhandenen Varianten bilden die interne Varianz ab. Folglich beschreibt der Begriff Fertigungsprogrammvarianz die Anzahl und Verschiedenheit der Fertigungsteilvarianten und zugrundeliegenden Fertigungsprozessvarianten eines Unternehmens.

2.2.2 Auswirkungen steigender Fertigungsprogrammvarianz

Nachdem die Fertigungsprogrammvarianz im vorherigen Kapitel anhand relevanter Begrifflichkeiten definiert wurde, soll im Folgenden ihre Bedeutung für die unternehmerische Praxis erläutert werden. Dazu werden aufbauend auf den in Kapitel 1.1 beschriebenen Ursachen einer steigenden Fertigungsprogrammvarianz die Auswirkungen entlang des gesamten Produktlebenszyklus dargelegt.

In der *Produktentwicklung* entsteht aufgrund des wachsenden Teilespektrums zusätzlicher Konstruktions- und Pflegeaufwand für die neu erstellten Fertigungsteile. Als

---

125 Vgl. Kirchner, E. (2020) Werkzeuge und Methoden der Produktentwicklung, S. 325.

126 Vgl. Schuh, G./ Riesener, M. (2018) Produktkomplexität managen, S. 9 - 10.

Folge der gestiegenen Varianz sinkt die Transparenz über das bestehende Portfolio, die Suche nach ähnlichen Fertigungsteilen wird aufwändiger und die Wiederverwendungshäufigkeit bestehender Teileumfänge im Rahmen von Änderungskonstruktionen nimmt ab. Mehrarbeit für die Erstellung, Freigabe und Verwaltung von Zeichnungen, Stücklisten und Dokumentationen teilweise redundanter Fertigungsteilvarianten sind die Folge.[127] Im *Einkauf* entsteht zusätzlicher Aufwand für die Beschaffung neuer Materialien und Akquisition neuer Zulieferer. Bei bestehenden Zulieferern können aufgrund der geringeren Losgrößen in der Fertigung Rabatte wegfallen, Mindermengenzuschläge erhoben werden und die Relevanz des einkaufenden Unternehmens sinken.[128] In der *Fertigung* führen die geringen Losgrößen zu reduzierten Leistungswerten, da Skalen- und Lernkurveneffekte geringer ausfallen. Darüber hinaus erschwert die steigende Fertigungsprozessvarianz Automatisierungen, erhöht die Fehlermöglichkeiten, und führt zu Mehraufwänden in der Prozessplanung, Prognose von Verbräuchen und Materialbedarfsplanung.[129] Für den *Vertrieb* ergeben sich durch zusätzliche Fertigungsteilvarianten neue Akquisitionsmöglichkeiten, die jedoch mit Aufwand für die Erstellung von Prospekten, Preiskalkulationen und Bestelllisten einhergehen. Mit zunehmender Fertigungsteilvarianz steigt auch der Schulungsaufwand, um Überblick über das Portfolio zu behalten und KundInnen die passende Fertigungsteilvariante anbieten zu können.[130] Im *Service* sind für jede Fertigungsteilvariante Wissen und Dokumentation in Form von Bedienungs- und Reparaturanleitungen sowie Ersatzteile vorzuhalten, um Wartungsaufgaben auch lange nach dem Verkauf durchführen zu können. Der Mehraufwand erstreckt sich dadurch über den gesamten Servicezeitraum eines Fertigungsteils, sodass die Auswirkungen der Varianz besonders lange zu spüren sind.[131]

Während die Ursachen steigender Fertigungsprogrammvarianz meist im Vertrieb oder in der Entwicklung liegen, führen die beschriebenen Auswirkungen entlang der

---

127 Vgl. Rathnow, P. (1993) Integriertes Variantenmanagement, S. 20 - 21; Krause, D./ Gebhardt, N. (2018) Methodische Entwicklung modularer Produktfamilien, S. 43.

128 Vgl. Rathnow, P. (1993) Integriertes Variantenmanagement, S. 21; Krause, D./ Gebhardt, N. (2018) Methodische Entwicklung modularer Produktfamilien, S. 43 - 44.

129 Vgl. Große-Heitmeyer, V./ Wiendahl, H.-P. (2004) Einführung, S. 10; Krause, D./ Gebhardt, N. (2018) Methodische Entwicklung modularer Produktfamilien, S. 45.

130 Vgl. Rathnow, P. (1993) Integriertes Variantenmanagement, S. 21; Buchholz, M. (2012) Theorie der Variantenvielfalt, S. 192.

131 Vgl. Rathnow, P. (1993) Integriertes Variantenmanagement, S. 21 - 22; Krause, D./ Gebhardt, N. (2018) Methodische Entwicklung modularer Produktfamilien, S. 45 - 46.

gesamten Wertschöpfungskette zu Zusatzaufwendungen. Der erhoffte positive Effekt zusätzlicher Varianten auf die Wirtschaftlichkeit eines Unternehmens tritt daher nur ein, wenn die Kosten der varianzinduzierten Zusatzaufwendungen durch am Markt realisierbare Preisaufschläge überkompensiert werden.[132] Die beschriebenen Zusatzaufwendungen sind hinsichtlich ihrer Kostenwirkung jedoch kaum verursachungsgerecht auf die neu entstandenen Varianten umschlagbar.[133] Stattdessen beruhen die kalkulierten Preisaufschläge meist auf direkt zuordnungsfähigen Einzelkosten, während ein Großteil der varianzinduzierten Zusatzkosten als Gemeinkosten verrechnet werden.[134] In der Folge werden neue Varianten in Erwartung eines überdurchschnittlichen Deckungsbeitrags häufig befürwortet, obwohl bei differenzierter Betrachtung das Risiko einer Kostenunterdeckung besonders hoch ist.[135] Um die gestiegenen Gemeinkosten aufzufangen, kommt es portfolioübergreifend zu Preiserhöhungen, die sich wiederum nachteilig auf die Wettbewerbsfähigkeit gegenüber Unternehmen mit geringerer Fertigungsprogrammvarianz auswirken.[136] Kommt es in der Folge zu einer erneuten Ausweitung des Portfolios, landen die Unternehmen im sogenannten *Teufelskreis der Differenzierung*, der die Fertigungsprogrammvarianz immer weiter steigen lässt.[137] Die für diesen Sachverhalt typische Entwicklung des Portfolios von Standard- zu Exotenvarianten ist in Abbildung 2.9 dargestellt.

---

132 Vgl. Schuh, G./ Riesener, M. (2018) Produktkomplexität managen, S. 26.

133 Vgl. Krause, D./ Gebhardt, N. (2018) Methodische Entwicklung modularer Produktfamilien, S. 8.

134 Vgl. Schuh, G./ Riesener, M. (2018) Produktkomplexität managen, S. 27.

135 Vgl. Schuh, G. (1988) Gestaltung und Bewertung von Produktvarianten, S. 4 - 8.

136 Vgl. Schuh, G./ Riesener, M. (2018) Produktkomplexität managen, S. 27.

137 Vgl. Krause, D./ Gebhardt, N. (2018) Methodische Entwicklung modularer Produktfamilien, S. 8.

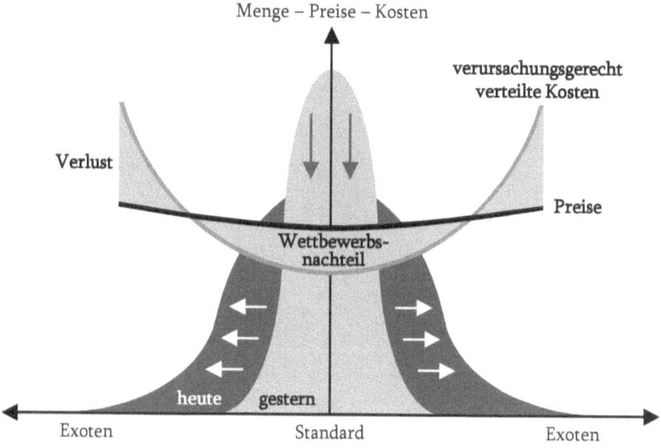

Abbildung 2.9: Entwicklung eines Portfolios bei zunehmender Diversifizierung[138]

Die beschriebenen negativen Auswirkungen der Fertigungsprogrammvarianz werden durch aktuelle Studien attestiert. LYONS ET AL. haben 162 Unternehmen im Vereinigten Königreich zu den Auswirkungen steigender Produktvarianz auf kostenbasierte und nicht-kostenbasierte Leistungskennzahlen befragt. Für den Betrachtungsbereich der Arbeit sind dabei insbesondere die 83 Unternehmen interessant, die nach dem engineer- oder make-to-order Prinzip produzieren und teilweise den Branchen des Maschinen- und Anlagenbaus sowie der metallischen Teilefertigung zuzuordnen sind. Aus der Umfrage geht ein negativer Einfluss der Produktvarianz auf die Fertigungsprogrammvarianz in Form steigender Teile- und Prozessvielfalt hervor, mit negativen Auswirkungen auf Produktionsplanung, Durchlaufzeiten und Prognosesicherheit. In der Folge werden hohe Entwicklungs-, Fertigungs-, Rüst- und Logistikkosten genannt, die zu insgesamt steigenden Stückkosten führen.[139] MYRODIA ET AL. haben im Rahmen von sechs Fallstudien die Bedeutung zuvor aufgestellter „variety-induced complexity cost factors“ (VCCF) auf die Kosten der Auftragsabwicklung produzierender Unternehmen untersucht. Für den Betrachtungsbereich der Arbeit relevant ist dabei insbesondere ein Unternehmen aus dem Maschinen- und Anlagenbau, das neben Endprodukten auch Fertigungsteile selbst herstellt. Im Rahmen der Fallstudie wurden für dieses Unternehmen VCCF im Einkauf (Anzahl Zulieferer, Anzahl eingekaufter

---

[138] i.A.a. Schuh, G./ Riesener, M. (2018) Produktkomplexität managen, S. 28.

[139] Vgl. Lyons, A./ Um, J./ Sharifi, H. (2020) Product variety, customisation and business, S. 19 - 24.

Materialien), der Fertigung (Rüstzeiten, Bestände), der Logistik (Materialfluss, Transport, Administration) sowie im Vertrieb (Auftragsbearbeitung) identifiziert. Eine Quantifizierung der „variety-induced complexity cost“ (VCC) ergab varianzinduzierte Kosten in Höhe von über 3,2 Mio. Euro, was ca. 17% des mit den Varianten erzielten Umsatzes im Betrachtungszeitraum entspricht. Unter Berücksichtigung der kalkulierten VCC wiesen nachträglich knapp 15% der Varianten einen negativen Deckungsbeitrag auf, während lediglich ca. 20% der Varianten signifikant zum Unternehmensgewinn beitrugen.[140]

Zusammenfassend ermöglicht die Ausweitung der externen Varianz, zusätzliche Kundenanforderungen zu adressieren, bestehende KundInnen zu binden und neue Marktsegmente zu erschließen. Für die Unternehmen ist dies mit einer Steigerung des Umsatzes sowie Marketing- und Imagevorteilen verbunden, geht jedoch intern mit einer wachsenden Fertigungsprogrammvarianz einher. Aufgrund fehlender Transparenz über die Ursachen und Auswirkungen der Fertigungsprogrammvarianz werden die daraus resultierenden varianzinduzierten Aufwendungen häufig unterschätzt, sie beeinträchtigen jedoch in erheblichem Maße die Wirtschaftlichkeit und Wettbewerbsfähigkeit der Unternehmen.[141] Daraus ergibt sich der Handlungsbedarf, Transparenz durch eine Ermittlung der Fertigungsprogrammvarianz zu schaffen und gezielte Maßnahmen zur Reduzierung der Fertigungsprogrammvarianz abzuleiten.

2.2.3 Ermittlung der Fertigungsprogrammvarianz

Die Ermittlung der Fertigungsprogrammvarianz dient der Schaffung von Transparenz als Grundvoraussetzung zur Varianzreduktion (vgl. Kapitel 1.1). In Unternehmen beschreibt Transparenz die Durchschaubarkeit und Nachvollziehbarkeit von Strukturen und Prozessen. Sie wird erzeugt, indem etwas „beobachtbar gemacht […] wird, was bisher im Verborgenen lag“[142]. Zur Ermittlung der Varianz existieren verschiedene Methoden, die den Fokus entweder *einseitig* auf die Produkt- bzw. Fertigungsprozessvarianz legen (Kapitel 2.2.3.1) oder *übergreifend* die Varianz produzierender Unternehmen betrachten (Kapitel 2.2.3.2). Diese Methoden werden im Folgenden detaillierter beschrieben.

140 Vgl. Myrodia, A. et al. (2021) Identifying variety-induced complexity cost factors, S. 373 - 391.
141 Vgl. Schuh, G./ Riesener, M. (2018) Produktkomplexität managen, S. 28 - 32.
142 Vgl. Hofmann, Y. (2007) Transparenz in Unternehmen, S. 9.

2.2.3.1 Einseitige Ermittlung der Produkt- und Fertigungsprozessvarianz

Ermittlung der Produktvarianz

Zur Ermittlung der produktseitigen Varianz eignet sich der *Merkmalbaum*. Er bildet die Produktvarianz durch eine hierarchische Struktur aus Merkmalen und Merkmalsausprägungen sowie ihrer zugrundeliegenden Kombinatorik ab (vgl. Abbildung 2.10). Die Ausprägungen der Merkmale entsprechen dabei den im Produktportfolio vorhandenen, durch KundInnen nachgefragten Auswahloptionen. Jedes Merkmal stellt eine Gliederungsstufe im Merkmalbaum dar, jede Ausprägung des Merkmals eine Produktdifferenzierung. Durch die Kombinatorik werden Kombinationsmöglichkeiten der Merkmale und Merkmalsausprägungen in Form von Kombinationsverboten und -zwängen berücksichtigt. Die Anzahl an Ästen der letzten Gliederungsstufe des Merkmalbaums repräsentiert die Vielzahl an Produktvarianten. Anhand der übrigen Gliederungsstufen werden Gemeinsamkeiten und Unterschiede zwischen den Produktvarianten deutlich. Die Erstellung von Merkmalbäumen erfordert Informationen zu den Merkmalen und Merkmalsausprägungen des Produktportfolios und ist daher je nach Datenlage mit einem hohen manuellen Aufwand verbunden.[143]

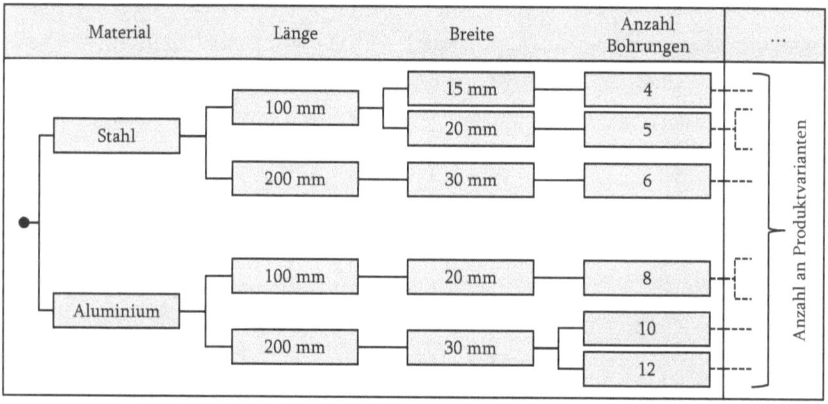

Abbildung 2.10: Ermittlung produktseitiger Varianz mit dem Merkmalbaum[144]

Stücklisten bilden die Produktstruktur nicht grafisch, sondern in Form von Verzeichnissen ab. Je nach Aufschlüsselung zeigen sie die Bestandteile eines Produktes aus Baugruppen und Bauteilen, oder deren Verwendung als Bestandteil von Produkten im

143 Vgl. Schuh, G./ Riesener, M. (2018) Produktkomplexität managen, S. 120 - 122.

144 i.A.a. Schuh, G./ Riesener, M. (2018) Produktkomplexität managen, S. 121.

Produktportfolio. Für industrielle Produkte hat sich die *Baukastenstückliste* als Standard durchgesetzt, aus der sich sowohl die Struktur der Produkte als auch benötigte Mengen der Bestandteile ableiten lassen. Zur Erfassung unterschiedlicher Produktvarianten eigenen sich *Variantenstücklisten*, die unterschiedliche Produkte mit einem hohen Anteil an Gleichteilen in einem Dokument aufführen.[145] Eine Ermittlung der Produktvarianz ermöglichen Stücklisten daher insbesondere bei mehrteiligen Erzeugnissen, deren Verschiedenheit auf dem Anteil verwendeter Gleichteile beruht.

Zur Ermittlung der Produktvarianz geringteiliger Erzeugnisse (vgl. Kapitel 2.1) dienen *Sachmerkmalleisten*, die die Merkmale und Merkmalsausprägungen einer Gruppe von Bauteilen abbilden. Da diese Datenfelder je nach Bauteil unterschiedlich ausfallen, eigenen sich Sachmerkmalleisten insbesondere für den Vergleich von Bauteilgruppen mit ähnlichen Merkmalen. Aus diesem Grund finden sie meist in Kombination mit einer Teileklassifizierung Anwendung.[146] Die Klassifizierung verfolgt das Ziel, Bauteile anhand ihrer konstruktiven und fertigungstechnischen Ähnlichkeit in Gruppen zu strukturieren. Aufgrund der dafür erforderlichen aufwendigen Auswertung aller Merkmale und Merkmalsausprägungen hat sich die manuelle Klassifizierung in der Praxis jedoch nicht durchgesetzt.[147] Kommerzielle Softwarelösungen sind heute in der Lage, diese Informationen aus CAD-Daten, Zeichnungen und Stücklisten automatisiert zu extrahieren.[148] Die Erstellung und Pflege darauf aufbauender Sachmerkmalleisten zur Ermittlung der Produktvarianz ist dennoch mit einem hohen Aufwand verbunden.[149]

Ermittlung der Fertigungsprozessvarianz

Die zur Herstellung der Produktvarianten benötigten Fertigungsprozesse werden durch Arbeitspläne beschrieben (vgl. Kapitel 2.2.1). Theoretisch ergibt sich die Fertigungsprozessvarianz daher aus Anzahl und Verschiedenheit der durch Arbeitsplanda-

---

145 Vgl. Schuh, G./ Riesener, M. (2018) Produktkomplexität managen, S. 126 - 127; Wiendahl, H.-P./ Wiendahl, H.-H. (2020) Betriebsorganisation für Ingenieure, S. 159 - 163.

146 Vgl. Wiendahl, H.-P./ Wiendahl, H.-H. (2020) Betriebsorganisation für Ingenieure, S. 178.

147 Vgl. Wiendahl, H.-P./ Wiendahl, H.-H. (2020) Betriebsorganisation für Ingenieure, S. 173 - 178.

148 Vgl. Cadenas (o.J.) PARTsolutions; Dassault Systemes (o.J.) OnePart; Siemens (o.J.) Geolus Shape Search; Simuform (o.J.) Similia; Simus Systems (o.J.) Simus Classmate.

149 Vgl. Wiendahl, H.-P./ Wiendahl, H.-H. (2020) Betriebsorganisation für Ingenieure, S. 178.

ten auswertbaren Soll-Prozesse. In der Fertigung weichen die tatsächlichen Ist-Prozesse jedoch meist von den geplanten Soll-Prozessen ab.[150] Zur Ermittlung der Fertigungsprozessvarianz sind daher Realdaten in Form von Fertigungsrückmeldedaten (vgl. Kapitel 2.3.2.1) zu bevorzugen. *Process Mining* stellt ein etabliertes Verfahren zur Extraktion von Prozesswissen aus Realdaten dar.[151] Durch eine Verknüpfung von Ereignisdaten, sog. Eventlogs, mit Prozessmodellen werden automatisiert Prozessbeschreibungen erstellt[152], die Transparenz über die real ablaufenden Prozesse erzeugen und als Ausgangspunkt für weitere Analysen dienen.[153] Die zur Anwendung von Process Mining erforderlichen Eventlogs bestehen aus chronologisch geordneten Ereignissen (z.B. Arbeitsvorgänge), die mindestens durch eine Prozessinstanz (z.B. Fertigungsauftrag), Aktivität (z.B. Arbeitsvorgangsbeschreibung) und einen Zeitstempel (z.B. Startzeitpunkt) beschrieben werden. Optional können weitere Attribute wie Ressourcen (z.B. Maschine) oder Mengen (z.B. Losgröße) enthalten sein.[154]

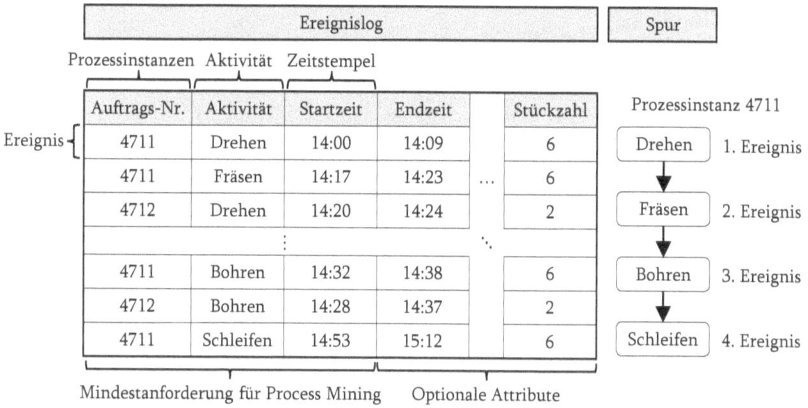

Abbildung 2.11: Beispielhafter Eventlog (links) und Ereignisspur (rechts)

Abbildung 2.11 zeigt beispielhaft einen Eventlog sowie die daraus erzeugte Abfolge der Ereignisse einer Prozessinstanz als Ereignisspur. Die Betrachtung aller Ereignis-

---

150 Vgl. Medeiros, A. de/ Weijters, A./ van der Aalst, W. (2007) Genetic process mining: an experimental, S. 246; Dangelmaier, W. (2009) Theorie der Produktionsplanung und -steuerung, S. 13.

151 Vgl. van der Aalst, W. (2016) Process mining, S. 31.

152 Vgl. Medeiros, A. de/ Weijters, A./ van der Aalst, W. (2007) Genetic process mining: an experimental, S. 246; van der Aalst, W. (2016) Process mining, S. 32.

153 Vgl. Reinkemeyer, L. (2020) Process Mining in a Nutshell, S. 6.

154 Vgl. van der Aalst, W. (2016) Process mining, S. 35.

spuren eines Eventlogs gibt folglich Aufschluss über die Anzahl an Fertigungsprozessvarianten und deren Verschiedenheit hinsichtlich ihrer Vorgangsfolge. Verschiedenheit in den Ausprägungen anderer Merkmale (z.B. Bearbeitungszeit, Fertigungsmittel, Losgrößen) führt bei Process Mining nicht zu weiteren Prozessvarianten.

2.2.3.2 Übergreifende Ermittlung der Fertigungsprogrammvarianz

Der *Variantenbaum* erzeugt Transparenz über die Anzahl an Produktvarianten entlang ihrer Herstellungsstufen. Dafür werden pro Herstellungsstufe die entstandenen Produktvarianten abgebildet, sodass sich die Gesamtzahl bestehender Produktvarianten auf der letzten Stufe des Variantenbaums ablesen lässt. Durch den hierarchischen Aufbau visualisiert der Variantenbaum außerdem die Variantenentstehung und dient als Hilfsmittel zur Optimierung in Richtung eines möglichst späten Variantenentstehungspunkts (vgl. Kapitel 2.2.4.2). Dabei liegt der Fokus auf Montageprozessen zur Erzeugung mehrteiliger Endprodukte aus Bauteilen und Baugruppen. Der Variantenbaum kann jedoch auch auf die Fertigung von Fertigungsteilen übertragen werden.[155] Unterschiedliche Fertigungsprozessvarianten werden im Variantenbaum nicht dargestellt, ebenso findet das Ausmaß der Verschiedenheit keine Berücksichtigung.

Als Aufzählungen bezeichnen EFTHYMIOU ET AL. eine weitere Kategorie von Methoden zur Ermittlung der Varianz, die auf einer Quantifizierung von Varianztreibern innerhalb eines Unternehmens beruhen.[156] Als messbare Kennzahlen, auch Indikatoren genannt, ermöglichen sie aggregiert eine quantitative Beschreibung des Zustands der Varianz.[157] Für den funktionsgerechten Einsatz von Indikatoren muss dabei eine Reihe von Anforderungen beachtet werden[158]:

(1) Relevanz: Indikatoren sollten in der Lage sein, alle für die Zielerreichung relevanten Aspekte abzubilden.

(2) Zuverlässigkeit: Indikatoren sollten für jeden Nutzer nachvollziehbar und transparent sein.

---

155 Vgl. Schuh, G./ Riesener, M. (2018) Produktkomplexität managen, S. 128 - 129.

156 Vgl. Efthymiou, K. et al. (2016) Manufacturing systems complexity analysis methods, S. 1028 - 1029.

157 Vgl. Gabrielsen, P./ Bosch, P. (2003) Environmental indicators: typology and use, S. 5; Schmitt, R./ Vorspel-Rüter, M./ Wienholdt, H. (2010) Handhabung von Komplexität in flexiblen, S. 55; Schebek, L. et al. (2015) Anthropogene Umweltwirkungen, S. 18.

158 Vgl. KEK/CDC Consultants (2001) Handbuch Indikatorenbildung, S. 16 - 17.

(3) Zumutbarkeit: Indikatoren sollten in ihrer Anzahl auf das nötigste reduziert werden und erforderliche Daten sollten mit akzeptablem Aufwand erhoben werden können.
(4) Sensitivität und Plausibilität: Indikatoren sollten Veränderungen der zugrundeliegenden Daten rechtzeitig und plausibel anzeigen.
(5) Qualitätsorientierung: Indikatoren sollten nicht dem Selbstzweck dienen, sondern der Qualitätssicherung oder -verbesserung.

Eine erfolgreiche Verwendung von Indikatoren auf einen gegebenen Sachverhalt wird zumeist nicht durch den Einsatz eines einzigen Indikators erzielt, sondern durch einen Satz an Indikatoren, der verschiedene Dimensionen abdeckt.[159] So können auch komplexe Sachverhalte repräsentativ abgebildet[160], Problemfelder erkannt und die Lösungsfindung unterstützt werden.[161] Tabelle 2.1 zeigt für die Produkt- und Fertigungsprozessvarianz relevantesten Treiber, die häufig als Indikatoren in der Literatur Berücksichtigung finden. Es wird ersichtlich, dass der Fokus auf einer Quantifizierung der Anzahl varianzinduzierender Elemente liegt, nicht jedoch auf ihrer Verschiedenheit.

Tabelle 2.1: Treiber der Produkt- und Fertigungsprozessvarianz[162]

Treiber	Quellen
Anzahl an Fertigungsprozessen	GRÖßLER ET AL., BOZARTH ET AL., FLYNN & FLYNN, RENNEKAMP
Anzahl an Fertigungsmitteln	GRÖßLER ET AL., BOZARTH ET AL., FLYNN & FLYNN, RENNEKAMP
Anzahl an verschiedenen Losgrößen	GRÖßLER ET AL.
Anzahl an Fertigungsteilen	FISHER ET AL., RENNEKAMP
Anzahl an Produktvarianten	RENNEKAMP, JACOBS & SWINK, WILDEMANN
Anzahl an Produktarten/-familien	BOZARTH & EDWARDS, WILDEMANN, RENNEKAMP

159 Vgl. Meyer, W. (2004) Indikatorenentwicklung: eine praxisorientierte Einführung, S. 15.
160 Vgl. Schebek, L. et al. (2015) Anthropogene Umweltwirkungen, S. 18.
161 Vgl. Meyer, W. (2004) Indikatorenentwicklung: eine praxisorientierte Einführung, S. 23.
162 Vgl. Bozarth, C./ Edwards, S. (1997) The impact of market requirements; Fisher, M./ Ittner, C. (1999) The Impact of Product Variety; Flynn, B./ Flynn, E. (1999) Information-Processing Alternatives for Coping with; Größler, A./ Grübner, A./ Milling, P. (2006) Organisational adaptation processes to external; Bozarth, C. et al. (2009) The impact of supply chain; Jacobs, M./ Swink, M. (2011) Product portfolio architectural complexity and; Wildemann, H./ Voigt, K.-I. (2011) Komplexitätsindex-Tool: Entscheidungsgrundlagen für die Produktprogrammgestaltung; Rennekamp, M. (2013) Methode zur Bewertung des Komplexitätsgrades.

2.2.4 Reduzierung der Fertigungsprogrammvarianz

Die Minimierung interner Varianz bei Aufrechterhaltung einer vom Markt geforderten externen Varianz ist Ziel des *Variantenmanagements.*[163] Es lässt sich weiter untergliedern in die Konzepte Variantenvermeidung, Variantenreduzierung und Variantenbeherrschung. Die Variantenvermeidung verfolgt dabei das Ziel, nicht notwendige Varianz gar nicht erst entstehen zu lassen.[164] Demgegenüber wird durch die Variantenreduzierung und Variantenbeherrschung eine Eliminierung bestehender Varianz angestrebt, indem externe Varianz ohne signifikanten Markterfolg abgebaut oder die interne Varianz zur Steigerung der Effizienz reduziert wird.[165] Für eine Reduzierung der Fertigungsprogrammvarianz sind daher sowohl Maßnahmen der Variantenbeherrschung als auch der Variantenreduzierung geeignet, die im Folgenden detailliert vorgestellt werden. Dabei wird hinsichtlich ihres Eingriffspunktes zwischen produktseitigen und prozessseitigen Maßnahmen unterschieden.

2.2.4.1 Produktseitige Maßnahmen

Kündigung von Produktvarianten

Die Reduktion der Angebotsvielfalt durch Kündigung bestehender Produktvarianten ist eine naheliegende Maßnahme zur Reduzierung der Varianz. Um den in Kapitel 2.2.2 beschriebenen Wirtschaftlichkeitsverlusten entgegenzuwirken, werden unrentable Produktvarianten, deren Absatz einen bestimmten Schwellenwert unterschreitet, aus dem Portfolio gestrichen. Eine bewährte Methode zur Identifikation unrentabler Produktvarianten ist die ABC-Analyse, bei der die Produkte eines Unternehmens nach Größe ihres Umsatz- oder Deckungsbeitragsanteils in einer Lorenzkurve aufgetragen werden. Durch das Streichen von C-Varianten mit besonders geringem Umsatz- bzw. Deckungsbeitragsanteil sollen varianzinduzierte Kosten abgebaut und freigewordene Kapazitäten zur wirtschaftlicheren Fertigung des übrigen Portfolios verwendet werden. Der eigentliche Beitrag der Produktkündigung für die Reduzierung der Fertigungsprogrammvarianz bleibt jedoch ungeachtet, da weder die Verschiedenheit der Variante noch die mit deren Herstellung einhergehende Fertigungsprozessvarianz bei der Auswahl Berücksichtigung finden. In der Folge werden die Ein-

---

[163] Vgl. Franke, H.-J. (2002) Variantenmanagement: Variantenvielfalt in Produkten und, S. 13.

[164] Vgl. Thiebes, F./ Plankert, N. (2014) Umgang mit Komplexität in der, S. 177 - 178.

[165] Vgl. Buchholz, M. (2012) Theorie der Variantenvielfalt, S. 210 - 211.

sparungen durch Produktkündigungen häufig überschätzt, damit einhergehende Umsatzrückgänge aufgrund von Wahrnehmungs- und Imageverlusten hingegen unterschätzt.[166]

Produkt-Standardisierung

Werden Merkmale und Merkmalsausprägungen eines Produkts für einen längeren oder unbegrenzten Zeitraum festgelegt und konstant gehalten, spricht man von Standardisierung. Statt eine kundenindividuelle Konstruktion zu ermöglichen, sind standardisierte Produkte z.B. hinsichtlich ihrer Geometrie, Abmessungen und Formelemente festgelegt. Aufgrund von Skaleneffekten und fehlenden varianzinduzierten Kosten sind Standardprodukte wirtschaftlicher, erschweren jedoch die Erfüllung heterogener Kundenwünsche. Je nach Produkttyp empfiehlt es sich daher, eine Maximalausführung als Standard festzulegen, oder verschiedene Standardvarianten eines Produkts in Form einer Baureihe anzubieten. Baureihen erlauben mehrere bestimmte Ausprägungen eines Merkmals und stellen so einen Kompromiss zwischen Varianzreduktion und Angebotsvielfalt dar.[167] Nach SCHUH ist Standardisierung dabei nicht binär, sondern als Kontinuum zu verstehen. Lässt sich keine vollständige Gleichheit zwischen Produkten im Sinne eines Standards herstellen, kann auch schon die Erhöhung ihrer Ähnlichkeit zueinander als Standardisierung bezeichnet werden.[168] Standardisierung kann folglich sowohl hinsichtlich der Anzahl als auch der Verschiedenheit von Produktvarianten varianzreduzierend wirken.

In der Literatur lassen sich neben Produkt-Standardisierungen auch Modularisierungs-, Plattform- und Baukastenstrategien zur Varianzreduktion finden. Dabei handelt es sich um Ansätze der Produktstrukturierung, die die interne Varianz durch Wiederverwendung standardisierter Module innerhalb von Produktfamilien sowie darüber hinaus reduzieren sollen. Da schon ein Modul aus mehreren Einzelteilen besteht, eignen sich diese Maßnahmen nur für mehrteilige Erzeugnisse mit komplexer Struktur (vgl. Kapitel 2.1) und sind folglich nicht Teil des Betrachtungsumfangs dieser

---

166 Vgl. Krause, D./ Gebhardt, N. (2018) Methodische Entwicklung modularer Produktfamilien, S. 54 - 55; Kreutzer, R. (2022) Praxisorientiertes Marketing, S. 539.

167 Vgl. Koller, R. (1998) Konstruktionslehre für den Maschinenbau, S. 323 - 324.

168 Vgl. Schuh, G./ Lenders, M./ Nußbaum, C. (2012) Produktarchitekturgestaltung, S. 118.

Arbeit. Der Vollständigkeit halber wird an dieser Stelle lediglich auf weiterführende Literatur verwiesen.[169]

2.2.4.2 Prozessseitige Maßnahmen

Prozess-Standardisierung

Analog zur Produkt-Standardisierung verfolgt die Prozess-Standardisierung eine Reduzierung der Prozessvarianz, indem übergreifende Standards formuliert und so Merkmalsausprägungen konstant gehalten werden.[170] Im Kontext des Variantenmanagements werden so geschaffene Gemeinsamkeiten auch als Kommunalitäten bezeichnet[171], sodass in der Literatur auch von Prozess-Kommunalisierung gesprochen wird.[172] In der Fertigung eigenen sich beispielsweise Werkstückaufnahmen, Werkzeuge und Verbrauchsmittel für eine Standardisierung, aber auch die durchlaufenen Arbeitsplätze in Form von Maschinen.[173] Durch Angleichung der durchlaufenen Arbeitsplätze und die Wiederverwendung von Fertigungs- und Fertigungshilfsmitteln ermöglicht die Prozess-Standardisierung so eine Reduzierung der Fertigungsprozessvarianz und Effizienzsteigerungen durch Skalen- und Lernkurveneffekte.[174] Hohes Potenzial für eine Prozess-Standardisierung besteht dabei insbesondere, wenn die zugrundeliegenden Produkte Gemeinsamkeiten durch ähnliche Merkmale und Merkmalsausprägungen aufweisen.[175] Jedoch lassen sich auch Produktvarianten größerer Verschiedenheit durch standardisierte Prozessabläufe fertigen. Erfolgt zusätzlich eine organisatorische Trennung der standardisierten Produkt-Prozess-Kombinationen in ein autarkes Segment, spricht man von *Produktionssegmentierung*. Sie ermöglicht eine Anpassung der Ablaufart (vgl. Kapitel 2.1) innerhalb des Segments und somit beispielsweise die Nutzung einer effizienten Fließfertigung, während der varianzintensive Teil des Fertigungsprogramms weiterhin in einer flexiblen Werkstattfertigung hergestellt wird.[176]

---

169 Vgl. Schuh, G./ Riesener, M. (2018) Produktkomplexität managen, S. 93 - 99; Krause, D. et al. (2021) Produktarchitektur, S. 352 - 355.

170 Vgl. Schuh, G. et al. (2021) Sustainable innovation, S. 224.

171 Vgl. Schuh, G./ Lenders, M./ Nußbaum, C. (2012) Produktarchitekturgestaltung, S. 155.

172 Vgl. Burggräf, P. et al. (2020) Produktionsprozessplanung, S. 167.

173 Vgl. Schuh, G. et al. (2021) Sustainable innovation, S. 224 - 225.

174 Vgl. Schuh, G./ Lenders, M./ Nußbaum, C. (2012) Produktarchitekturgestaltung, S. 156 - 158.

175 Vgl. Schuh, G. et al. (2021) Sustainable innovation, S. 209.

176 Vgl. Burggräf, P. et al. (2020) Produktionsprozessplanung, S. 167.

Postponement

Der Begriff Postponement beschreibt eine Prozessneuordnung mit dem Ziel, den Variantenentstehungspunkt an das Ende eines Fertigungsprozesses zu verschieben. So soll zunächst die Fertigung standardisierter Vorprodukte ermöglicht werden, bevor eine variantenspezifische Endbearbeitung erfolgt.[177] Die Bündelung variantenunabhängiger Arbeitsvorgänge begünstigt Prozess-Standardisierungen zu Beginn des Fertigungsprozesses, während eine späte Variantenentstehung die Fertigungsprozessvarianz leichter beherrschbar macht.[178] Die Flexibilität der Fertigung wird erhöht, Durchlaufzeiten reduziert und die Produktionsplanung und -steuerung erleichtert.[179] Postponement ermöglicht somit Effizienzsteigerungen in der Umsetzung einer geforderten Varianz, erfordert jedoch auch eine klare Unterscheidung variantenabhängiger und -unabhängiger Arbeitsvorgänge sowie Flexibilität hinsichtlich ihrer Vorgangsfolge.

Nivellierung

Ziel der Nivellierung ist es, Schwankungen in der Fertigung zu glätten, um eine kontinuierliche und gleichmäßige Auftragsbearbeitung zu ermöglichen. Die Fertigung wird dafür von der Kundennachfrage entkoppelt. Stattdessen wird ein stetiger Bedarf vorgegeben, sodass Stückzahlschwankungen aufgrund saisonaler Veränderungen oder Großbestellungen durch einen gleitenden Durchschnitt abgefangen werden.[180] Die Bedarfsvorgaben richten sich nach einem Nivellierungsmuster, das durch Angabe von Losgrößen sowie Auflagehäufigkeiten eine möglichst gleichmäßige Fertigung von Produktvarianten anstrebt. Zur Bestimmung des optimalen Nivellierungsmusters sind dabei insbesondere Rüstzeiten zu berücksichtigen, die eine Losbildung bei reduzierter Auflagenhäufigkeit erfordern.[181] Neben der Glättung von Losgrößen zur Reduzierung von Stückzahlschwankungen umfasst die Nivellierung auch eine Harmonisierung unterschiedlicher Bearbeitungszeiten. Dies gilt sowohl für divergierende Bearbeitungszeiten in der Fertigung eines Produkts als auch für unterschiedliche Produkte mit ähnlichen Fertigungsprozessen. Durch die Angleichung von Bearbeitungszeiten und Losgrößen ermöglicht die Nivellierung eine Reduzierung der Fertigungsprozessvarianz,

---

177 Vgl. Wannenwetsch, H. (2021) Standardisierungsstrategien und Komplexitätsmanagement, S. 425.
178 Vgl. Schuh, G. et al. (2021) Sustainable innovation, S. 223.
179 Vgl. Buchholz, M. (2012) Theorie der Variantenvielfalt, S. 222 - 223.
180 Vgl. Bertagnolli, F. (2020) Lean Management, S. 54.
181 Vgl. Lödding, H. (2016) Verfahren der Fertigungssteuerung, S. 643.

erhöht die Stabilität der Fertigungsprozesse und erleichtert die Produktionsplanung und -steuerung.[182] So wird eine bessere Planung der Kapazitäten ermöglicht, Bestände werden reduziert und eine gleichmäßige Auslastung der Mitarbeitenden und Maschinen erreicht.[183]

Implementierung flexibler Fertigungstechniken

Eine weitere Maßnahme zur Reduzierung der Fertigungsprozessvarianz stellt die Implementierung flexibler Fertigungstechniken dar. Sie zeichnen sich gegenüber spezialisierten Fertigungsmitteln durch eine größere Bearbeitungsflexibilität aus und verringern so die Anzahl varianzbedingt erforderlicher Arbeitsplatzwechsel. Ihr Einsatz ermöglicht damit eine Reduzierung der Durchlaufzeiten und Umrüstkosten in der Fertigung.[184] Ein Beispiel für flexible Fertigungstechniken stellt *Additive Manufacturing* dar. Es erlaubt die werkzeuglose Fertigung flexibler Geometrien, eignet sich aufgrund hoher Herstellkosten jedoch vornehmlich für individualisierte Einzelteile, die in geringen Stückzahlen gefertigt werden.[185]

Outsourcing

Der Begriff Outsourcing bezeichnet den Prozess der Verlagerung von Unternehmensaktivitäten an einen Zulieferer. Er ist das Ergebnis von Make-or-Buy-Entscheidungen und kann einen vollständigen Fremdbezug von Produkten oder eine Auslagerung von Teilprozessen der Fertigung umfassen.[186] Das Outsourcing ermöglicht damit eine Reduzierung der Fertigungsprozessvarianz im eigenen Unternehmen und die Konzentration freigewordener Kapazitäten auf das Kerngeschäft, um die Wettbewerbsfähigkeit zu steigern. Insbesondere die Auslagerung von Teilprozessen ist jedoch mit Risiken verbunden, da es an den Schnittstellen zu Informationsverlusten, Qualitätsproblemen oder Logistikausfällen kommen kann, die sich negativ auf die eigene Leistungserbringung auswirken. Folge des Outsourcings können somit auch Imageverluste, Abhängigkeit vom Zulieferer sowie die Preisgabe von Betriebsgeheimnissen sein.[187] Zur Unterstützung der Make-or-Buy-Entscheidung sollten daher die Effektivität, Effizienz und Bedeutung der auszulagernden (Teil-)Prozesse bewertet werden. Geeignet für

---

182 Vgl. Burggräf, P. et al. (2020) Produktionsprozessplanung, S. 168.
183 Vgl. Lödding, H. (2016) Verfahren der Fertigungssteuerung, S. 642.
184 Vgl. Buchholz, M. (2012) Theorie der Variantenvielfalt, S. 223.
185 Vgl. Krause, D./ Gebhardt, N. (2018) Methodische Entwicklung modularer Produktfamilien, S. 256.
186 Vgl. Dombrowski, U./ Krenkel, P./ Löffler, C. (2021) Strategisches Produktionsmanagement, S. 59 - 62.
187 Vgl. Lasch, R. (2021) Strategisches und operatives Logistikmanagement: Beschaffung, S. 17 - 21.

das Outsourcing sind dabei insbesondere weniger relevante Produkte und Prozesse, die Randbereiche des Fertigungsprogramms bedienen und einen unverhältnismäßigen Ressourcenaufwand erfordern.[188]

Die Ausführungen zeigen, dass ein breites Spektrum an Maßnahmen zur Reduzierung der Fertigungsprogrammvarianz existiert. Die Eignung der Maßnahmen richtet sich dabei neben wirtschaftlichen Kennzahlen häufig nach bestehenden Ähnlichkeiten im Fertigungsprogramm, entweder produktseitig in Form von Produktmerkmalen und deren Ausprägungen oder prozessseitig hinsichtlich der Vorgangsfolgen, Fertigungsmittel, Losgrößen und Bearbeitungszeiten. Voraussetzung für die zielgerichtete Auswahl und Umsetzung der Maßnahmen ist daher Transparenz über die Fertigungsprogrammvarianz im Unternehmen, die neben der Anzahl an Varianten auch deren Verschiedenheit berücksichtigt.[189]

2.2.5 Zwischenfazit

Die Anzahl und Verschiedenheit der Fertigungsteile und Fertigungsprozesse eines produzierenden Unternehmens wird als Fertigungsprogrammvarianz bezeichnet. In den letzten Jahren war eine deutliche Steigerung dieser Fertigungsprogrammvarianz zu verzeichnen, mit negativen Auswirkungen auf die Wirtschaftlichkeit und Wettbewerbsfähigkeit der betroffenen Unternehmen. Um die Fertigungsprogrammvarianz zu reduzieren, existiert eine Reihe von Maßnahmen, die produktseitig oder prozessseitig ansetzen. So wird beispielweise durch eine Streichung oder Standardisierung von Fertigungsteilen bzw. durch eine Angleichung von Vorgangsfolgen, Fertigungsmitteln, Bearbeitungszeiten und Losgrößen eine Verringerung der Anzahl und Verschiedenheit der Fertigungsteil- bzw. Fertigungsprozessvarianten erzielt. Die Eignung der Maßnahmen hängt dabei neben wirtschaftlichen Kennzahlen insbesondere von bestehenden Ähnlichkeiten im Fertigungsprogramm ab. Zur Auswahl und Umsetzung geeigneter Maßnahmen sind daher Informationen zur Verschiedenheit der Fertigungsteil- und Fertigungsprozessvarianten erforderlich. Diese Informationen werden durch bestehende Methoden zur Ermittlung der Fertigungsprogrammvarianz jedoch nur selten erfasst; darüber hinaus geht die Anwendung der Methoden mit einem ho-

---

188 Vgl. Schuh, G./ Riesener, M. (2018) Produktkomplexität managen, S. 53 - 54.
189 Vgl. Buchholz, M. (2012) Theorie der Variantenvielfalt, S. 211 - 212.

hen manuellen Aufwand einher. Eine Alternative zur manuellen Ermittlung der Fertigungsprogrammvarianz stellt die Nutzung datenbasierter Methoden dar. Das folgende Kapitel widmet sich daher der datenbasierten Ähnlichkeitsanalyse, die eine Bestimmung der Verschiedenheit zwischen Objekten ermöglicht.

2.3 Datenbasierte Ähnlichkeitsanalyse mittels Data Mining

Um die Grundlagen der datenbasierten Ähnlichkeitsanalyse mittels Data Mining darzustellen, werden zunächst allgemeine Grundlagen der Ähnlichkeitsanalyse (vgl. Kapitel 2.3.1) sowie des Data Minings (vgl. Kapitel 2.3.2) erläutert. In Kapitel 2.3.3 erfolgt abschließend eine Verbindung der Themengebiete durch die Vorstellung von Data Mining-Verfahren zur Ähnlichkeitsanalyse.

2.3.1 Grundlagen der Ähnlichkeitsanalyse

Die Erläuterung der Grundlagen der Ähnlichkeitsanalyse erfolgt zunächst anhand einer Begriffsdefinition (vgl. Kapitel 2.3.1.1), bevor Proximitätsmaße zur Bestimmung von Ähnlichkeiten vorgestellt werden (vgl. Kapitel 2.3.1.2).

2.3.1.1 Begriffsdefinition

Nach HUBKA ist Ähnlichkeit als „Relation zwischen zwei oder mehreren Systemen (Objekten, Prozessen, Aussagen)“[190] zu verstehen, die „von vollständiger Gleichheit (Identität) bis zur entferntesten Ähnlichkeit“[191] reicht. Der Begriff deckt damit das Spektrum zwischen den Extrema der Gleichheit und der entferntesten Ähnlichkeit ab. BOAS spricht in diesem Zusammenhang von Gleichheit und Einzigartigkeit. Zwei beliebige Objekte, die miteinander verglichen werden, sind demzufolge gleich, ähnlich oder einzigartig.[192] Im Duden ist *ähnlich* als „in bestimmten Merkmalen übereinstimmend“[193] definiert. Auch diese Definition bedingt das Vorhandensein der Extrema gleich (in allen Merkmalen übereinstimmend) und einzigartig (in keinem Merkmal übereinstimmend). Zur genaueren Bestimmung der Ähnlichkeit zwischen Objekten

---

190 Vgl. Hubka, V. (1984) Theorie technischer Systeme, S. 19.
191 Vgl. Hubka, V. (1984) Theorie technischer Systeme, S. 19.
192 Vgl. Boas, R. (2008) Commonality in Complex Product Families, S. 20 - 21.
193 Vgl. Dudenredaktion (o.J.) ähnlich.

werden Ähnlichkeitsanalysen durchgeführt. Sie stammen aus dem Gebiet der multivariaten Statistik und ermöglichen eine Quantifizierung der Ähnlichkeit über Proximitätsmaße.[194]

2.3.1.2 Proximitätsmaße zur Bestimmung von Ähnlichkeiten

Proximitätsmaße dienen als Größe zur Abbildung der Ähnlichkeit oder Distanz zwischen Objekten. Sie werden daher auch als Ähnlichkeits- oder Distanzmaße bezeichnet. Beide Maße ermöglichen eine Quantifizierung der Ähnlichkeit bzw. Distanz über die Größe des Wertes, den sie annehmen.[195] Sind die Proximitätsmaße normiert, d.h. erfüllen sie die in Formel 2.1 angegebene Bedingung, so lässt sich das Distanzmaß wie in Formel 2.2 dargestellt aus dem Ähnlichkeitsmaß errechnen.[196]

Formel 2.1: Normierte Proximitätsmaße

$$0 \leq s_{ij}, d_{ij} \leq 1$$

mit s_{ij} Ähnlichkeitsmaß zwischen den Objekten i und j
d_{ij} Distanzmaß zwischen den Objekten i und j

Formel 2.2: Komplementäres Verhalten von Ähnlichkeits- und Distanzmaß

$$d_{ij} = 1 - s_{ij} \; mit \; s_{ij}, d_{ij} \in [0; 1]$$

mit s_{ij} Ähnlichkeitsmaß zwischen den Objekten i und j
d_{ij} Distanzmaß zwischen den Objekten i und j

Normierte Distanz- und Ähnlichkeitsmaße verhalten sich folglich komplementär, wobei die Grenzwerte der Skala jeweils eine vollständige Gleichheit bzw. Einzigartigkeit repräsentieren. Die Grundlage zur Berechnung von Proximitätsmaßen bildet die Rohdatenmatrix, in der eine beliebige Anzahl an Objekten durch eine ausgewählte Anzahl an Merkmalen beschrieben wird.[197] Zur Erstellung der Rohdatenmatrix müs-

---

194 Vgl. Leyer, I./ Wesche, K. (2007) Multivariate Statistik in der Ökologie, S. 47.
195 Vgl. Backhaus, K. et al. (2021) Multivariate Analysemethoden, S. 498.
196 Vgl. Handl, A./ Kuhlenkasper, T. (2017) Multivariate Analysemethoden, S. 91.
197 Vgl. Backhaus, K. et al. (2021) Multivariate Analysemethoden, S. 497.

sen daher für die Beschreibung der Objekte geeignete Merkmale und deren Ausprägungen bestimmt werden. Stellt a_{ik} die Ausprägung des Merkmals k bei Objekt i dar, so ergibt sich eine Rohdatenmatrix entsprechend Formel 2.3.[198]

Formel 2.3: **Rohdatenmatrix**

$$(a_{ik})_{n\times m} = \begin{pmatrix} a_{11} & \cdots & a_{1m} \\ \vdots & \ddots & \vdots \\ a_{1n} & \cdots & a_{nm} \end{pmatrix}$$

mit a_{ik} Ausprägung des Merkmals k bei Objekt i

Auf Basis der Rohdatenmatrix werden mithilfe von Proximitätsmaßen Ähnlichkeits- oder Distanzwerte zwischen den Objekten errechnet. In einer Matrix zusammengefasst ergeben sie die Ähnlichkeits- bzw. Distanzmatrix, die aufgrund der paarweisen Vergleiche der Objekte quadratisch und symmetrisch sind, sowie Nullen auf der Hauptdiagonalen aufweisen.[199] Eine beispielhafte Distanzmatrix ist in Formel 2.4 dargestellt.

Formel 2.4: **Distanzmatrix**

$$\left(d_{ij}\right)_{n\times n} = \begin{pmatrix} 0 & d_{12} & \cdots & d_{1n} \\ d_{21} & 0 & & d_{2n} \\ \vdots & & \ddots & \vdots \\ d_{n1} & d_{n2} & \cdots & 0 \end{pmatrix}$$

mit d_{ij} Distanzmaß zwischen den Objekten i und j

Zur Berechnung von Ähnlichkeiten und Distanzen existiert eine Vielzahl unterschiedlicher Proximitätsmaße. Die Eignung der Maße für einen Anwendungsfall ist dabei abhängig vom Skalenniveau der betrachteten Merkmale.[200] Es wird zwischen nominalen (binären), ordinalen und metrischen Skalenniveaus unterschieden. Nominale Merkmale werden hinsichtlich ihrer Ausprägung nur nach Gleichheit oder Ungleichheit unterschieden. Besitzen nominale Merkmale lediglich zwei Ausprägungen, werden sie auch als binär bezeichnet und mit Eins (Merkmal vorhanden) oder Null

[198] Vgl. Bankhofer, U./ Vogel, J. (2008) Datenanalyse und Statistik, S. 155.
[199] Vgl. Bankhofer, U./ Vogel, J. (2008) Datenanalyse und Statistik, S. 157.
[200] Vgl. Backhaus, K. et al. (2021) Multivariate Analysemethoden, S. 498.

(Merkmal nicht vorhanden) codiert. Ordinale Merkmale haben zusätzlich eine Rangfolge, die Ausprägungsabstände sind jedoch nicht quantifizierbar (z.B. Hauptschulabschluss, Realschulabschluss, Abitur). Metrische Merkmale haben den höchsten Informationsgehalt, da sich ihre Ausprägungen vergleichen, sortieren und in ihren Abständen quantifizieren lassen. Typische Beispiele sind Alter oder Gewicht.[201] Sowohl nominale als auch ordinale Merkmale werden zur besseren Analyse meist in binäre Merkmale umgewandelt.[202] Die für diese Arbeit relevanten Proximitätsmaße werden im Folgenden detaillierter beschrieben.

Proximitätsmaße für binäre Merkmale

Für die Ähnlichkeitsanalyse zwischen zwei Objekten mit binären Merkmalen werden alle Merkmalsausprägungen miteinander verglichen. Dabei ist zwischen den in Abbildung 2.12 dargestellten vier Fällen zu unterscheiden.

		Objekt 1	
		Merkmalsausprägung vorhanden (1)	Merkmalsausprägung nicht vorhanden (0)
Objekt 2	Merkmalsausprägung vorhanden (1)	Anzahl der Merkmalsausprägungen, die bei beiden Objekten vorhanden sind [a]	Anzahl der Merkmalsausprägungen, die nur Objekt 2 aufweist [c]
	Merkmalsausprägung nicht vorhanden (0)	Anzahl der Merkmalsausprägungen, die nur Objekt 1 aufweist [b]	Keines der beiden Objekte weist die Merkmalsausprägung auf [d]

[a] Fallbezeichnung (1) Ausprägung der binären Variable

Abbildung 2.12: Kombinationsmöglichkeiten binärer Variablen[203]

Zur Berechnung der Ähnlichkeiten werden Ähnlichkeitsmaße verwendet, die größtenteils auf der in Formel 2.5 angegebenen allgemeinen Ähnlichkeitsfunktion basieren. Die Variablen a, b, c und d ergeben sich jeweils aus der Anzahl an Merkmalsausprägungen in den vier Fällen (vgl. Abbildung 2.12). Durch die Wahl der Gewichtungsfaktoren δ und λ werden unterschiedliche Ähnlichkeitsmaße erzeugt.[204]

---

201 Vgl. Bankhofer, U./ Vogel, J. (2008) Datenanalyse und Statistik, S. 158 - 162.

202 Vgl. Bortz, J./ Schuster, C. (2010) Statistik für Human- und Sozialwissenschaftler, S. 456; Backhaus, K. et al. (2021) Multivariate Analysemethoden, S. 552 - 553.

203 i.A.a. Backhaus, K. et al. (2021) Multivariate Analysemethoden, 557.

204 Vgl. Backhaus, K. et al. (2021) Multivariate Analysemethoden, S. 556 - 557.

Formel 2.5: Allgemeine Ähnlichkeitsfunktion

$$s_{ij} = \frac{a + \delta \cdot d}{a + \delta \cdot d + \lambda(b + c)}$$

mit s_{ij} Ähnlichkeitsmaß zwischen den Objekten i und j

δ, λ mögliche (konstante) Gewichtungsfaktoren

Beim *Simple-Matching-Koeffizienten* nehmen beide Gewichtungsfaktoren δ und λ den Wert Eins an. Die Ähnlichkeit ergibt sich daher aus dem Anteil übereinstimmender Merkmalsausprägungen (Fälle a + d) an der Gesamtzahl an Merkmalsausprägungen (Fälle a + d + b +c) der paarweise verglichenen Objekte. Beim *Jaccard-Koeffizienten* nimmt δ den Wert Null und λ den Wert Eins an. Die Ähnlichkeit ergibt sich folglich aus dem Anteil in beiden Objekten vorhandener Merkmalsausprägungen (Fall a) an der Anzahl in mindestens einem Objekt vorhandener Merkmalsausprägungen (Fälle a + b + c). Beide Koeffizienten führen zu Ähnlichkeitswerten zwischen Null (Einzigartigkeit) und Eins (Gleichheit). Der Unterschied der Koeffizienten liegt jedoch in der Berücksichtigung des Nichtvorhandenseins einer Merkmalsausprägung bei der Ähnlichkeitsbestimmung. Besitzt das Nichtvorhandensein die gleiche Bedeutung wie das Vorhandensein einer Merkmalsausprägung (z.B. Ausprägung „männlich“ des Merkmals „Geschlecht“) ist es bei der Ähnlichkeitsbestimmung zu berücksichtigen. Das binäre Merkmal wird in diesem Fall als symmetrisch bezeichnet und der *Simple-Matching-Koeffizient* ist anzuwenden. Lässt sich aus dem Nichtvorhandensein einer Merkmalsausprägung nicht die gleiche Bedeutung wie aus dem Vorhandensein ableiten (z.B. Ausprägung „Deutscher“ und „Nicht-Deutscher“ des Merkmals „Nationalität“), kommt es bei Berücksichtigung in der Ähnlichkeitsbestimmung zu Verzerrungen. In solchen Fällen asymmetrischer binärer Merkmale ist der *Jaccard-Koeffizient* zu bevorzugen.[205]

Proximitätsmaße für metrische Merkmale

Vergleichbar mit der Ähnlichkeitsfunktion für binäre Merkmale, lassen sich unterschiedliche Distanzmaße für metrische Merkmale aus der *Minkowski-Metrik* (vgl.

---

205 Vgl. Handl, A./ Kuhlenkasper, T. (2017) Multivariate Analysemethoden, S. 103; Backhaus, K. et al. (2021) Multivariate Analysemethoden, S. 557 - 562.

Formel 2.6) ableiten. Diese werden durch Variation der Minkowski-Konstante r erzeugt.[206]

Formel 2.6: MINKOWSKI-Metrik

$$d_{ij} = \left[\sum_{k=1}^{M} (a_{ik} - a_{jk})^r \right]^{\frac{1}{r}}$$

mit	d_{ij}	Distanzmaß zwischen den Objekten i und j
	a_{ik}, a_{jk}	Ausprägung des Merkmals k bei den Objekten i und j
	M	Anzahl der Merkmale
	$r \geq 1$	Minkowski-Konstante

Bei der *City-Block-Metrik* nimmt r den Wert Eins an. Die Distanz zwischen zwei Objekten wird somit durch die Summe der absoluten Abstände der Ausprägungen aller Merkmale ermittelt. Übertragen auf eine nach dem Schachbrettmuster aufgebaute Stadt entspricht die berechnete Entfernung nicht der Luftlinie, sondern der zurückzulegenden Strecke auf den Straßen zwischen Häuserblöcken unter Erzeugung eines rechten Winkels. Die City-Block-Metrik wird daher auch als *Manhattan-Metrik* bezeichnet. Bei der *Euklidischen Distanz* nimmt r den Wert Zwei an. Für zwei Merkmale entspricht die berechnete Entfernung damit der kürzesten Verbindung zwischen zwei Objekten, übertragen auf das vorherige Beispiel also der Luftlinie in Form der Hypotenuse des rechtwinkligen Dreiecks. In mehrdimensionalen Fällen wird häufig die *quadrierte Euklidische Distanz* verwendet, bei der auf das Radizieren der summierten quadratischen Distanzen zwischen Merkmalsausprägungen verzichtet wird. Dies führt zu einer höheren Gewichtung großer Ausprägungsdistanzen gegenüber kleineren, liefert in vielen Algorithmen jedoch bessere Ergebnisse.[207]

Proximitätsmaß für unterschiedlich skalierte Merkmale

Da reale Datensätze häufig Merkmale mit unterschiedlichen Skalenniveaus enthalten, hat GOWER[208] einen nach ihm benannten Koeffizienten für gemischt skalierte Merkmale entwickelt (vgl. Formel 2.7).

---

206 Vgl. Backhaus, K. et al. (2021) Multivariate Analysemethoden, S. 504.

207 Vgl. Bankhofer, U./ Vogel, J. (2008) Datenanalyse und Statistik, S. 167; Backhaus, K. et al. (2021) Multivariate Analysemethoden, S. 500 - 504.

208 Vgl. Gower, J. (1971) A General Coefficient of Similarity, S. 857 - 874.

Formel 2.7: GOWER-Koeffizient

$$d_{ij} = \frac{\sum_{k=1}^{M} \delta_{ij}^{(k)} d_{ij}^{(k)}}{\sum_{k=1}^{M} \delta_{ij}^{(k)}}$$

mit	d_{ij}	Distanzmaß zwischen den Objekten i und j
	$\delta_{ij}^{(k)}$	Vergleichbarkeit hinsichtlich des Merkmals k
	$d_{ij}^{(k)}$	Distanz der Ausprägungen des Merkmals k
	M	Anzahl der Merkmale

Der Faktor $\delta_{ij}^{(k)}$ berücksichtigt die Vergleichbarkeit hinsichtlich eines Merkmals. Wird das Merkmal k bei beiden Objekten beobachtet, nimmt der Faktor den Wert Eins an, bei einseitiger Beobachtung oder asymmetrischen binären Merkmalen den Wert Null. Die Distanz $d_{ij}^{(k)}$ zwischen den Ausprägungen des Merkmals k wird in Abhängigkeit des Skalenniveaus bestimmt. Für binäre und nominale Merkmale gilt Formel 2.8, für metrische und ordinale Merkmale gilt Formel 2.9.[209]

Formel 2.8: GOWER-Distanzfaktor für binäre und nominale Merkmale

$$d_{ij}^{(k)} = \begin{cases} 1 \text{ wenn } a_{ik} \neq a_{jk} \\ 0 \text{ wenn } a_{ik} = a_{jk} \end{cases}$$

mit	$d_{ij}^{(k)}$	Distanz der Ausprägungen des Merkmals k
	a_{ik}, a_{jk}	Ausprägung des Merkmals k bei den Objekten i und j

Formel 2.9: GOWER-Distanzfaktor für metrische und ordinale Merkmale

$$d_{ij}^{(k)} = \frac{|a_{ik} - a_{jk}|}{R_k}$$

mit	$d_{ij}^{(k)}$	Distanz der Ausprägungen des Merkmals k
	a_{ik}, a_{jk}	Ausprägung des Merkmals k bei den Objekten i und j
	R_k	Spannweite der Ausprägungen des Merkmals k

209 Vgl. Handl, A./ Kuhlenkasper, T. (2017) Multivariate Analysemethoden, S. 107 - 108.

Die Formeln zeigen, dass der *GOWER-Koeffizient* auf den Wertbereich zwischen Null und Eins beschränkt ist und je nach Skalenniveau der Merkmale die Berechnungslogiken anderer Proximitätsmaße annimmt.[210] Bei metrischen und ordinalen Merkmalen entspricht der *GOWER-Koeffizient* der *City-Block-Metrik*, angewendet auf die durch die Spannweite skalierten Merkmale bzw. Ränge. Bei symmetrischen binären Merkmalen entspricht der *GOWER-Koeffizient* dem *Simple-Matching-Koeffizient*, bei asymmetrischen binären Merkmalen dem *Jaccard-Koeffizienten.*[211]

2.3.2 Grundlagen des Data Minings

Zur Erläuterung der Grundlagen des Data Minings werden zu Beginn die Begrifflichkeiten sowie der für diese Arbeit relevante Dateninput definiert (vgl. Kapitel 2.3.2.1). Anschließend wird der Prozess des Data Minings in der praktischen Anwendung beschrieben (vgl. 2.3.2.2).

2.3.2.1 Begriffsdefinitionen und Dateninput

Daten

Daten sind eine durch Syntax angereicherte Menge an Zeichen, die in unstrukturierter Form vorliegen. Durch Ordnung und Systematisierung der Daten entstehen Informationen, die für den Menschen verständlich und im Kontext interpretierbar sind. Die Vernetzung von Informationen ermöglicht das Erkennen von Mustern und Zusammenhängen und stellt Wissen dar, das die Lösung von Problemen in einem bestimmten Handlungsfeld unterstützt.[212] Im Produktionskontext wird zwischen Stamm- und Bewegungsdaten unterschieden. Dabei bilden Stammdaten die auftragsneutrale Struktur eines Unternehmens und seiner Produkte ab. Bewegungsdaten hingegen repräsentieren auftragsspezifische Informationen, beispielsweise aus Fertigungsaufträgen.[213] Für den Betrachtungsbereich der Fertigungsprogrammvarianz sind sowohl Stammdaten in Form von Produktdaten als auch Bewegungsdaten in Form von Fertigungsrückmeldedaten relevant, die im Folgenden jeweils detaillierter beschrieben werden.

---

210 Vgl. Gower, J. (1971) A General Coefficient of Similarity, 860.

211 Vgl. Handl, A./ Kuhlenkasper, T. (2017) Multivariate Analysemethoden, S. 108.

212 Vgl. Probst, G./ Raub, S./ Romhardt, K. (2012) Wissen managen, S. 16; Laudon, K./ Laudon, J./ Schoder, D. (2016) Wirtschaftsinformatik, S. 639 - 640.

213 Vgl. Schuh, G./ Schmidt, C. (2014) Produktionsmanagement, S. 44.

Produktdaten

Produktdaten geben Auskunft über die Eigenschaften, Merkmale und Bestandteile der Produkte eines Unternehmens. Art und Umfang der Informationen hängen dabei von der Struktur der Produkte (vgl. Kapitel 2.1) sowie ihrer Beschaffungsart ab. Im Fokus dieser Arbeit stehen Fertigungsteile, die neben einer eindeutigen Materialnummer durch Stücklisten, materialbeschreibende Attribute (bspw. DIN, Maße, Gewicht) sowie dazugehörige CAD-Modelle beschrieben werden.[214] Als dreidimensionale Darstellungen enthalten CAD-Modelle Informationen zur Geometrie der Fertigungsteile und ihrer Formelemente, aus denen sich die vorhandenen Merkmale und Merkmalsausprägungen ergeben (vgl. Kapitel 2.2.1). Darüber hinaus können weitere Angaben wie Toleranzen und Bearbeitungshinweise mit der Geometrie verknüpft werden.[215] In Unternehmen werden Produktdaten in Product Data Management (PDM) Systemen gespeichert und verwaltet, die Produktstammdaten mit CAD-Modellen und weiteren Werkzeugen integrieren.[216] Neuartige Product Lifecycle Management (PLM) Systeme integrieren zusätzlich sämtliche Daten, die über den Lebenszyklus eines Produkts generiert werden.[217]

Fertigungsrückmeldedaten

Die zur Herstellung der Eigenfertigungsteile erforderlichen Fertigungsprozesse werden in Arbeitsplänen auftragsneutral festgelegt. Sie umfassen Informationen zum Ausgangsteil, der Vorgangsfolge, den benötigten Fertigungsmitteln, Vorgabezeiten sowie zugelassenen Mengenbereichen (vgl. Kapitel 2.2.1) und werden in Enterprise Resource Planning (ERP) Systemen hinterlegt.[218] Technische oder organisatorische Störungen, z.B. aufgrund von Maschinenausfällen, fehlenden Materials oder Personals, führen dabei häufig zu Abweichungen von den Vorgaben im Arbeitsplan.[219] In der Folge bilden diese Soll-Daten die Realität in der Fertigung nicht immer genau ab. Zur Erfassung der realen Fertigungsprozesse sind daher Ist-Daten zu bevorzugen, die in

---

214 Vgl. Schuh, G./ Schmidt, C. (2014) Produktionsmanagement, S. 45 - 46.
215 Vgl. Westkämper, E. (2006) Einführung in die Organisation der, S. 141 - 142.
216 Vgl. Westkämper, E. (2006) Einführung in die Organisation der, S. 144 - 145.
217 Vgl. Bahrenburg, S. et al. (2019) Studie Future PLM, S. 3.
218 Vgl. Schuh, G./ Schmidt, C. (2014) Produktionsmanagement, S. 46.
219 Vgl. Kletti, J./ Deisenroth, R. (2019) MES-Kompendium, S. 8.

Form von Rückmeldedaten in Betriebsdatenerfassungssystemen (BDE) oder Manufacturing Execution Systems (MES) gespeichert werden.[220] Diese Fertigungsrückmeldedaten sind auftragsspezifisch und dokumentieren daher die prozess-, kapazitäts-, zeit- und mengenbezogenen Ist-Daten zu einem durchgeführten Fertigungsauftrag.[221] Die erhobenen Daten unterstützen so die Schaffung von Transparenz und Durchführung von Fertigungsprozessanalysen.[222] Dafür werden sie i.d.R. tabellarisch in Form von Eventlogs (vgl. Kapitel 2.2.3.1) strukturiert.[223]

Data Mining

Nach SCHUH beschreibt Data Mining (DM) ein Vorgehen zur Generierung von Wissen aus Daten, indem diese aufbereitet und dem Menschen verständlich präsentiert werden.[224] Dafür wird auf Methoden der Muster- und Trenderkennung zurückgegriffen, die aus den Bereichen der Statistik und des maschinellen Lernens (ML) stammen.[225] Der Begriff ML wird folglich häufig synonym verwendet, legt den Fokus aber auf die Verbesserung der Problemlösefähigkeit des Computers.[226] Demgegenüber steht beim DM der Mensch als Empfänger identifizierter Muster und Trends im Fokus, dessen Problemlösefähigkeit u.a. aus dem daraus erzeugten Wissen resultiert.[227] Da im Rahmen dieser Arbeit die Entscheidungsunterstützung der AnwenderInnen der Methodik im Vordergrund steht (vgl. Kapitel 1.2), wird im Folgenden der Begriff DM verwendet. Zur Verwertung von Daten mittels DM werden diese in tabellarischen Datensätzen in Form einer $n \times m$ Matrix strukturiert. Sie bestehen aus n Reihen (sog. Instanzen oder Ereignissen) und m Spalten (sog. Attributen).[228]

2.3.2.2 Prozess des Data Minings

Es existiert eine Vielzahl unterschiedlicher Prozessmodelle zur Anwendung von DM im industriellen sowie im akademischen Umfeld.[229] Eines der bekanntesten Prozessmodelle stellt der Cross-Industry Standard Process for Data Mining (CRISP-DM) dar,

---

220 Vgl. Schuh, G. et al. (2017) Steigerung der Kollaborationsproduktivität durch cyber-physische, S. 88 - 89.
221 Vgl. Schuh, G./ Schmidt, C. (2014) Produktionsmanagement, S. 48.
222 Vgl. Kellner, F./ Lienland, B./ Lukesch, M. (2020) Produktionswirtschaft, S. 372.
223 Vgl. van der Aalst, W. (2016) Process mining, S. 11.
224 Vgl. Schuh, G. et al. (2019) Data Mining Definitions and Applications, S. 876.
225 Vgl. Fayyad, U./ Piatetsky-Shapiro, G./ Smyth, P. (1996) From Data Mining to Knowledge, S. 43.
226 Vgl. Schuh, G. et al. (2019) Data Mining Definitions and Applications, S. 876.
227 Vgl. Laudon, K./ Laudon, J./ Schoder, D. (2016) Wirtschaftsinformatik, S. 640.
228 Vgl. Öztürk, A./ Kayalıgil, S./ Özdemirel, N. (2006) Manufacturing lead time estimation using, S. 685.
229 Vgl. Kurgan, L./ Musilek, P. (2006) A survey of Knowledge Discovery, S. 6.

der Ende der 1990er Jahre von einem Konsortium aus DM-Experten entwickelt und veröffentlicht wurde.[230] Obwohl die Methodik seitdem vielfach abgeändert und industriespezifisch erweitert wurde[231], ist CRISP-DM noch heute das meistgenutzte Prozessmodell und hat sich als de-facto Standard für industrielles DM etabliert.[232] Als besondere Stärke wird der gut dokumentierte und schlüssige iterative Prozess von CRISP-DM genannt[233], der aus sechs Phasen besteht (vgl. Abbildung 2.13), die im Folgenden detaillierter beschrieben werden.

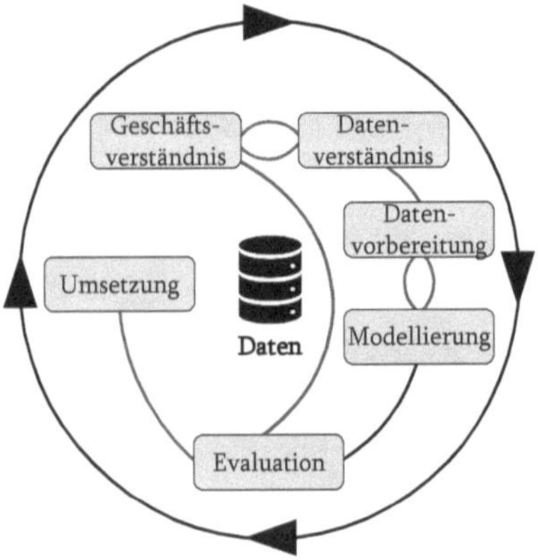

Abbildung 2.13: CRISP-DM[234]

Geschäftsverständnis

Die erste Phase des CRISP-DM dient dem Verständnis der Anforderungen und Ziele aus Unternehmensperspektive. Dabei sind mit dem primären Geschäftsziel häufig weitere Fragestellungen verbunden, die zur Zielerreichung beantwortet werden müssen. Sobald diese Geschäftsziele klar definiert sind, werden sie in technische Ziele des DM-Projekts überführt, deren Output das Erreichen der Geschäftsziele ermöglichen soll.[235]

---

230 Vgl. Chapman, P. et al. (2000) CRISP-DM 1.0.

231 Vgl. Schäfer, F. et al. (2018) Synthesizing CRISP-DM and Quality Management, S. 190 - 195; Huber, S. et al. (2019) Data mining methodology for engineering applications, S. 403 - 408.

232 Vgl. Martinez-Plumed, F. et al. (2019) CRISP-DM Twenty Years Later, S. 3048; Schröer, C./ Kruse, F./ Gómez, J. (2021) A Systematic Literature Review, S. 531.

233 Vgl. Martinez, I./ Viles, E./ Olaizola, I. (2021) Data Science Methodologies: Current Challenges.

234 i.A.a. Chapman, P. et al. (2000) CRISP-DM 1.0, S. 12.

235 Vgl. Chapman, P. et al. (2000) CRISP-DM 1.0, S. 16 - 19.

Datenverständnis

Die zweite Phase des CRISP-DM dient der Erfassung und Extraktion der benötigten Daten sowie deren Exploration. Dazu werden zunächst die sich aus den Projektzielen ergebenden Datenbedarfe abgeleitet, deren Quellen bestimmt und die relevanten Datensätze extrahiert. Im Rahmen der Datenexploration werden die Datensätze anschließend strukturiert, bevor die Merkmale hinsichtlich der Verteilung ihrer Ausprägungen sowie bestehender Korrelationen weiter untersucht werden.[236] Zur Berechnung von Korrelationen eignet sich der Korrelationskoeffizient nach Bravais-Pearson (vgl. Formel 2.10).[237]

Formel 2.10: Korrelationskoeffizient nach Bravais-Pearson[238]

$$r_{fg} = \frac{\sum_{x=1}^{n}(a_{xf} - m_f) * (a_{xg} - m_g)}{\sqrt{\sum_{x=1}^{n}(a_{xf} - m_f)^2} * \sqrt{\sum_{i=1}^{n}(a_{xg} - m_g)^2}}$$

mit	r_{fg}	Korrelationskoeffizient zwischen Merkmal f und g
	m_f	Arithm. Mittel der Ausprägungen des Merkmals f
	m_g	Arithm. Mittel der Ausprägungen des Merkmals g
	a_{xf}	x-te Ausprägung des Merkmals f
	a_{xg}	x-te Ausprägung des Merkmals g

Bei der Untersuchung der Datenqualität sind insbesondere die Vollständigkeit der Daten, Fehler in den Daten sowie die Häufigkeit fehlender Datenpunkte zu beachten. Zur Lösung vorhandener Qualitätsprobleme bietet es sich an, Domänenwissen unternehmensinterner ExpertInnen einzubeziehen.[239]

Datenvorbereitung

Die Phase der Datenvorbereitung umfasst alle Aktivitäten, die erforderlich sind, um einen für die Modellierung geeigneten Datensatz zu erstellen.[240] Zur Datenvorbereitung gehören die Auswahl, Bereinigung, Transformation, Integration und Formatierung der Daten.

---

[236] Vgl. Chapman, P. et al. (2000) CRISP-DM 1.0, S. 20 - 21.

[237] Vgl. Assenmacher, W. (2003) Deskriptive Statistik, S. 166.

[238] Vgl. Assenmacher, W. (2003) Deskriptive Statistik, S. 166.

[239] Vgl. Chapman, P. et al. (2000) CRISP-DM 1.0, S. 21.

[240] Vgl. Chapman, P. et al. (2000) CRISP-DM 1.0, S. 13.

Im Rahmen der *Datenauswahl* werden die für eine Modellierung geeigneten Merkmale und Objekte der extrahierten Datensätze ausgewählt. Dabei sind die Relevanz, Qualität sowie technische Beschränkungen der Daten, z.B. hinsichtlich des Volumens, zu beachten.[241] Mit zunehmender Anzahl an Merkmalen steigen die Dimensionalität des Datensatzes, die erforderliche Rechenleistung zur Modellierung und die Gefahr, Ergebnisse durch irrelevante oder redundante Daten zu beeinträchtigen. Um diesem sog. Fluch der Dimensionalität zu entgehen, kommt Datenauswahl eine besondere Bedeutung zu.[242]

Erreicht die Datenqualität nicht das erforderliche Niveau, besteht die Möglichkeit der *Datenbereinigung*, z.B. durch Auswahl sauberer Teilmengen, Einfügen von Standardwerten oder Schätzung fehlender Daten durch Modellierungstechniken.[243] Für die im Kontext dieser Arbeit relevanten Fertigungsrückmeldedaten hat BRAMBRING typische Fehler und Inkonsistenten identifiziert und Verfahren zur Datenbereinigung entwickelt. Da es sich dabei um ein eigenes Forschungsfeld außerhalb des Fokus dieser Arbeit handelt, soll im Folgenden lediglich auf die weiterführende Literatur verwiesen werden.[244]

Die *Datentransformation* verbessert die Modellierbarkeit der Daten durch Streichung korrelierender Spalten, Konstruktion zusätzlicher Spalten sowie Transformation der Ausprägungen und Skalenniveaus der Spalten.[245] Neue Spalten werden dabei aus bestehenden Zusammenhängen zwischen Spalten konstruiert und ersetzen diese, um zur Dimensionsreduktion beizutragen (z.B. $Fläche = Länge * Breite$).[246] Zur Anwendung von DM-Verfahren ist außerdem eine Transformation nicht-numerischer Spalten (z.B. Werkstoff, Arbeitsvorgangsbeschreibung) erforderlich. Dazu steht unter dem Oberbegriff „Encoding" eine Reihe von Methoden zur Verfügung. Die Transformation n nicht-numerischer Ausprägungen einer Spalte in $n \in \mathbb{N}$ Werte (sog. Label-Encoding) suggeriert eine Rangefolge der Ausprägungen und ist daher nur auf ordinalskalierte Spalten anwendbar. Flexibler ist das sogenannte One-Hot-Encoding, bei dem

---

241 Vgl. Chapman, P. et al. (2000) CRISP-DM 1.0, S. 23.

242 Vgl. Guyon, I. (2006) Feature extraction, S. 4; Assent, I. (2010) Effiziente Ähnlichkeitssuche und Data Mining, S. 46.

243 Vgl. Chapman, P. et al. (2000) CRISP-DM 1.0, S. 23.

244 Vgl. Grzymala-Busse, J./ Grzymala-Busse, W. (2010) Handling Missing Attribute Values; Maletic, J./ Marcus, A. (2010) Data Cleansing: A Prelude to; Brambring, F. (2017) Steigerung der Datenintegrität in der.

245 Vgl. Chapman, P. et al. (2000) CRISP-DM 1.0, S. 23 - 24; Maimon, O./ Rokach, L. (2010) Introduction to Knowledge Discovery and, S. 4.

246 Vgl. Chapman, P. et al. (2000) CRISP-DM 1.0, S. 24.

jede unterscheidbare Ausprägung einer Spalte in eine neue, binär skalierte Spalte transformiert wird. Für die zutreffende Ausprägung wird in der entsprechenden Spalte der Wert Eins dokumentiert, die Spalten der übrigen Ausprägungen nehmen den Wert Null an.[247] Um die Vergleichbarkeit aller Spalten sicherzustellen und eine Übergewichtung aufgrund unterschiedlicher Wertebereiche zu vermeiden, bietet sich die Normalisierung von Ausprägungen auf einen einheitlichen Wertebereich an (vgl. Formel 2.11).[248]

Formel 2.11: Min-max. Normalisierung von Ausprägungen[249]

$$a'_k = \frac{(a_k - a_{min,k})}{(a_{max,k} - a_{min,k})}$$

mit	a'_k	Normalisierte Ausprägung eines Merkmals k
	a_k	Ausprägung eines Merkmals k
	$a_{min,k}$	Minimale Ausprägung des Merkmals k
	$a_{max,k}$	Maximale Ausprägung des Merkmals k

Im Rahmen der *Datenintegration* werden Datensätze aus verschiedenen Quellen mit Informationen zu gleichen Objekten in einer oder mehreren Tabellen zusammengeführt. Die *Datenformatierung* umfasst syntaktische Änderungen an den Daten entsprechend den Anforderungen des gewählten Modellierungsverfahrens, z.B. hinsichtlich Reihenfolgen, Zeichenbegrenzungen und Interpunktion.[250]

Modellierung

In der Phase Modellierung werden geeignete DM-Verfahren ausgewählt, kalibriert und angewendet sowie die Modellierungsergebnisse bewertet. Die Auswahl geeigneter DM-Verfahren richtet sich dabei nach den in der Phase Geschäftsverständnis definierten Projektzielen und den Anforderungen der DM-Verfahren an den Datensatz. Die Anwendung von DM-Verfahren auf einen Datensatz ist nicht aufwändig, da diese meist in frei zugänglichen Software-Bibliotheken verfügbar und in einen bestehenden Code integrierbar sind. Größerer Aufwand besteht in der Kalibrierung, während derer

---

247 Vgl. Zheng, A./ Casari, A. (2018) Feature engineering for machine learning, S. 78 - 79.

248 Vgl. Kantardzic, M. (2020) Data mining, S. 40.

249 Vgl. Kantardzic, M. (2020) Data mining, S. 41.

250 Vgl. Chapman, P. et al. (2000) CRISP-DM 1.0, S. 22 - 25.

die Parameter der DM-Verfahren eingestellt und optimiert werden.[251] Dabei ist eine automatisierte Parameteroptimierung aufgrund besserer Reproduzierbarkeit der manuellen Suche optimaler Parameter vorzuziehen.[252] Zwei einfache Methoden stellen die Raster- und Zufallssuche dar, bei denen Parameter in definierten Schrittweiten bzw. zufällig gewählt werden. Die optimale Parameterkombination ergibt sich anschließend aus der Minimierung der Zielfunktion.[253]

Evaluation

Während die technische Bewertung der DM-Verfahren und ihrer Ergebnisse Teil der Phase Modellierung ist, steht in der Evaluationsphase des CRISP-DM die Erfüllung der Geschäftsziele im Vordergrund. Dazu werden nicht nur die Modellierungsergebnisse, sondern auch damit in Verbindung stehende weitere DM-Ergebnisse und Erkenntnisse betrachtet, die zur Erfüllung der Geschäftsziele beitragen. Sind einzelne Geschäftsziele nicht erreicht worden, sind der DM-Prozess erneut zu überprüfen und zusätzliche bzw. zu wiederholende Aktivitäten abzuleiten. Die Ergebnisse der Evaluation bestehen aus den zusätzlichen Aktivitäten zur Erfüllung der Geschäftsziele sowie der Umsetzungsentscheidung.[254]

Umsetzung

Die Umsetzung eines DM-Projekts geht über die reine Modellierung durch Anwendung von DM-Verfahren auf einen Datensatz hinaus. Vielmehr gilt es, das aus den DM-Ergebnissen gewonnene Wissen im Sinne der Geschäftsziele nutzbar zu machen. Dies kann eine Integration der DM-Ergebnisse in die Entscheidungsfindungsprozesse der Unternehmen erfordern oder die Implementierung wiederholbarer DM-Prozesse.[255] Zum Abschluss des DM-Projekts werden die Ergebnisse zusammengefasst und mögliche Verbesserungen reflektiert.[256]

2.3.3 Data Mining-Verfahren zur Ähnlichkeitsanalyse

Nachdem in den vorherigen Kapiteln die Grundlagen der Ähnlichkeitsanalyse und des DM erläutert wurden, wird im Folgenden Kapitel die Nutzung von DM-Verfahren zur

---

251 Vgl. Chapman, P. et al. (2000) CRISP-DM 1.0, S. 24 - 25.
252 Vgl. Feurer, M./ Hutter, F. (2019) Hyperparameter Optimization, S. 3 - 4.
253 Vgl. Feurer, M./ Hutter, F. (2019) Hyperparameter Optimization, S. 7 - 8.
254 Vgl. Chapman, P. et al. (2000) CRISP-DM 1.0, S. 28 - 29.
255 Vgl. Chapman, P. et al. (2000) CRISP-DM 1.0, S. 13.
256 Vgl. Chapman, P. et al. (2000) CRISP-DM 1.0, S. 30 - 31.

Ähnlichkeitsanalyse beschrieben. Dazu wird zunächst eine Übersicht über bestehende DM-Verfahren gegeben (vgl. Kapitel 2.3.3.1), bevor die für diese Arbeit relevanten Clusteringverfahren zur datenbasierten Ähnlichkeitsanalyse vorgestellt werden (vgl. Kapitel 2.3.3.2).

2.3.3.1 Übersicht bestehender Data Mining-Verfahren

Zur Generierung von Wissen aus Daten steht eine Vielzahl von DM-Verfahren zur Verfügung, die sich anhand der zugrundeliegenden Lernalgorithmen in unterschiedliche Verfahrensklassen gliedern lassen (vgl. Abbildung 2.14). Beim *überwachten Lernen* werden dem Algorithmus Ergebnisse übergeben, die durch den Menschen verifiziert sind. Ziel ist es, den Algorithmus so zu trainieren, dass er anschließend selbst diskrete Ergebnisse (Klassifikation) oder kontinuierliche Ergebnisse (Regression) prognostizieren kann. Beim *Reinforcement Learning* ist eine Bestimmung verifizierter Ergebnisse vorab nicht möglich. Stattdessen wird der Algorithmus in Form einer Belohnung bei wünschenswerten Ergebnissen bzw. Bestrafung bei unerwünschten Ergebnissen trainiert. Ist weder eine Verifizierung noch eine positive bzw. negative Bewertung der Ergebnisse möglich, werden Algorithmen des *unüberwachten Lernens* verwendet. Statt einer Prognose ermöglichen sie eine Beschreibung des Datensatzes, z.B. durch das Aufdecken versteckter Strukturen (Clustering).[257]

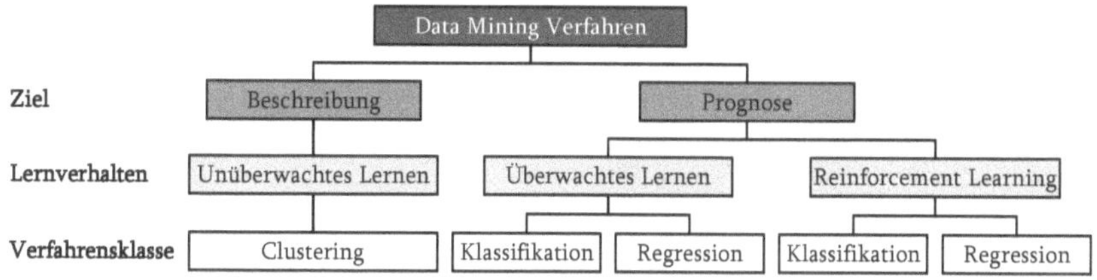

Abbildung 2.14: Einordnung von DM-Verfahren[258]

Für eine Ähnlichkeitsanalyse eignen sich sowohl Klassifikations- als auch Clusteringverfahren. Beide verfolgen das Ziel, Objekte anhand ihrer Proximität in Gruppen zusammenzufassen.[259] Während Clusteringverfahren Gruppen ähnlicher Objekte su-

---

257 Vgl. Frochte, J. (2021) Maschinelles Lernen, S. 21 - 26.
258 Eigene Darstellung i.A.a. Runkler, T. (2015) Data mining; Frochte, J. (2021) Maschinelles Lernen.
259 Vgl. Bankhofer, U./ Vogel, J. (2008) Datenanalyse und Statistik, S. 173.

chen, lernen Klassifikationsverfahren anhand von Beispielen die Struktur eines Datensatzes, der bereits in Gruppen bzw. Klassen unterteilt ist.[260] Clustering eignet sich daher insbesondere für unmarkierte Datensätze, in denen durch Strukturierung unbekanntes Wissen identifiziert werden soll.[261] Klassifikationsverfahren erfordern demgegenüber markierte Datensätze und Kenntnis über die bestehenden Klassen, um den Algorithmus zu trainieren.[262] Vor dem Hintergrund fehlender Transparenz über die Fertigungsprogrammvarianz (vgl. Kapitel 2.2.2) ist von einer entsprechenden Kenntnis in der Praxis nicht auszugehen. Insbesondere in der produktseitigen Werkstückanalyse sind daher Clusteringverfahren zu bevorzugen, die keine Klassifikation voraussetzten.[263] Aus diesem Grund wird der Fokus im Folgenden auf Clusteringverfahren gelegt.

2.3.3.2 Clusteringverfahren zur datenbasierten Ähnlichkeitsanalyse

Clustering beschreibt das Strukturieren eines Datensatzes mehrerer Objekte in Gruppen, sog. Clustern. Dabei wird das Ziel verfolgt, Objekte großer Ähnlichkeit in einem Cluster zusammenzufassen, sodass zwischen Objekten unterschiedlicher Cluster eine möglichst große Unähnlichkeit bzw. Distanz besteht.[264] Clustering eignet sich daher auch zur Identifikation von Ausreißern, die eine besonders große Distanz zu anderen Objekten des Datensatzes aufweisen.[265] Unterschiedliche Clusteringverfahren führen auch bei Anwendung auf einen einheitlichen Datensatz häufig zu unterschiedlichen Ergebnissen[266], sodass die Wahl des Verfahrens mit Bedacht zu treffen ist. Eine Übersicht unterschiedlicher Clusteringverfahren ist in Abbildung 2.15 dargestellt.

---

260 Vgl. Aggarwal, C. (2015) Data Mining, S. 285.

261 Vgl. Han, J./ Kamber, M./ Pei, J. (2012) Data mining, S. 444 - 445.

262 Vgl. Frochte, J. (2021) Maschinelles Lernen, S. 21.

263 Vgl. Wiendahl, H.-P./ Wiendahl, H.-H. (2020) Betriebsorganisation für Ingenieure, S. 179.

264 Vgl. Bankhofer, U./ Vogel, J. (2008) Datenanalyse und Statistik, S. 173; Han, J./ Kamber, M./ Pei, J. (2012) Data mining, S. 444.

265 Vgl. Han, J./ Kamber, M./ Pei, J. (2012) Data mining, S. 445.

266 Vgl. Han, J./ Kamber, M./ Pei, J. (2012) Data mining, S. 444.

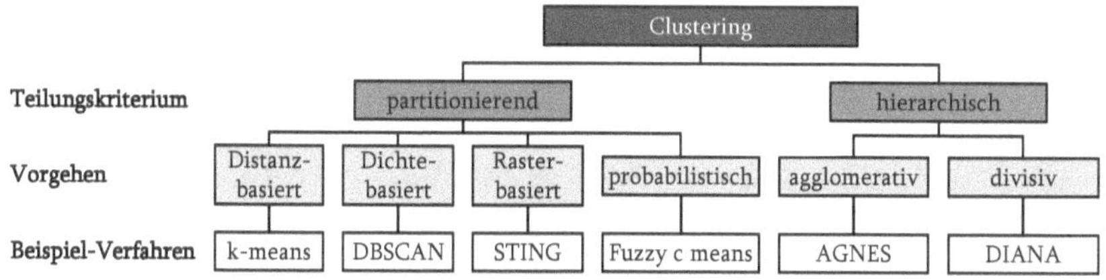

DBSCAN: Density-Based Spatial Clustering of Applications with Noise; STING: STatistical INformations Grid; AGNES: AGlomerative NESting; DIANA: DIvisive ANAlysis

Abbildung 2.15: Einordnung von Clusteringverfahren[267]

Clusteringverfahren lassen sich anhand ihres Teilungskriteriums in hierarchische und partitionierende Verfahren untergliedern. Dabei verfolgen hierarchische Verfahren eine Gruppierung in Clustering-Strukturen über unterschiedliche Hierarchieebenen, die in Form eines Dendrogramms oder einer Baumstruktur dargestellt werden.[268] Je nach Vorgehensweise der Clusterbildung werden hierarchische Verfahren auch als agglomerativ oder divisiv bezeichnet. Während divisive Verfahren zunächst von einem großen Cluster ausgehen, das top-down schrittweise in kleinere Cluster unterteilt wird, vereinigen agglomerative Verfahren Einzelcluster bottom-up zu größeren Clustern.[269] Da die Konstruktion der Dendrogramme mit einer zunehmenden Anzahl an Objekten sehr rechenintensiv wird, bietet sich bei großen Datensätzen stattdessen die Verwendung partitionierender Clusteringverfahren an.[270]

Partitionierende Clusteringverfahren gruppieren Objekte auf einer einheitlichen Partitionsebene, sind also nicht hierarchisch.[271] Sie werden untergliedert in Distanz-, Dichte-, und Raster-basierte sowie probabilistische Verfahren.[272] Distanz-basierte Verfahren verfolgen eine Clusterbildung durch Minimierung der Distanz der Objekte eines Clusters zu ihrem Clusterzentrum.[273] Sie sind daher insbesondere zur Erkennung

[267] Eigene Darstellung i.A.a. Han, J./ Kamber, M./ Pei, J. (2012) Data mining; Aggarwal, C. (2015) Data Mining; Kantardzic, M. (2020) Data mining.
[268] Vgl. Kantardzic, M. (2020) Data mining, S. 298 - 299.
[269] Vgl. Han, J./ Kamber, M./ Pei, J. (2012) Data mining, S. 449.
[270] Vgl. Kantardzic, M. (2020) Data mining, S. 310.
[271] Vgl. Kantardzic, M. (2020) Data mining, S. 299.
[272] Vgl. Han, J./ Kamber, M./ Pei, J. (2012) Data mining, S. 448 - 450; Aggarwal, C. (2015) Data Mining, S. 159 - 187.
[273] Vgl. Kantardzic, M. (2020) Data mining, S. 310 - 311.

sphärischer Cluster geeignet und erfordern vorab eine Festlegung der Anzahl zu erzeugender Cluster durch die Anwendenden.[274] Dichte-basierte Verfahren fassen Regionen mit einer hohen Dichte an Objekten zu Clustern zusammen.[275] Ausschlaggebend für die Form der Cluster ist dabei nicht das Clusterzentrum, sondern die Anzahl an Objekten in der durch einen bestimmten Radius festgelegten Nachbarschaft eines Objekts. Dichte-basierte Verfahren erkennen daher auch willkürlich geformte Cluster und Ausreißer, die nur von wenigen Objekten umgeben sind und keinem Cluster zugeordnet werden können.[276] Raster-basierte Verfahren bilden Cluster ebenfalls anhand der Dichte von Objekten, unterteilen den Objektraum jedoch in eine endliche Anzahl von Zellen.[277] Je nach Größe der Zellen ändert sich die Granularität des Rasters und damit die Genauigkeit der Clusteranalyse. Bei geringer Granularität ermöglichen Raster-basierte Verfahren daher eine kürzere Prozesszeit, die jedoch mit einer geringeren Qualität der Clusterbildung einhergeht.[278] Probabilistische Clustering-Verfahren ordnen Objekte nicht deterministisch einem Cluster zu, sondern vergeben Zuordnungswahrscheinlichkeiten ungleich Null zu allen bestehenden Clustern. Sie werden daher auch als weiche Clusteringverfahren bezeichnet.[279]

Eine Herausforderung Dichte- und Raster-basierter Verfahren besteht in der Wahl eines einheitlichen Dichtparameters, der den Schwellenwert zur Clusterbildung darstellt. Wird dieser zu hoch angesetzt, werden Cluster mit geringer Objektdichte nicht als solche identifiziert. Ist der Dichteparameter zu niedrig angesetzt, werden separate Cluster künstlich zusammengelegt (vgl. Abbildung 2.16). Zur Identifikation sphärischer Cluster sind Distanz-basierte Verfahren daher i.A. besser geeignet.[280] Da diese jedoch anfällig gegenüber Ausreißern sind, sollten Datensätze vor Anwendung Distanz-basierter Verfahren entsprechend bereinigt werden.[281] Im Rahmen dieser Arbeit sind daher sowohl Distanz- als auch Dichte-basierte Clusteringverfahren von Relevanz, deren bekannteste Vertreter im Folgenden detailliert beschrieben werden.

---

274 Vgl. Han, J./ Kamber, M./ Pei, J. (2012) Data mining, S. 448 - 450.
275 Vgl. Aggarwal, C. (2015) Data Mining, S. 178.
276 Vgl. Han, J./ Kamber, M./ Pei, J. (2012) Data mining, S. 449.
277 Vgl. Aggarwal, C. (2015) Data Mining, S. 179.
278 Vgl. Han, J./ Kamber, M./ Pei, J. (2012) Data mining, S. 481.
279 Vgl. Aggarwal, C. (2015) Data Mining, S. 173.
280 Vgl. Aggarwal, C. (2015) Data Mining, S. 181.
281 Vgl. Han, J./ Kamber, M./ Pei, J. (2012) Data mining, S. 454.

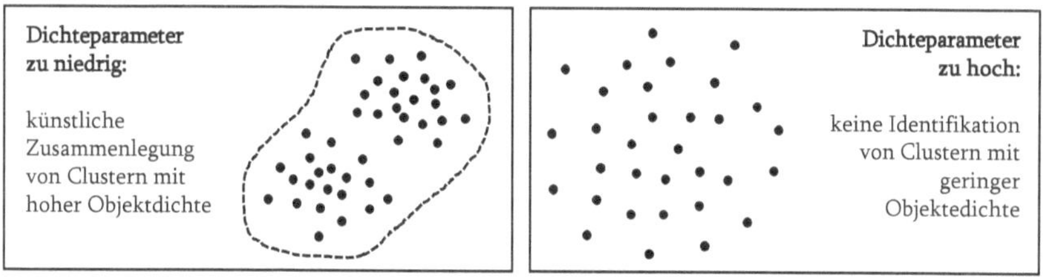

Abbildung 2.16: Auswirkungen der Objektdichte auf die Clusterbildung[282]

Distanz-basierte Verfahren

Im Allgemeinen unterteilen Distanz-basierte Verfahren n Objekte des Inputdatensatzes in eine vorgegebene Anzahl von K Clustern $(c_1, \dots, c_l, \dots, c_K)$. Dazu werden nach dem Zufallsprinzip K aus n Objekten ausgewählt und als Clusterzentrum definiert. Die übrigen Objekte werden jeweils dem Clusterzentrum zugeordnet, zu dem sie die geringste Distanz aufweisen. Die so erzeugte initiale Clusterzuordnung wird anschließend iterativ verbessert, indem neue Clusterzentren festgelegt und die übrigen Objekte diesen distanzminimierend neu zugewiesen werden. Die Qualität der Clusterzuordnung wird dabei anhand einer Zielfunktion bestimmt. Das Endergebnis stellt eine stabile Clusterzuordnung dar, in der zwischen den Iterationen keine Änderungen mehr auftreten.[283]

Unterscheidungskriterien Distanz-basierter Verfahren liegen in der Bestimmung des Clusterzentrums sowie der Berechnung der Distanzen der Objekte zu diesem. Beim *k-means* Algorithmus ergibt sich das Clusterzentrum aus dem Mittelwert der Objekte des Clusters.[284] Demgegenüber wird nach dem k-medoid Ansatz ein repräsentatives Objekt im Zentrum der Cluster, der sog. Medoid, zur Bestimmung der Clusterzentren verwendet.[285] Eine Realisierung dieses Ansatzes stellt der *Partitioning Around Medoids (PAM)* Algorithmus dar. Er erlaubt die Verwendung beliebiger Proximitätsmaße zur Berechnung der Distanz eines Objekts $x_i \in c_l$ $(mit\ i = 1, \dots, n\ und\ l = 1, \dots, k)$ zum Clusterzentrum (Medoid) c_l^{medoid} und ist daher nicht auf einen intervallskalierten Datensatz angewiesen. Ziel des Algorithmus ist es, die Summe der Dis-

282 Eigene Darstellung i.A.a. Aggarwal, C. (2015) Data Mining, S. 181.
283 Vgl. Han, J./ Kamber, M./ Pei, J. (2012) Data mining, S. 451 - 452.
284 Vgl. Aggarwal, C. (2015) Data Mining, S. 162.
285 Vgl. Kantardzic, M. (2020) Data mining, S. 313.

tanzen zwischen den Clusterzentren und den jeweils zugehörigen Objekten zu minimieren (vgl. Formel 2.12). Der Medoid weist damit die geringste durchschnittliche Distanz zu den anderen Objekten eines Clusters auf und ist repräsentativ für dieses.[286]

Formel 2.12: Zielfunktion des PAM Algorithmus[287]

$$E = \sum_{l=1}^{K} \sum_{x_i \in c_l} d(x_i, c_l^{medoid})$$

mit $d(x_i, c_l^{medoid})$ Distanz zwischen Objekt x_i und Clusterzentrum c_l^{medoid} des Clusters c_l

K Anzahl der Cluster

Bei der Minimierung der Zielfunktion besteht die Gefahr, dass die Algorithmen nur gegen ein lokales Minimum konvergieren. Vor diesem Hintergrund wird die mehrfache Durchführung mit einer unterschiedlichen Anzahl K zu erzeugender Cluster empfohlen, um anschließend die Variante mit dem geringsten Zielfunktionswert auszuwählen.[288] Eine weitere Möglichkeit zur Bewertung der Clusteringergebnisse bietet der Silhouetten-Koeffizient, der die Güte der Zuordnung eines Objektes zu einem Cluster gegenüber der Zuordnung zum nächstgelegenen Cluster überprüft (vgl. Formel 2.13). Angewendet auf den gesamten Datensatz indiziert der Silhouetten-Koeffizient die optimale Clusteranzahl K dort, wo er den höchsten Wert annimmt. Aufgrund der erforderlichen Rechenleistung eignet sich der Silhouetten-Koeffizient jedoch nicht für Datensätze hoher Dimensionalität, sodass er bei über 10 Mio. Zellen meist keine Verwendung findet.[289]

---

286 Vgl. Kaufman, L./ Rousseeuw, P. (2005) Finding Groups in Data, S. 40 - 41.

287 Vgl. Han, J./ Kamber, M./ Pei, J. (2012) Data mining, S. 455.

288 Vgl. Jain, A. (2010) 50 years beyond K-means, S. 654.

289 Vgl. Yuan, C./ Yang, H. (2019) Research on K-Value Selection Method, S. 233.

Formel 2.13: Berechnung des Silhouetten-Koeffizienten[290]

$$s(x_i) = \frac{d_{c_l}^{avg}(x_i) - d_{c_{l+1}}^{avg}(x_i)}{\max\{d_{c_l}^{avg}(x_i), d_{c_{l+1}}^{avg}(x_i)\}} \; mit \; x_i \in c_l, x_i \notin c_{l+1}, s(x_i) \in [-1; 1]$$

mit $d_{c_l}^{avg}(x_i)$ Durchschnittliche Distanz zwischen Objekt x_i und den übrigen Objekten des Clusters c_l

$d_{c_{l+1}}^{avg}(x_i)$ Durchschnittliche Distanz zwischen Objekt x_i und den Objekten des nächstgelegenen Clusters c_{l+1}

Dichte-basierte Verfahren

Der bekannteste Vertreter Dichte-basierter Verfahren ist der Density-based Spatial Clustering of Applications (DBSCAN) Algorithmus. Wie andere Algorithmen seiner Kategorie beruht er auf dem Prinzip der Objektdichte, um Cluster und Ausreißer in Datensätzen zu identifizieren.[291] Zur Berechnung der Objektdichte betrachtet DBSCAN die Anzahl an Objekten, die sich in einem Radius ϵ um ein Objekt herum befinden. Überschreitet die Anzahl an Objekten in einer ϵ-Umgebung einen festgelegten Schwellenwert $MinPts$, wird das zentrale Objekt als Kernobjekt bezeichnet und dient als Ausgangspunkt zur Clusterbildung. Zum Cluster der ϵ-Umgebung eines Kernobjekts gehören außerdem alle Objekte, die mit einem beliebigen Objekt des Clusters Dichte-verbunden sind.[292] Dichte-verbunden sind zwei Objekte x_0 und x_n, wenn eine Sequenz Dichte-erreichbarer Punkte von x_0 bis x_n existiert, bei der x_{i+1} jeweils von x_i aus Dichte-erreichbar ist. Dichte-Erreichbarkeit wiederum ist gegeben, wenn x_{i+1} und x_i weniger als ϵ voneinander entfernt liegen und x_i ein Kernobjekt ist.[293]

Vor der Anwendung des DBSCAN Algorithmus sind die Parameter ϵ und $MinPts$ sowie das Proximitätsmaß zur Bestimmung der Entfernungen festzulegen. Da das Proximitätsmaß die ϵ-Umgebung beeinflusst, wird meist einheitlich die Euklidische Distanz als direkte Verbindung zwischen Objekten verwendet.[294] Für den Parameter

---

290 Vgl. Rousseeuw, P. (1986) Silhouettes, S. 56.

291 Vgl. Kantardzic, M. (2020) Data mining, S. 317.

292 Vgl. Han, J./ Kamber, M./ Pei, J. (2012) Data mining, S. 471 - 472.

293 Vgl. Kantardzic, M. (2020) Data mining, S. 317.

294 Vgl. Schubert, E. et al. (2017) DBSCAN Revisited, Revisited, S. 11; Kantardzic, M. (2020) Data mining, S. 319.

$MinPts$ wird ein Wert empfohlen, der dem Zweifachen der Dimensionalität des zu analysierenden Datensatzes entspricht.[295] Ab einem Wert von $MinPts > 4$ zeigen sich jedoch keine signifikanten Veränderungen in der Clusterzuteilung mehr, sodass in der Praxis häufig $MinPts = 4$ gewählt wird.[296] Der Radiusparameter ϵ ist schwer zu bestimmen, sollte i.A. aber möglichst klein gewählt werden. In der Literatur wird empfohlen, den Wert je nach Anwendungsgebiet mit Domänenwissen festzulegen oder zu variieren, um verschiedene Einblicke in die Daten zu erhalten.[297] SANDER ET AL. schlagen zur Ermittlung von ϵ stattdessen die k-Nächster-Nachbar (kNN) Heuristik mit $k = (2 * Dimensionalität - 1)$ vor.[298] Dazu werden für alle Objekte die Entfernungen zu deren k-ten nächstgelegenen Nachbarn bestimmt und die ermittelten Distanzen anschließend in absteigender Reihenfolge in einem Graphen visualisiert. Der Verlauf der resultierenden Kurve gibt einen Hinweis auf die Dichtverteilung des Datensatzes. Das erste Tal der Kurve markiert die Distanz, die als Radius für ϵ zu verwenden ist.[299]

2.4 Herausforderungen in der Praxis

In den vorhergehenden Kapiteln wurden die Bedeutung der Fertigungsprogrammvarianz beschrieben sowie die Methoden zu deren Ermittlung und Reduzierung vorgestellt. Darauf aufbauend werden im folgenden Kapitel die Defizite bestehender Methoden analysiert und Herausforderungen produzierender Unternehmen in der Ermittlung und Reduzierung der Fertigungsprogrammvarianz abgeleitet. Die identifizierten Herausforderungen lassen sich in Gruppen unterteilen, die den Objektbereich (Kapitel 2.4.1), die Methodik (Kapitel 2.4.2) und die Anwendungsperspektive (Kapitel 2.4.3) betreffen.

2.4.1 Unvollständige Betrachtung der Fertigungsprogrammvarianz

Die Fertigungsprogrammvarianz ergibt sich aus der Fertigungsteilvarianz und Fertigungsprozessvarianz eines Unternehmens. Da die Fertigungsprozessvarianz zu großen Teilen durch die Fertigungsteilvarianz als Ergebnis der Konstruktion festgelegt wird,

295 Vgl. Schubert, E. et al. (2017) DBSCAN Revisited, Revisited, S. 11.
296 Vgl. Kantardzic, M. (2020) Data mining, S. 318 - 319.
297 Vgl. Schubert, E. et al. (2017) DBSCAN Revisited, Revisited, S. 11.
298 Vgl. Sander, J. et al. (1998) Density-Based Clustering in Spatial Databases, S. 183.
299 Vgl. Ester, M. et al. (1996) A Density-Based Algorithm for Discovering, S. 230.

bestehen umfangreiche wechselseitige Abhängigkeiten zwischen diesen. Ein ganzheitliches Variantenmanagement zur Reduzierung der Fertigungsprogrammvarianz erfordert daher die übergreifende Betrachtung der Produkt- und Fertigungsperspektive.[300] Bestehende Methoden verfolgen jedoch meist eine isolierte Betrachtung der Produktvarianz bzw. Fertigungsprozessvarianz, die es nicht ermöglicht, Potenziale zur Reduzierung der Varianz in der Wertschöpfungskette vollständig zu erschließen.[301] Eine Herausforderung besteht daher in der *isolierten Betrachtung der Fertigungsteilvarianz und Fertigungsprozessvarianz.*

In Kapitel 2.2.3.2 wurden Methoden vorgestellt, die eine übergreifende Betrachtung der Produkt- und Fertigungsprozessperspektive ermöglichen. Dabei liegt der Fokus auf der Anzahl an Produkt- und Fertigungsprozessvarianten, die als Indikatoren zur Ermittlung der Varianz verwendet oder im Variantenbaum visualisiert werden. Ein wesentlicher Treiber der Varianz ist neben der Anzahl an Varianten auch deren Verschiedenheit[302], die weder Teil des Variantenbaums ist noch in bestehenden, indikatorbasierten Methoden zur übergreifenden Ermittlung der Varianz Berücksichtigung findet (vgl. Tabelle 2.1). Nach dem Relevanzkriterium ist die Varianz zur Sicherstellung einer funktionsgerechten Verwendung von Indikatoren jedoch vollständig zu erfassen, d.h. durch die Anzahl und Verschiedenheit zugrundeliegender Varianten.[303] Eine zweite Herausforderung liegt daher in der *fehlenden Berücksichtigung der Verschiedenheit von Varianten in der Varianzbetrachtung.*

2.4.2 Aufwendige manuelle Ermittlung der Fertigungsprogrammvarianz

Transparenz über die Fertigungsprogrammvarianz ist Grundvoraussetzung für die Auswahl und Umsetzung geeigneter varianzreduzierender Maßnahmen. Die Ermittlung der Varianz weist daher insbesondere bei variantenreichen Fertigungsprogrammen ein hohes Potenzial auf.[304] Die Erstellung von Merkmalbäumen und –leisten zur Ermittlung produktseitiger Varianz geht jedoch mit einem erheblichen manuellen Aufwand einher, der aufgrund steigender Variantenzahlen und kürzerer Produktle-

[300] Vgl. Ehrlenspiel, K. et al. (2020) Kostengünstig Entwickeln und Konstruieren, S. 317.
[301] Vgl. Schuh, G. et al. (2021) Sustainable innovation, S. 217.
[302] Vgl. Krause, D. et al. (2021) Produktarchitektur, S. 351.
[303] Vgl. Buchholz, M. (2012) Theorie der Variantenvielfalt, S. 211 - 212.
[304] Vgl. Schuh, G. et al. (2021) Sustainable innovation, S. 70.

benszyklen stetig zunimmt. Variantenbäume integrieren die Fertigungsprozessperspektive in die Varianzermittlung, sind aufgrund ihres Aufbaus jedoch für jede Prozessvariante einzeln zu erstellen (vgl. Kapitel 2.2.3). Bei einer hohen Varianz der Fertigungsteile und -prozesse, wie sie für Unternehmen des Betrachtungsbereichs typisch ist[305], ist eine regelmäßige Ermittlung der Varianz mit manuellen Methoden folglich nicht aufwandsgerecht darstellbar.[306] Als erste methodische Herausforderung wird daher ein *hoher manueller Aufwand zur Ermittlung der Fertigungsprogrammvarianz* festgehalten.

Datenbasierte Methoden bieten das Potenzial, den manuellen Aufwand zur Ermittlung der Fertigungsprogrammvarianz zu reduzieren. Als etabliertes datenbasiertes Verfahren zur Analyse der Fertigungsprozessvarianz ermöglicht Process Mining jedoch keine vollumfängliche Bestimmung der Verschiedenheit zwischen Fertigungsprozessvarianten. Stattdessen erfolgt die Differenzierung unterschiedlicher Varianten rein anhand der Vorgangsfolge durchlaufener Aktivitäten, ohne weitere potenziell varianzinduzierende Merkmale der Fertigungsprozesse zu berücksichtigen.[307] Produktseitig existiert zwar eine Reihe von Softwarelösungen zur ähnlichkeitsbasierten Klassifikation von Produktvarianten, diese sind jedoch nicht auf Fertigungsprozessvarianten übertragbar.[308] Mangels eines universellen Systems verfolgen Unternehmen daher die Entwicklung eigener, meist einfach gehaltener Systeme zur Identifizierung ähnlicher Varianten.[309] Aufgrund der dafür erforderlichen manuellen Auswertung aller Merkmale und Merkmalsausprägungen ist dieses Vorgehen in der Breite jedoch als nicht praxistauglich zu bewerten. Die zweite methodische Herausforderung liegt demnach in einer *defizitären Bestimmung der Verschiedenheit von Fertigungsteil- und Fertigungsprozessvarianten.*

Die Anwendung datenbasierter Verfahren bedingt die Verfügbarkeit der zur Ermittlung der Fertigungsprogrammvarianz erforderlichen Daten. Dabei herrscht in vielen Unternehmen Ungewissheit darüber, ob eine ausreichende Menge an Daten zur Ver-

---

305 Vgl. Moser, T. et al. (2020) Industrie 4.0 – Konsequenzen für, S. 69.

306 Vgl. Krause, D./ Gebhardt, N. (2023) Methodical Development of Modular Product, S. 21.

307 Vgl. Milani, F. et al. (2022) Process Mining: A Guide for, S. 271.

308 Vgl. Cadenas (o.J.) PARTsolutions; Dassault Systemes (o.J.) OnePart; Siemens (o.J.) Geolus Shape Search; Simuform (o.J.) Similia; Simus Systems (o.J.) Simus Classmate.

309 Vgl. Wiendahl, H.-P./ Wiendahl, H.-H. (2020) Betriebsorganisation für Ingenieure, S. 174.

fügung steht und welche Daten zur Beantwortung einer Fragestellung benötigt werden.[310] Eine Hauptaufgabe besteht daher zunächst in der Definition der erforderlichen Daten zur Ermittlung der Fertigungsprogrammvarianz.[311] Sind die Datenbedarfe definiert, müssen die Daten aus den IT-Systemen der Unternehmen extrahiert werden. Produkt- und Fertigungsrückmeldedaten für eine übergreifende Betrachtung der Varianz liegen dabei in unterschiedlichen Systemen vor. Eine isolierte Betrachtung der Produkt- und Fertigungsprozessdaten führt in der Ähnlichkeitsbestimmung jedoch zu unzureichenden Ergebnissen.[312] PLM-Systeme verfolgen zwar eine Integration von Produkt- und Prozessdaten in einem System, werden aber von den wenigsten Unternehmen mit entsprechenden MES- oder MDE-Systemen verknüpft.[313] Gleichzeitig stellt die Erzeugung einer für DM-Verfahren geeigneten Datengrundlage aus unterschiedlichen Datenquellen eine Schwierigkeit dar.[314] In der Folge finden DM-Verfahren in der produzierenden Industrie bisher keine breite Anwendung[315] und das Variantenmanagement findet größtenteils manuell statt.[316] Die dritte methodische Herausforderung besteht daher in einem *fehlenden Verständnis der erforderlichen Datengrundlage zur Ermittlung der Fertigungsprogrammvarianz.*

2.4.3 Defizitäre Entscheidungsfindung in der Auswahl und Anwendung varianzreduzierender Maßnahmen

In Kapitel 2.2.2 wurden die negativen Auswirkungen einer steigenden Fertigungsprogrammvarianz auf die Wirtschaftlichkeit von Unternehmen beschrieben und die Bedeutung der Reduzierung der Varianz hergeleitet. Als Teil des Variantenmanagements existiert zu diesem Zweck bereits eine Reihe von Maßnahmen, die produkt- oder fertigungsprozessseitig ansetzen und eine Reduzierung der Anzahl oder Verschiedenheit von Varianten verfolgen. Unternehmen stehen dabei vor der Herausforderung, entsprechend ihrer spezifischen Varianzsituation geeignete Maßnahmen auszuwählen

---

310 Vgl. Marr, B. (2015) Big data, S. 231.
311 Vgl. Marr, B. (2022) Data strategy, S. 23.
312 Vgl. Wiendahl, H.-P./ Wiendahl, H.-H. (2020) Betriebsorganisation für Ingenieure, S. 176.
313 Vgl. Bahrenburg, S. et al. (2019) Studie Future PLM, S. 9.
314 Vgl. González López de Murillas, E./ Reijers, H./ van der Aalst, W. (2019) Connecting databases with process mining, S. 1210.
315 Vgl. Schuh, G. et al. (2019) Data Mining Definitions and Applications, S. 874.
316 Vgl. Bahrenburg, S. et al. (2019) Studie Future PLM, S. 6 - 9.

und anzuwenden.[317] Bestehende Messinstrumente, die eine Auswahl geeigneter Maßnahmen unterstützen, fokussieren jedoch wahlweise die produkt- oder prozessseitige Varianz. In der Folge ist es den Unternehmen nicht möglich, übergreifende Handlungsimplikationen in Sinne eines ganzheitlichen Variantenmanagements abzuleiten.[318] Eine ganzheitliche Potenzialidentifikation ist jedoch Grundvoraussetzung, um die Fertigungsprogrammvarianz durch Maßnahmen entlang der gesamten Wertschöpfungskette zu adressieren.[319] Eine Herausforderung aus Anwendungsperspektive liegt somit in der *unvollständigen Potenzialidentifikation zur Reduzierung der Fertigungsprogrammvarianz*, die die Entscheidungsfindung bei der Auswahl geeigneter Maßnahmen erschwert.

Um die Fertigungsprogrammvarianz zu reduzieren, müssen die im Rahmen der Potenzialidentifikation ausgewählten Maßnahmen angewendet werden. Dabei stellt sich für viele Unternehmen die Frage des richtigen Anwendungsbereichs.[320] EISELE ET AL. schlagen hierfür eine Potenzialbewertung vor, um die Anwendung von Maßnahmen auf geeignete, potenzialstarke Bereiche zu konzentrieren.[321] In der Praxis erfolgt diese Potenzialbewertung bisher hauptsächlich anhand markt- und finanzorientierter Kennzahlen.[322] So dienen ABC-Analysen der Identifikation absatzschwacher Produkte zur Streichung aus dem Portfolio und verfolgen damit eine Reduzierung der Anzahl an Produktvarianten auf Basis der Bewertung ihrer Wirtschaftlichkeit.[323] Methoden, die zusätzlich die zur Herstellung erforderlichen Fertigungsprozesse betrachten, setzten zur Potenzialbewertung ebenfalls auf vielfalts- und kostenbasierte Kennzahlen.[324] Die Verschiedenheit der Produkte und Fertigungsprozesse findet bei der Bewertung von Potenzialen zur Reduzierung der Varianz folglich keine Berücksichtigung. Dabei sind die Varianz und ihre Auswirkungen besonders ausgeprägt, wenn sie durch die Verschiedenheit von Varianten ausgelöst werden.[325] Ein überwiegender

317 Vgl. Krause, D. et al. (2021) Produktarchitektur, S. 351.
318 Vgl. Budde, L. (2016) Integriertes Komplexitätsmanagement in produzierenden Unternehmen, S. 6.
319 Vgl. Schuh, G. et al. (2021) Sustainable innovation, S. 217.
320 Vgl. Krause, D. et al. (2021) Produktarchitektur, S. 359.
321 Vgl. Eisele, O./ Jeske, T./ Lennings, F. (2021) Produktivitätsmanagement, S. 24 - 25.
322 Vgl. Maetschke, J. et al. (2022) PPS-Report 2021, 402.
323 Vgl. Förderer, J. (2022) Teil A: Das Plattform-ABC, S. 45.
324 Vgl. Rudolf, S. (2013) Produktionsgerechte Baukastengestaltung, S. 157 - 159; Schmitz, S. (2015) Gestaltungsmethodik für eine Produktstruktur variantenreicher, S. 159 - 164.
325 Vgl. Krause, D. et al. (2021) Produktarchitektur, S. 351.

Teil varianzreduzierender Maßnahmen zielt zudem auf eine Erhöhung der Kommunalität von Varianten ab, die ein Mindestmaß vorhandener Ähnlichkeit erfordert. Als weitere Herausforderung ist daher eine *fehlende Berücksichtigung der Verschiedenheit von Fertigungsteil- und Fertigungsprozessvarianten in der Potenzialbewertung* festzuhalten, die die Entscheidungsfindung hinsichtlich des Anwendungsbereichs varianzreduzierender Maßnahmen erschwert.

2.5 Zwischenfazit: Handlungsbedarf aus der Praxis

Im vorherigen Kapitel wurden die in der Praxis bestehenden Herausforderungen in der Ermittlung und Reduzierung der Fertigungsprogrammvarianz hergeleitet. Aus den Herausforderungen ergibt sich ein Handlungsbedarf, der in Abbildung 2.17 zusammenfassend dargestellt ist. Um die Herausforderungen in der Praxis zu adressieren, wird der Handlungsbedarf im nachfolgenden Kapitel in Anforderungen überführt. Die Anforderungen dienen anschließend als Bewertungsdimensionen für bestehende Forschungsliteratur im Themenfeld.

Handlungsbedarf	Zu adressierende Herausforderungen
Vollständige Betrachtung der Fertigungsprogrammvarianz	• Isolierte Betrachtung der Fertigungsteil- und Fertigungsprozessvarianz • Fehlende Berücksichtigung der Verschiedenheit von Varianten in der Varianzbetrachtung
Aufwandsgerechte datenbasierte Ermittlung der Fertigungsprogrammvarianz	• Hoher manueller Aufwand zur Ermittlung der Fertigungsprogrammvarianz • Defizitäre Bestimmung der Verschiedenheit von Fertigungsteil- und Fertigungsprozessvarianten • Fehlendes Verständnis der erforderlichen Datengrundlage zur Ermittlung der Fertigungsprogrammvarianz
Entscheidungsunterstützung in der Auswahl und Anwendung varianzreduzierender Maßnahmen	• Unvollständigen Potenzialidentifikation zur Reduzierung der Fertigungsprogrammvarianz • Fehlende Berücksichtigung der Verschiedenheit von Fertigungsteil- und Fertigungsprozessvarianten in der Potenzialbewertung

Abbildung 2.17: Handlungsbedarf und zu adressierende Herausforderungen

3 Bestehende Ansätze

Das folgende Kapitel 3 dient der Identifikation und Bewertung bestehender Ansätze zur Reduzierung der Fertigungsprogrammvarianz mittels datenbasierter Ähnlichkeitsanalyseverfahren. Dazu werden auf Grundlage der in Kapitel 2.5 beschriebenen Herausforderungen zunächst Anforderungen zur Identifikation relevanter Ansätze im Themenfeld formuliert (vgl. Kapitel 3.1). Anschließend werden die relevantesten Ansätze aus der Literatur vorgestellt und hinsichtlich des Erfüllungsgrades definierter Anforderungen bewertet (vgl. Kapitel 3.2). In Kapitel 3.3 werden die Ansätze hinsichtlich ihrer Bewertung diskutiert sowie bestehende Defizite zusammengefasst, auf deren Grundlage abschließend der weitere Forschungsbedarf definiert wird (vgl. Kapitel 3.4).

3.1 Anforderungen an bestehende Ansätze

Die Anforderungen an bestehende Ansätze ergeben sich aus dem in Kapitel 2.5 beschriebenen Handlungsbedarf aus Sicht der Praxis. Analog den zugrundeliegenden Herausforderungen werden auch die Anforderungen in Gruppen unterteilt, die den Objektbereich (vgl. Kapitel 3.1.1), die Methodik (vgl. Kapitel 3.1.2) und die Anwendungsperspektive (vgl. Kapitel 3.1.3) adressieren.

3.1.1 Objektbereichsbezogene Anforderungen

Die erste Anforderung an den Objektbereich bestehender Ansätze liegt in der *übergreifenden Betrachtung der Fertigungsteil- und Fertigungsprozessvarianz.* So soll die Grundlage zur Ermittlung der Fertigungsprogrammvarianz im Sinne eines ganzheitlichen Variantenmanagements ermöglicht werden. Die Anforderung gilt als voll erfüllt, wenn die Varianz sowohl aus Fertigungsteil- als auch aus Fertigungsprozessperspektive betrachtet wird. Werden Produktvarianz und Produktionsprozessvarianz im Allgemeinen betrachtet, gilt die Anforderung als größtenteils erfüllt. Wird isoliert entweder die Fertigungsteil- oder die Fertigungsprozessvarianz bzw. Produkt- oder Produktionsprozessvarianz betrachtet, wird die Anforderung als teilweise bzw. kaum erfüllt bewertet.

Die zweite objektbereichsbezogene Anforderung betrifft die *Berücksichtigung der Anzahl und Verschiedenheit von Varianten* in der Varianzbetrachtung. Als wesentliche Treiber der Varianz sollen beide Dimensionen in den bestehenden Ansätzen erfasst werden, um eine vollständige Betrachtung der Fertigungsteil- bzw. Fertigungsprozessvarianz sicherzustellen. Die Anforderung gilt als voll erfüllt, wenn sowohl die Anzahl als auch die Verschiedenheit von Varianten produkt- und prozessseitig in der Varianzbetrachtung berücksichtigt werden. Wird auf einer Seite nur die Anzahl oder Verschiedenheit erfasst, gilt die Anforderung als größtenteils erfüllt. Wird nur eine der Dimensionen berücksichtigt, oder werden beide Dimensionen isoliert für die produkt- oder prozessseitige Varianz berücksichtigt, wird die Anforderung als teilweise erfüllt bewertet. Kaum erfüllt ist die Anforderung, wenn die Varianz einseitig anhand einer Dimension betrachtet wird.

3.1.2 Methodische Anforderungen

Durch die erste methodische Anforderung wird eine *Nutzung datenbasierter Verfahren zur Ermittlung der Varianz* berücksichtigt. So soll gegenüber manuellen Methoden eine aufwandsgerechte Varianzermittlung sichergestellt und eine regelmäßige Anwendung der Methodik in Unternehmen ermöglicht werden. Wenn die Methodik auf Daten basiert und deren Verarbeitung durch Anwendung von DM-Verfahren weitgehend automatisiert erfolgt, wird die Anforderung als voll erfüllt bewertet. Beruht die Methodik auf Daten, die jedoch manuell statt durch DM-Verfahren verarbeitet werden, gilt die Anforderung als teilweise erfüllt. Manuelle Methoden ohne Datenfundament erfüllen die Anforderung nicht.

Die zweite methodische Anforderung zielt auf eine *universelle Quantifizierung der Verschiedenheit von Fertigungsteil- und Fertigungsprozessvarianten* ab. Wie in Kapitel 2.2.3 beschrieben ist die Kenntnis über vorhandene Ähnlichkeiten im Fertigungsprogramm Grundvoraussetzung zur Schaffung von Transparenz und zur Anwendung geeigneter varianzreduzierender Maßnahmen. Obwohl jedes noch so heterogene

Portfolio ähnliche Elemente beinhaltet[326], hat sich jedoch kein universell anwendbares Verfahren zur Bestimmung dieser Ähnlichkeiten durchgesetzt (vgl. Kapitel 2.4.2). Zeigen bestehende Ansätze eine universelle Methode zur Quantifizierung der Verschiedenheit von Fertigungsteil- und Fertigungsprozessvarianten, gilt die Anforderung als voll erfüllt. Ist die Methode nur einseitig zur Bestimmung ähnlicher Fertigungsteile oder ähnlicher Fertigungsprozesse geeignet, wird die Anforderung als teilweise erfüllt bewertet. Beinhalten bestehende Ansätze keine Methoden zur Ähnlichkeitsbestimmung, ist die Anforderung nicht erfüllt.

Zur Quantifizierung der Verschiedenheit von Varianten und zur Anwendung datenbasierter Verfahren der Ermittlung der Fertigungsprogrammvarianz ist zunächst eine geeignete Datengrundlage zu erzeugen. Die dritte methodische Anforderung betrifft daher die *Beschreibung der erforderlichen Datengrundlage zur Ermittlung der Fertigungsprogrammvarianz.* Nach Kapitel 2.3.2.2 sollten dazu ausgehend von den Geschäftszielen Informations- und Datenbedarfe aus Produkt- und Prozessperspektive definiert sowie Datenquellen zur Extraktion der Daten identifiziert werden. Darüber hinaus sind Anforderungen zur Erzeugung einer für DM-Verfahren geeigneten Datengrundlage aus unterschiedlichen Datenquellen zu beschreiben. Wird die Erzeugung der benötigten Datengrundlage auf diese Weise beschrieben, ist die Anforderung voll erfüllt. Wenn lediglich Informations- und Datenbedarfe sowie Datenquellen genannt werden, gilt die Anforderung als größtenteils erfüllt. Werden Informations- und Datenbedarfe ohne Berücksichtigung der Datenquelle beschrieben, wird die Anforderung als teilweise erfüllt bewertet. Kaum erfüllt ist die Anforderung, wenn lediglich Informationsbedarfe beschrieben werden.

3.1.3 Anwendungsorientierte Anforderungen

Die erste anwendungsorientierte Anforderung betrifft die *ganzheitliche Identifikation von Potenzialen zur Anwendung varianzreduzierender Maßnahmen.* Im Sinne eines ganzheitlichen Variantenmanagements sollten dabei Maßnahmen zur Reduzierung der Fertigungsprogrammvarianz entlang der gesamten Wertschöpfungskette berücksichtigt werden. Ermöglicht die Methodik die Ableitung mehrerer geeigneter varianzreduzierender Maßnahmen aus Produkt- und Prozessperspektive, gilt die Anforde-

[326] Vgl. Wiendahl, H.-P./ Wiendahl, H.-H. (2020) Betriebsorganisation für Ingenieure, S. 173.

rung als vollständig erfüllt. Werden lediglich einzelne Maßnahmen der beiden Perspektiven betrachtet, wird die Anforderung als größtenteils erfüllt bewertet. Wenn die Methodik mehrere Maßnahmen berücksichtigt, jedoch isoliert aus Produkt- oder Prozessperspektive, gilt die Anforderung als teilweise erfüllt. Kaum erfüllt ist die Anforderung, wenn nur eine varianzreduzierende Maßnahme aus Produkt- oder Prozessperspektive auf unternehmensspezifische Eignung überprüft wird.

Nach erfolgter Potenzialidentifikation für die Anwendung varianzreduzierender Maßnahmen ist ihr Anwendungsbereich in Form bestehender Fertigungsteil- und Fertigungsprozessvarianten festzulegen. Um die Anwendung der Maßnahmen auf potenzialstarke Bereiche zu konzentrieren, sollte eine Potenzialbewertung durchgeführt werden, die eine Priorisierung des Anwendungsbereichs ermöglicht (vgl. Kapitel 2.4.3). Die zweite anwendungsorientierte Anforderung zielt daher auf eine *Bewertung identifizierter Potenziale zur Priorisierung des Anwendungsbereichs varianzreduzierender Maßnahmen* ab. Das Potenzial einer varianzreduzierenden Maßnahme ist dabei neben wirtschaftlichen Kennzahlen vor allem von bestehenden Ähnlichkeiten im Fertigungsprogramm abhängig (vgl. Kapitel 2.2.4), sodass die Verschiedenheit der Fertigungsteil- und Fertigungsprozessvarianten in der Potenzialbewertung zu berücksichtigen ist. Bestehende Ansätze, die eine Potenzialbewertung unter Berücksichtigung der Verschiedenheit und Wirtschaftlichkeit von Varianten ermöglichen, erfüllen die Anforderung voll. Ist nur einer der beiden Aspekte Teil der Bewertung, wird die Anforderung teilweise erfüllt. Ansätze ohne Potenzialbewertung zur Priorisierung des Anwendungsbereichs varianzreduzierender Maßnahmen erfüllen die Anforderung nicht.

3.2 Vorstellung und Bewertung bestehender Ansätze

Im Folgenden werden die relevantesten in der Literatur identifizierten Ansätze zur Reduzierung der Fertigungsprogrammvarianz mittels datenbasierter Ähnlichkeitsanalyse vorgestellt und hinsichtlich der zuvor beschriebenen Anforderungen bewertet. Dabei wurde auf eine möglichst überschneidungsfreie und vollständige Darstellung des aktuellen Forschungsstandes geachtet.

3.2.1 Ansatz nach NAVAEI & ELMARAGHY

Ziel: Der Ansatz „Grouping Product Variants based on Alternate Machines for Each Operation" von NAVAEI & ELMARAGHY verfolgt das Ziel, Produktvarianten anhand der Ähnlichkeit ihrer Arbeitsplätze zu clustern, an denen sie hergestellt werden. Dabei werden für jeden Arbeitsvorgang auch alternative, zur Herstellung geeignete Arbeitsplätze berücksichtigt.[327]

Vorgehen: Der Betrachtungsbereich des Vorgehens beschränkt sich auf Produktvarianten einer Produktfamilie, um die Wahrscheinlichkeit der Ähnlichkeit ihrer Arbeitsplätze in mindestens einem Arbeitsvorgang zu erhöhen. In einer ersten binären Matrix A werden diese Produktvarianten den möglichen Arbeitsvorgängen gegenübergestellt. Ist ein Arbeitsgang für die Herstellung einer Produktvariante erforderlich, wird die entsprechende Zelle in der Matrix mit der Zahl eins markiert. In einer zweiten Matrix B erfolgt eine Gegenüberstellung der Arbeitsvorgänge und der dazugehörigen Arbeitsplätze. Dabei wird in jeder Zelle die Wahrscheinlichkeit dokumentiert, mit der ein Arbeitsplatz für die Durchführung eines Arbeitsgangs ausgewählt wird. Durch Multiplikation der Matrizen A und B entsteht eine dritte Matrix, in der die Produktvarianten den Arbeitsplätzen gegenübergestellt werden und die Zellen den Grad der Verwendung eines Arbeitsplatzes zur Herstellung einer Produktvariante widerspiegeln. Basierend auf dieser Matrix werden anschließend die Ähnlichkeiten zwischen jeweils zwei Produktvarianten kalkuliert, indem deren Werte für einen Arbeitsplatz multipliziert und durch das Produkt des höchsten und niedrigsten Werts dieses Arbeitsplatzes dividiert werden. Aus dem Durchschnitt der so errechneten Ähnlichkeiten für jeden Arbeitsplatz ergibt sich schließlich die Gesamtähnlichkeit zweier Produktvarianten. Diese Werte sind die Grundlage für das anschließende Clustering mittels Average Linkage Verfahren, dessen Ergebnis in Form eines Dendrogramms dargestellt wird.

Ergebnis: Ob eine Validierung des Vorgehens stattgefunden hat und mit welchen Ergebnissen, ist der Veröffentlichung nicht zu entnehmen. Die Autoren postulieren jedoch, dass die Ergebnisse zur Änderung des Produktdesigns, der Prozessplanung und der Terminplanung verwendet werden können.

---

[327] Vgl. Navaei, J./ ElMaraghy, H. (2014) Grouping Product Variants based on.

Bewertung: Der von NAVAEI & ELMARAGHY entwickelte Ansatz betrachtet die produkt- und produktionsprozessseitige Varianz eines Unternehmens. Ein Fokus auf Fertigungsteile oder -prozesse ist nicht ersichtlich. Produktseitig wird lediglich die Anzahl an Varianten berücksichtigt, prozessseitig auch die Verschiedenheit. Dabei wird der Betrachtungsbereich initial auf eine Produktfamilie beschränkt. Zur Ermittlung der Varianz wird ein datenbasiertes Clusteringverfahren verwendet, das auf quantifizierten Ähnlichkeitswerten beruht. Der dazu erforderliche Informationsbedarf wird genannt, eine Beschreibung der Datengrundlage bleibt jedoch aus. Die Verwendung der Ergebnisse zur Identifikation geeigneter varianzreduzierender Maßnahmen und zur Auswahl des Anwendungsbereichs wird nicht weiter thematisiert.

3.2.2 Ansatz nach SCHUH ET AL.

Ziel: SCHUH ET AL. stellen in ihrem Ansatz „Identification of Modular Platform Potential in Complex Product Portfolios Using Data Analytics" eine Methode zur Aufdeckung produktseitiger Modularisierungspotenziale vor. So soll die Entwicklung modularer Plattformen unterstützt und steigender Variantenvielfalt entgegengewirkt werden.[328]

Vorgehen: Die Autoren verwenden ein datenbasiertes Vorgehen, um mit Hilfe von Clusteringalgorithmen Produktgruppen mit ähnlichen Attributen zu identifizieren. Dafür werden in einem ersten Schritt zunächst Marketing-, Vertriebs- und Stücklistendaten extrahiert, anhand derer die Produkte in den Dimensionen Kundenanforderungen, Produktfunktionen und technische Lösungen beschrieben werden. In einem zweiten Schritt werden auf dieser Grundlage pro Dimension die Komplexität eines Produkts sowie seine Eigenschaften bestimmt. Dabei ergibt sich die Komplexität aus der Anzahl vorhandener Attribute pro Dimension, die Eigenschaften aus den Ausprägungen der Attribute. Anschließend werden innerhalb der Dimensionen Ähnlichkeiten zwischen den Produkten bestimmt und durch Clusteringalgorithmen und multidimensionale Skalierung analysiert und visualisiert. Dadurch lassen sich sowohl Gruppen ähnlicher Produkte sowie heterogene Ausreißer identifizieren. In einem dritten Schritt werden anhand dieser Informationen produktspezifische Maßnahmen vorgeschlagen. Produkte mit geringem Markterfolg und geringer Ähnlichkeit zu an-

[328] Vgl. Schuh, G. et al. (2016) Identification of modular platform potential.

deren Produkten sollen aus dem Portfolio gestrichen werden. Für modulare Plattformen eignen sich Produkte mit ähnlichen Eigenschaften, aber unterschiedlicher Komplexität, und solche mit gleichem Komplexitätsgrad. Um eine modulare Plattform zu initiieren, werden *anchor products* vorgeschlagen, die die höchste dimensionsübergreifende Ähnlichkeit zu allen anderen Produkten aufweisen. *Fellow products* indizieren weitere, potenziell für die modulare Plattform geeignete Produkte. Sie weisen die höchste Ähnlichkeit zu allen Produkten innerhalb einer Dimension auf und repräsentieren zentrale, häufig auftretende Kombinationen von Eigenschaften. Sich in ihren Attributen und Ausprägungen überlappende Produkte sollten konsolidiert werden.

Ergebnis: Eine Validierung des Vorgehens anhand unternehmensspezifischer Daten ist in der Veröffentlichung nicht ersichtlich.

Bewertung: Der Ansatz von SCHUH ET AL. betrachtet die produktseitige Varianz eines Unternehmens in Form von Anzahl und Verschiedenheit. Dabei liegt der Fokus nicht auf Fertigungsteilen, sondern auf mehrteiligen Erzeugnissen komplexer Struktur. Zur Ermittlung der Varianz werden produktseitig Ähnlichkeiten quantifiziert und datenbasierte Clusteringverfahren angewendet. Der dazu erforderliche Informationsbedarf wird beispielhaft genannt, ohne die Datengrundlage detaillierter zu beschreiben. Anhand der Ergebnisse werden Potenziale für die Anwendung unterschiedlicher produktseitiger Maßnahmen identifiziert, sowie Indikationen hinsichtlich des Anwendungsbereichs der Maßnahmen gegeben. Dabei finden die Wirtschaftlichkeit und Verschiedenheit der Varianten Berücksichtigung.

3.2.3 Ansatz nach HOCHDÖRFFER ET AL.

Ziel: Der Ansatz „Product Variety Management Using Data-Mining Methods – Reducing Planning Complexity by Applying Clustering Analysis on Product Portfolios" von HOCHDÖRFFER ET AL. stellt eine Methodik zur Ähnlichkeitsanalyse von Produktvarianten hinsichtlich der zur Herstellung erforderlichen Produktionskapazitäten und Produktionsprozesse vor. So sollen Unternehmen in der variantengerechten Planung von Produktionsnetzwerken und -kapazitäten unterstützt werden.[329]

[329] Vgl. Hochdörffer, J./ Laule, C./ Lanza, G. (2017) Product variety management using data-mining.

Vorgehen: Die Methodik umfasst drei sequenziell zu durchlaufende Schritte. Im ersten Schritt werden Variablen ausgewählt, die die Anforderungen der Produktvarianten an die Produktion formalisieren. Binäre Variablen bilden die prozessbezogenen Anforderungen anhand der zu durchlaufenden Arbeitsplätze ab, während metrische Variablen den Kapazitätsbedarf einer Produktvariante an einem Arbeitsplatz quantifizieren. Im zweiten Schritt wird die Verschiedenheit der Produktvarianten hinsichtlich ihres Prozess- bzw. Kapazitätsbedarfs durch Distanzmaße bestimmt. Für binäre Variablen wird die Hamming Distanz, für metrische Variablen der Gower-Koeffizient verwendet. Die resultierenden Distanzmatrizen werden anschließend durch eine gewichtete Formel vereint. Im dritten Schritt wird ein abgewandelter K-Medoid Clusteringalgorithmus angewendet, der die Medoiden und Cluster so wählt, dass die Summe der Distanzen aller Produkte zu den jeweiligen Medoiden ihrer Cluster minimiert wird.

Ergebnis: Die Methodik wurde durch Anwendung auf einen Datensatz aus der Flugzeugherstellung mit 1.000 Produktvarianten sowie auf einen etablierten Testdatensatz ohne Produktionsbezug validiert. Dabei wurden durch den Silhouetten-Koeffizienten gute Zuordnungen der Varianten zu Clustern festgestellt. Hinsichtlich des Rand Index und der Verarbeitungsdauer wurden bessere Ergebnisse als bei üblichen K-Medoids Algorithmen erzielt.

Bewertung: Der von HOCHDÖRFFER ET AL. entwickelte Ansatz betrachtet die produktseitige und die produktionsprozessseitige Varianz eines Unternehmens. Ein Fokus auf Fertigungsteile oder -prozesse ist nicht ersichtlich. Die Verschiedenheit der Produkte wird auf Basis produktionsbezogener Daten berechnet, Produktionsprozessvarianten werden nicht analysiert. Zur Ermittlung der Varianz wird ein datenbasiertes Clusteringverfahren verwendet, das auf quantifizierten Ähnlichkeitswerten beruht. Die Quantifizierung der Verschiedenheit erfolgt dabei nur anhand prozessseitiger Merkmale. Der erforderliche Informationsbedarf wird genannt, eine Beschreibung der Datengrundlage bleibt jedoch aus. Die Verwendung der Ergebnisse zur Auswahl geeigneter varianzreduzierender Maßnahmen oder zur Bewertung von Potenzialen hinsichtlich des Anwendungsbereichs wird nicht weiter thematisiert.

3.2.4 Ansatz nach MYRODIA ET AL.

Ziel: MYRODIA ET AL. verfolgen in ihrem Ansatz „Product Portfolio Optimization Based on Substitution" das Ziel, Unternehmen bei der Konsolidierung ihres Produktportfolios zu unterstützen. Dabei soll durch Kündigung von Produkten eine Erhöhung der Wirtschaftlichkeit erreicht werden.[330]

Vorgehen: Das durch die Autoren entwickelte datenbasierte Verfahren wurde in Form eines Mixed Integer Programms (MIP) innerhalb der Optimierungssoftware General Algebraic Modeling System (GAMS) umgesetzt. Dabei werden dem MIP Produktdaten in Form von Parametern übergeben. Zu diesen gehören Informationen zu den Produkten, ihren Merkmalen, Verkaufszahlen, Komplexitätskosten und Deckungsbeiträgen. Darüber hinaus werden Absatzbeziehungen sowie die Substituierbarkeit eines Produkts durch ein anderes übergeben. Diese ergibt sich aus der technischen Übereinstimmung der Produkte hinsichtlich ihrer Merkmale sowie der zur erwartenden auffangbaren Absatzmenge, die bei Kündigung eines Produkts auf ein anderes übergeht. Zur Optimierung wird eine Zielfunktion aufgestellt, die die prognostizierten Deckungsbeiträge abzüglich der Komplexitätskosten im Portfolio verbleibender Produkte maximiert. Dabei wird durch Nebenbedingungen u.a. sichergestellt, dass Produkte ohne Verkaufszahlen aus dem Portfolio gestrichen werden, Produkte mit steigenden Verkaufszahlen behalten werden und die Kündigung eines Produktes zu Absatzeinbußen bei Produkten mit entsprechenden Absatzbeziehungen führt.

Ergebnis: Das Programm wurde anhand eines 699 Produktvarianten umfassenden Datensatzes eines Baukomponentenherstellers validiert. Dabei wurden in drei Szenarien unterschiedliche Annahmen hinsichtlich der erforderlichen technischen Übereinstimmung für eine Substituierung, des maximal möglichen substituierbaren Umsatzes, der Absatzeinbrüche von Produkten mit Absatzbeziehungen sowie der Höhe an Komplexitätskosten pro Produkt zugrunde gelegt. Im konservativen Szenario wurden Gewinnsteigerungspotenziale in Höhe von 15%, im optimistischen Szenario von bis zu 32% identifiziert.

Bewertung: MYRODIA ET AL. betrachten in ihrem Ansatz die produktseitige Varianz, ein Fokus auf Fertigungsteile ist nicht ersichtlich. Die Verschiedenheit der Produkte

---

330 Vgl. Myrodia, A./ Moseley, A./ Hvam, L. (2017) Product portfolio optimization based on.

wird in Form der technischen Übereinstimmung berücksichtigt. Die Autoren verwenden ein datenbasiertes Verfahren und nennen die erforderlichen Informationsbedarfe, ohne die zugrundeliegende Datenbasis näher zu beschreiben. Eine Quantifizierung der Verschiedenheit findet auf der Grundlage übereinstimmender Produktmerkmale statt. Die Potenzialidentifikation beschränkt sich auf die Maßnahme der Produktkündigung, der Anwendungsbereich der Maßnahme wird dabei klar ersichtlich. Die Wirtschaftlichkeit und die Verschiedenheit der Produkte anhand ihrer technischen Übereinstimmung werden berücksichtigt.

3.2.5 Ansatz nach LAUREIJS ET AL.

Ziel: Der Ansatz „Is More Less? Benefits and Costs of High-Variety Production in Non-assembled Manufacturing" von LAUREIJS ET AL. untersucht die Auswirkungen von Fertigungsteilvarianz auf Fertigungsprozesse sowie die damit verbundenen wirtschaftlichen Effekte. So sollen varianzinduzierende Produktmerkmale identifiziert und deren positive und negative Auswirkungen abgewogen werden können.[331]

Vorgehen: In einem ersten Schritt identifizieren die Autoren Rüstkosten als wesentlichen negativen Faktor, und Verbund- bzw. Skaleneffekte als wesentlichen positiven Faktor, die fertigungsseitig durch eine Varianz der hergestellten Fertigungsteile beeinflusst werden. Anschließend werden produktseitig die Merkmale Material, Größe, Geometrie, Behandlung und Toleranz als besonders varianzinduzierend herausgearbeitet. Das weitere Vorgehen wird anhand der Anwendung in einer Case Study beschrieben. Als Basis dienen dabei Daten zu den Fertigungsteilen und den zur Herstellung erforderlichen Fertigungsprozessen des betrachteten Unternehmens, die aus verschiedenen IT-Systemen und Experteninterviews gesammelt werden. Anschließend werden zwei Stichproben von Fertigungsteilen genommen, wobei eine Stichprobe eher volumenstarke Fertigungsteilvarianten beinhaltet, die andere ein breiteres Spektrum in geringen Losgrößen gefertigter Varianten. Zusätzlich wird darauf geachtet, dass die Fertigungsteile hinsichtlich der zuvor identifizierten varianzinduzierenden Merkmale im Portfoliovergleich möglichst Extremwerte abbilden. Um den Einfluss der Merkmale auf die Wirtschaftlichkeit der Fertigung zu bewerten, werden die Fertigungskosten unter verschiedenen Fertigungskonstellationen mit Hilfe eines Process-

---

331 Vgl. Laureijs, R./ Fuchs, E./ Whitefoot, K. (2019) Is More Less? Benefits and.

Based Cost Modeling Programs (PBCM) bestimmt. Anhand von Heatmaps, Sensitivitätsanalysen und Gewinnspannen werden abschließend die Vor- und Nachteile der Fertigungskonstellationen ermittelt.

Ergebnis: Im Rahmen der Case Study wurde festgestellt, dass Kostenvorteile durch Skaleneffekte insbesondere dann entstehen, wenn viele unterschiedliche Fertigungsteilvarianten auf einer Linie produziert werden. Darüber hinaus sollte das Unternehmen Fertigungsteilvarianten mit geringem Gewicht und mit einer hohen Anzahl an Fertigungsschritten aus dem Portfolio streichen, um höhere Gewinne zu erzielen. Bei volumenstarken Produkten wirken sich hohe Materialpreise negativ auf die Wirtschaftlichkeit aus.

Bewertung: LAUREIJS ET AL. untersuchen die Auswirkungen der Fertigungsteilvarianz auf die Wirtschaftlichkeit von Unternehmen. Fertigungsprozesse werden im Rahmen der Kostenmodellierung betrachtet, ihre Varianz steht dabei jedoch nicht im Vordergrund. Die Verschiedenheit von Varianten findet weder produkt- noch fertigungsprozessseitig Berücksichtigung. Mit PBCM wird ein datenbasiertes Verfahren angewendet. Die erforderlichen Informations- und Datenbedarfe sowie Datenquellen werden genannt, ohne die Erzeugung der Datengrundlage genauer zu beschreiben. Eine Quantifizierung der Verschiedenheit erfolgt nicht. Anhand der Ergebnisse werden unterschiedliche Maßnahmen zur Reduzierung der Fertigungsteilvarianz und zur Steigerung der Wirtschaftlichkeit identifiziert. Der Anwendungsbereich wird lediglich anhand von Merkmalen beschrieben, ohne spezifische Artikelnummern zu nennen. Die Bewertung erfolgt dabei anhand wirtschaftlicher Kennzahlen ohne Berücksichtigung der Verschiedenheit von Varianten.

3.2.6 Ansatz nach ANDERSEN ET AL.

Ziel: ANDERSEN ET AL. verfolgen mit ihrem Ansatz „A Procedure for Product Variety Reduction That Considers Linked Revenue" das Ziel, Unternehmen bei der Reduzierung der Produktvarianz zu unterstützen. Dafür werden unrentable Produkte im Portfolio identifiziert, die gestrichen werden können, ohne gekoppelte Umsätze zu verlieren.[332]

[332] Vgl. Andersen, T./ Haug, A./ Hvam, L. (2020) A Procedure for Product Variety.

Vorgehen: Das von den Autoren entwickelte Vorgehen besteht aus sieben Schritten. In einem ersten Schritt werden jeder Produktvariante quantifizierbare Komplexitätskosten zugeordnet und vom Deckungsbeitrag subtrahiert, um *complexity adjusted contribution margin (CM2)* zu errechnen. Im Rahmen einer zweistufigen ABC Analyse werden die Produktvarianten anschließend anhand ihrer CM2 und ihres Umsatzbeitrags klassifiziert. Im dritten Schritt werden die hinter den Produktvarianten stehenden Kunden betrachtet und sogenannte strategische C-Kunden identifiziert, von denen ein steigender Umsatzanteil erwartet wird. Auf Grundlage von Vertriebsdaten werden im vierten Schritt C-Produktvarianten herausgearbeitet, die weder von A- und B-Kunden noch von strategischen C-Kunden nachgefragt werden und folglich ohne Verlust gekoppelter Umsätze gestrichen werden können. Im fünften Schritt werden diese Produktvarianten anhand ihres generierten Umsatzes im Verhältnis zu CM2 bewertet, um die wirtschaftlichen Folgen der Kündigung zu quantifizieren. Dies dient als Entscheidungsgrundlage, anhand derer in den Schritten sechs und sieben nach Befragung des Managements eine Auswahl zu streichender Produktvarianten getroffen wird.

Ergebnis: Das Vorgehen wurde bei einem Hersteller von Plastikbauteilen anhand von 1.600 Produktvarianten validiert. Im Ergebnis wurden 259 Produktvarianten identifiziert, die unter geringem Verlustrisiko zusätzlicher gekoppelter Umsätze aus dem Portfolio gestrichen werden können.

Bewertung: ANDERSEN ET AL. betrachten die Produktvarianz eines Unternehmens, ein Fokus auf Fertigungsteile ist nicht erkennbar. Weder die Prozessseite noch die Verschiedenheit von Varianten werden berücksichtigt. Das Vorgehen beruht auf wirtschaftlichen Daten, ein datenbasiertes Verfahren wird nicht angewendet. Weder Informations- und Datenbedarfe noch Datenquellen, z.B. zur Berechnung der Komplexitätskosten, werden vollständig beschrieben. Die Potenzialidentifikation ist auf eine Maßnahme beschränkt und berücksichtigt keine Verschiedenheit der Varianten. Die Potenzialbewertung zur Auswahl des Anwendungsbereichs erfolgt ausschließlich anhand wirtschaftlicher Kennzahlen.

3.2.7 Ansatz nach Hvam et al.

Ziel: In ihrem Ansatz „The reduction of product and process complexity based on the quantification of product complexity costs" stellen Hvam et al. eine Methodik zur Reduzierung der mit der Produkt- und Produktionsprozessvarianz einhergehenden Kosten vor. Durch Identifikation und Umsetzung varianz- und kostenreduzierender Maßnahmen soll eine Steigerung der Wirtschaftlichkeit erreicht werden.[333]

Vorgehen: Die Methodik lässt sich in fünf Schritte unterteilen. Dabei dient der erste Schritt zunächst der Definition des Betrachtungsbereichs an Produktvarianten und dazugehörigen Produktionsprozessen sowie ggf. auch Vertriebs- und Logistikprozessen. Anschließend werden zwei ABC-Analysen durchgeführt, in der die Produktvarianten bzw. ihre Kunden anhand ihres Beitrags zum Unternehmensgewinn klassifiziert werden. Im dritten Schritt werden den Produktvarianten Komplexitätskosten zugeordnet, indem auf Grundlage von Vorarbeiten Komplexitätskostenfaktoren entlang der Wertschöpfungskette identifiziert und bestmöglich quantifiziert werden. Diese Informationen dienen im vierten Schritt der Ableitung von Maßnahmen zur Reduzierung der Komplexitätskosten. Kurzfristige Maßnahmen liegen beispielsweise in der Kündigung von Produktvarianten, während mittel- und langfristig Produktanpassungen, Produktionsprozess- sowie Bestandsoptimierungen vorgeschlagen werden. Im fünften Schritt werden die identifizierten Maßnahmen wirtschaftlich bewertet, indem Einsparungen der Komplexitätskosten dem Implementierungsaufwand der Maßnahmen gegenübergestellt werden.

Ergebnis: Eine Validierung der Methodik wurde in der Konsumgüterindustrie anhand von 350 Produktvarianten durchgeführt. Als Komplexitätskostenfaktoren wurden u.a. hohe Bestände sowie Logistik- und Auftragsbearbeitungsprozesse identifiziert und den Produktvarianten zugeordnet. Nach wirtschaftlicher Bewertung wurden Maßnahmen zur Reduzierung des Produktportfolios und der Kosten entlang der Auftragsabwicklung implementiert, für die eine Gewinnsteigerung von 2-4% kalkuliert wurde.

Bewertung: Der Ansatz von Hvam et al. betrachtet die Produktvarianz, ein Fokus auf Fertigungsteile ist nicht erkennbar. Produktionsprozesse spielen im Rahmen der Komplexitätskostenbestimmung eine Rolle, ihre Varianz wird jedoch nicht weiter analy-

333 Vgl. Hvam, L. et al. (2020) The reduction of product and.

siert. In beiden Fällen wird die Verschiedenheit weder berücksichtigt noch quantifiziert. Das Vorgehen beruht auf wirtschaftlichen Daten, ein datenbasiertes Verfahren wird jedoch nicht angewendet. Informations- und Datenbedarfe werden beschrieben, ohne Hinweise zu Datenquellen im Unternehmen zu geben. Die Potenzialidentifikation betrachtet mehrere produkt- und prozessseitige Maßnahmen. Die Potenzialbewertung zur Auswahl des Anwendungsbereichs erfolgt allein anhand wirtschaftlicher Kennzahlen.

3.2.8 Ansatz nach RIESENER ET AL.

Ziel: In ihrem Ansatz „Data Model for Managing Product Complexity" stellen RIESENER ET AL. ein Datenmodell für das Management von Komplexität vor. Durch den Zugang zu relevanten Daten sollen die Transparenz gesteigert und die Kontrollierbarkeit der Komplexität verbessert werden.[334]

Vorgehen: Die Methodik zur Erstellung des Datenmodells gliedert sich in vier Schritte und beginnt mit einer Literaturrecherche, in der 130 Kennzahlen mit Komplexitätsbezug identifiziert wurden. Diese werden hinsichtlich Relevanz, Nachvollziehbarkeit und Erhebungsaufwand bewertet, um den Betrachtungsbereich sinnvoll zu reduzieren. Im nächsten Schritt werden aus den Kennzahlen Attribute und Entitäten abgeleitet, die bestimmen, welche Datenpunkte (z.B. Auftragsnummer, Artikelnummer) zur Berechnung der Kennzahl erforderlich sind, und zu welcher Kategorie diese gehören (z.B. Auftrag, Produkt). Im dritten Schritt werden die Beziehungen zwischen Entitäten bestimmt und in einer Matrix dargestellt, bevor sie abschließend durch eine modifizierte Unified Modeling Language (UML) visualisiert werden.

Ergebnis: Eine Validierung anhand reeller Unternehmensdaten geht aus der Veröffentlichung nicht hervor. Die Autoren verweisen jedoch auf weiteren Forschungsbedarf zur Normalisierung und Implementierung der Methodik im IT-Bereich.

Bewertung: Das Datenmodell von RIESENER ET AL. betrachtet sowohl die produkt- als auch die prozessseitige Varianz. Die abgeleiteten Entitäten weisen darauf hin, dass kein Fokus auf Fertigungsteile und -prozesse gelegt wird. Eine Berücksichtigung der Verschiedenheit ist nicht ersichtlich. In der Entwicklung des Datenmodells wurden

334 Vgl. Riesener, M. et al. (2020) Data Model for Managing Product.

aus identifizierten Kennzahlen Informations- und Datenbedarfe nachvollziehbar abgeleitet, ohne die dahinterliegenden Datenquellen zu spezifizieren. Da das Datenmodell Ziel und Ergebnis der Forschungsarbeit war, findet auch keine Verwertung der Daten durch Datenanalyseverfahren statt. In der Folge bleiben auch die Quantifizierung der Verschiedenheit von Varianten, sowie die Potenzialidentifikation und Potenzialbewertung geeigneter Maßnahmen zur Reduzierung der Varianz unberücksichtigt.

3.2.9 Ansatz nach SORENSEN ET AL

Ziel: SORENSEN ET AL. präsentieren in ihrem Ansatz „Classification coding of production systems for identification of platform candidates“ eine Methodik zur Analyse von Ähnlichkeiten zwischen Produktionssystemen. So sollen Potenziale zur Erhöhung des Standardisierungsgrads und zur Bildung sogenannter Produktionsplattformen identifiziert werden.[335]

Vorgehen: Die entwickelte Methodik basiert auf einem numerischen *Production System Classification Code (PSCC)*, der aus vier Teilen besteht, die jeweils unterschiedliche Eigenschaften eines Produktionssystems abbilden. *Der System Design Driver Classification Code (DCC)* erfasst Eigenschaften, die das Design eines Produktionssystems beeinflussen, z.B. die Größe der Produkte, produzierte Stückzahlen, Produktvielfalt und Ablaufart der Produktion. Der *System Layout Classification Code (LCC)* nimmt das Layout des Produktionssystems auf und gibt Einblick in die Systemelemente und ihre Beziehungen zueinander. Er umfasst den Standort, die Form und den Automatisierungsgrad des Produktionssystems sowie die Richtung des Materialflusses. Der *Process Classification Code (PCC)* erfasst die Prozesse innerhalb eines Produktionssystems auf Ebene der Arbeitsvorgänge. Dabei werden die Position des Arbeitsvorgangs innerhalb einer Prozesskette, die Beschreibung sowie die Zuordnung zu verschiedenen Kategorien und Subkategorien (z.B. Fertigungsverfahren) festgehalten. Der *Enabler Classification Code (ECC)* erfasst abschließend die zur Herstellung erforderlichen Maschinen, Werkzeuge, Vorrichtungen sowie Transport- und Pufferstre-

[335] Vgl. Sorensen, D. et al. (2020) Classification coding of production systems.

cken. Neben dieser Klassifizierung werden auch die Standorte innerhalb einer Prozesssequenz, die Mobilität bzw. Gebundenheit an diesen Standort sowie Informationen zur Herkunft der Elemente gespeichert.

Ergebnis: Durch die Anwendung der Methodik in zwei Werken eines dänischen Unternehmens mit diskreter Fertigung wurden zahlreiche Häufungen von Fertigungsprozessen aufgedeckt, die in unterschiedlichen Produktfamilien und Produktionssystemen auftraten. Auf dieser Grundlage wurden Standards kreiert und die Summe an Lösungsmöglichkeiten für gleiche Probleme reduziert. Ob darüber hinaus bestehende Systemelemente konsolidiert und Produktionsplattformen erzeugt werden konnten, geht aus der Veröffentlichung nicht hervor.

Bewertung: SORENSEN ET AL. untersuchen in ihrem Ansatz die Ähnlichkeiten von Produktionssystemen und betrachten dabei unter anderem die Produktionsprozessvarianz. Das Anwendungsbeispiel zeigt, dass ein Fokus auf Fertigungsprozesse möglich ist. Anhand zahlreicher Merkmale wird auch die Verschiedenheit der Prozessvarianten berücksichtigt. Produktseitige Varianten und deren Ähnlichkeiten sind hingegen nicht Teil des Betrachtungsumfangs. Mit dem PSCC wird ein datenbasiertes Verfahren angewendet, das eine Quantifizierung von Ähnlichkeiten ermöglicht. Die dafür erforderlichen Informationsbedarfe werden genannt, dahinterliegende Daten und Datenquellen jedoch nicht weiter beschrieben. Die Ergebnisse der PSCC sollen als Grundlage zur Identifizierung von Standardisierungs- und Plattformpotenzialen dienen, allerdings sind weder diese noch die Potenzialbewertung hinsichtlich des Anwendungsbereichs Teil der Methodik.

3.2.10 Ansatz nach STASKIEWICZ ET AL.

Ziel: STASKIEWICZ ET AL. präsentieren in ihrem Ansatz „Reduction of Product Portfolio Complexity Based on Process Analysis" eine Methode zur Schaffung von Transparenz über die Produkt- und Produktionsprozessvarianz. Auf dieser Grundlage werden varianzreduzierende Maßnahmen bestimmt und hinsichtlich ihres Kostenprofils bewertet.[336]

Vorgehen: Die Methodik lässt sich in die übergeordneten Phasen *AS-IS analysis* und *TO-BE scenario* unterteilen. Im ersten Schritt der AS-IS analysis wird zunächst der

---

[336] Vgl. Staskiewicz, A./ Hvam, L./ Haug, A. (2020) Reduction of Product Portfolio Complexity.

Betrachtungsbereich auf Produkte mit geringer Leistung sowie varianzanfällige Produktionsprozesse reduziert. Um diese Vorauswahl zu treffen, schlagen die Autoren Interviews mit Experten aus den Bereichen Produktion, Logistik und Entwicklung vor sowie eine Auswertung von Vertriebs-, Qualitäts-, Leistungs- und Produktdaten. Für diesen Betrachtungsbereich werden anschließend Variantenbäume erzeugt, die die Entwicklung der Produktvarianz entlang der Produktionsprozesse visualisieren. Abschließend werden die Produktionsvarianten anhand ihres Absatzanteils durch eine ABC-Analyse klassifiziert. In der nachfolgenden Phase TO-BE scenario sollen auf dieser Grundlage verschiedene Maßnahmen zur Reduzierung der Produkt- und Produktionsprozessvarianz bestimmt und in Experteninterviews diskutiert werden. Diese umfassen produktseitig beispielsweise Modularisierung, Produktkündigungen oder Anpassungen der Produktarchitektur. Produktionsprozessseitig werden u.a. Rüstzeitoptimierungen und die Verschiebung des KKP vorgeschlagen. Anhand einer Analyse der Auswirkungen und deren Kosteneffekte sollen abschließend Maßnahmen zur Umsetzung ausgewählt werden.

Ergebnis: Bei einem Hörgerätehersteller wurde die Methodik anhand von 830 Produktvarianten validiert. Diese wurden in 46 Klassen unterteilt, von denen nach Anwendung der ABC-Analyse 19 Klassen für eine Kündigung aus dem Portfolio in Frage kamen. Nach Expertengesprächen wurden 16 Klassen mit insgesamt 290 Produktvarianten zur Kündigung ausgewählt.

Bewertung: Der Ansatz von STASKIEWICZ ET AL. betrachtet die Produktvarianz und produktionsseitige Varianz, wobei der Fokus auf der Montage von mehrteiligen Erzeugnissen liegt. Anzahl und Verschiedenheit der Varianten werden durch Variantenbäume visualisiert, hinsichtlich der Produktionsprozessvarianz werden diese jedoch nur bei Betrachtung aller Variantenbäume ersichtlich. Auf Daten wird im Vorgehen zurückgegriffen. Der Einsatz von Datenanalyseverfahren ist der Veröffentlichung nicht zu entnehmen. Die erforderlichen Daten und -quellen werden genannt, die Erzeugung der Datengrundlage wird dabei nicht weiter beschrieben. Die Potenzialidentifikation berücksichtigt unterschiedliche produkt- und prozessseitige Maßnahmen zur Varianzreduktion, erfordert jedoch Experteninterviews. Aus der Potenzialbewertung wird der Anwendungsbereich ersichtlich, sie erfolgt allerdings rein anhand wirtschaftlicher Kennzahlen.

3.2.11 Ansatz nach BOTTIN ET AL.

Ziel: Der Ansatz „Sales Kit Automated Production: An Integrated Procedure for Setup Reduction in Case of High Products Variety" von BOTTIN ET AL. präsentiert eine Methodik zur Reduzierung der Rüstzeiten von Bestückungssystemen bei hoher Produktvarianz. So soll die Wirtschaftlichkeit der Zusammenstellung von Einzelprodukten zu am Markt angebotenen Endprodukten, sog. Sales Kits, verbessert werden.[337]

Vorgehen: BOTTIN ET AL. gehen davon aus, dass jedes Einzelprodukt eine eigene Zuführung benötigt, um automatisiert einem Endprodukt hinzugefügt werden zu können. Die Anzahl erforderlicher Umrüstvorgänge zwischen zwei Endprodukten ergibt sich daher aus der Verschiedenheit ihrer Einzelprodukte. Auf dieser Grundlage wird in einem ersten Schritt eine Matrix erstellt, die die Anzahl erforderlicher Umrüstvorgänge zwischen Endprodukten darstellt. Da sich die Rüstzeiten je nach Einzelprodukt unterscheiden, werden durch Clusteringverfahren ähnliche Einzelprodukte zu Produktfamilien gruppiert, für die jeweils eine durchschnittliche Rüstzeit pro Rüstvorgang ermittelt wird. Auf dieser Basis werden die Produktfamilien anschließend in absteigender Reihenfolge sortiert und in ein Multiclustering überführt. Im Rahmen des Multiclustering wird zusätzlich die Reihenfolge der Zusammenstellung von Einzelteilen aus unterschiedlichen Produktfamilien zu Endprodukten berücksichtigt. Durch Anwendung des Traveling Salesman Problem (TSP) kann so die hinsichtlich der Rüstzeit optimale Reihenfolge der Bestückung von Einzelprodukten zu Endprodukten ermittelt werden.

Ergebnis: Im Rahmen einer Case Study wird die Methodik in der Praxis validiert, wobei als Einzelprodukte insbesondere Schrauben betrachtet werden. Dabei führt die Methodik zu leicht höheren Rüstzeiten als bei einer Anwendung des TSP auf die Gesamtmatrix nicht geclusterter Produkte. Da die für das TSP erforderliche Rechenleistung durch das vorgeschobene Multiclustering jedoch erheblich reduziert wird, sehen die Autoren dennoch eine Praxisrelevanz, insbesondere bei Anwendungsfällen mit hoher Produktvarianz.

Bewertung: Die Methodik nach BOTTIN ET AL. untersucht eine Reduzierung von Rüstzeiten und damit ein für die Fertigungsprozessvarianz relevantes Merkmal. Die Ferti-

---

337 Vgl. Bottin, M. et al. (2021) Sales Kit Automated Production: An.

gungsprozessvarianz selbst wird jedoch weder hinsichtlich der Anzahl noch der Verschiedenheit der Varianten betrachtet. Produktseitig finden im Rahmen des Clusterings die Anzahl und Verschiedenheit der Varianten Berücksichtigung, ein Fokus auf Fertigungsteile ist dabei nicht ersichtlich. Datenbasierte Verfahren werden angewendet, die erforderlichen Informations- und Datenbedarfe jedoch nicht vollständig erläutert. Eine Quantifizierung der Verschiedenheit von Produktvarianten wird nicht beschrieben. Die Ergebnisse der Methodik ermöglichen eine Potenzialidentifikation für rüstzeitoptimierte Reihenfolgeänderungen, die zur Reduzierung der produktionsprozessseitigen Varianz beitragen können. Der Anwendungsbereich ergibt sich aus den Clusteringergebnissen, sodass allein Verschiedenheit der Varianten Berücksichtigung finden.

3.2.12 Ansatz nach EZZAT ET AL.

Ziel: In ihrem Ansatz „A clustering approach for modularizing service-oriented systems" stellen EZZAT ET AL. eine Methode zur Modularisierung von Produkten und Dienstleistungen vor. Dazu werden Ähnlichkeitsanalysen mittels Clustering durchgeführt, um Modularisierungspotenziale zu identifizieren und zu bewerten.[338]

Vorgehen: Die Methodik lässt sich in fünf Schritte unterteilen und beginnt mit der Definition des Betrachtungsbereichs. Im Falle von Produkten ist dazu zunächst das relevante Granularitätslevel zu bestimmen, bevor die entsprechenden Elemente in Form von Produktmodulen oder -komponenten aus den Stücklisten extrahiert werden können. Im zweiten Schritt werden die Ähnlichkeiten zwischen den Elementen bestimmt und in einer Distanzmatrix zusammengefasst. Dazu schlagen EZZAT ET AL. die Nutzung von Ähnlichkeitskriterien, z.B. die Messung gleichzeitig auftretender Merkmale von Produkten, vor. Für eine bessere Vergleichbarkeit werden die Ausprägungen der Ähnlichkeitskriterien auf einer Skala von null bis drei normiert. Im dritten Schritt folgt eine Aggregation aller Matrizen zu einer Distanzmatrix, wobei unterschiedliche Gewichtungen berücksichtigt werden können. Die Distanzmatrix dient anschließend als Grundlage für die Ähnlichkeitsanalyse mittels k-medoids oder hierarchischen

[338] Vgl. Ezzat, O. et al. (2022) A clustering approach for modularizing.

Clusteringverfahren. Im fünften und letzten Schritt der Methodik werden die Ergebnisse anhand des Silhouetten Koeffizienten, der Anzahl gebildeter Cluster und Anzahl an Elementen pro Cluster sowie weiteren Kennzahlen bewertet.

Ergebnis: Die Methodik wurde auf die Produktfamilie eines autonomen Reinigungsroboters, bestehend aus 34 Produkt- und Dienstleistungselementen, angewendet. Dabei wurde durch k-medoids Clustering mit 19 Clustern das beste Ergebnis erzielt. Die Zuordnung der Produktelemente zu Clustern soll anschließend für die Identifikation von Modularisierungspotenzialen verwendet werden, um die interne Produktvarianz zu reduzieren und die Wirtschaftlichkeit der Unternehmen zu verbessern.

Bewertung: Der Ansatz von EZZAT ET AL. betrachtet die Produktvarianz, wobei aufgrund der Zielstellung der Modularisierung mehrteilige Erzeugnisse und nicht Fertigungsteile im Fokus stehen. Neben der Anzahl an Varianten wird auch deren Verschiedenheit berücksichtigt. Die Fertigungsprozessvarianz liegt nicht im Betrachtungsbereich des Ansatzes. Datenanalyseverfahren werden in Form von Clusteringalgorithmen angewendet. Die erforderlichen Informationsbedarfe werden beschrieben, ohne die Datenbedarfe sowie -quellen näher zu erläutern. Eine Quantifizierung der Verschiedenheit erfolgt für Produktvarianten auf Grundlage verschiedener Ähnlichkeitskriterien. Als einzige varianzreduzierende Maßnahme wird die Modularisierung betrachtet, wobei die Potenzialidentifikation aus dem Clustering nicht klar hergeleitet wird. Die Potenzialbewertung zur Auswahl des Anwendungsbereichs stützt sich ebenfalls auf die Verschiedenheit.

3.2.13 Ansatz nach KÄMPFER ET AL.

Ziel: In ihrem Ansatz „Using Distance Measures and Cluster Algorithms for Production Logistics-oriented Evaluation of Products and Product Portfolios" entwickeln KÄMPFER ET AL. eine Methodik zur Ähnlichkeitsanalyse von Produkten anhand von Arbeitsplandaten. Auf dieser Grundlage werden Produkte identifiziert, die sich zur Kündigung aus dem Portfolio eignen.[339]

Vorgehen: Die Methodik lässt sich in vier Schritte unterteilen. Im ersten Schritt werden aus Arbeitsplandaten die Informationen extrahiert, welche Arbeitsplätze ein Pro-

339 Vgl. Kämpfer, T./ Klasen, S./ Nyhuis, P. (2022) Using Distance Measures and Cluster.

dukt während der Herstellung durchläuft. Diese Informationen werden in einer binären Matrix zusammengefasst, aus der mit Hilfe des Jaccard Koeffizienten Distanzen zwischen den Produkten errechnet und in eine Distanzmatrix überführt werden. In Schritt zwei wird auf Grundlage der Distanzmatrix ein Clustering durchgeführt, das Produkte in Gruppen zusammenfasst, die ähnliche Arbeitsplätze durchlaufen und folglich geringe Distanzen zueinander aufweisen. Die Informationen zu Distanzen zwischen Produkten und ihrer Clusterzuordnung werden im dritten Schritt zur Berechnung von Kennzahlen genutzt. Auf diese Weise werden die durchschnittliche Distanz zwischen den Produkten des gesamten Portfolios, die durchschnittliche Distanz zwischen den Produkten innerhalb eines Clusters und die Distanzen der Produkte zu den jeweils anderen Produkten desselben Clusters bestimmt. In Schritt vier sollen diese Kennzahlen als Indikatoren zur Kündigung von Produkten aus dem Portfolio herangezogen werden.

Ergebnis: Der Ansatz wurde in einer Case Study anhand von ca. 1.500 Produkten validiert, die an insgesamt ca. 180 Arbeitsplätzen hergestellt werden. Die Produkte wurden anhand ihrer durchschnittlichen Distanz zu den anderen Produkten des Portfolios sortiert und Produkte mit den größten Distanzen der Reihe nach aus dem Portfolio gestrichen. So sollten Arbeitsplätze, die im direkten Vergleich von weniger Produkten durchlaufen werden, abgeschafft und die Prozesskomplexität reduziert werden. Im Vergleich zur Kündigung von Produkten aufgrund ihres Umsatzanteils konnte so eine deutlich schnellere Reduzierung der zur Herstellung erforderlichen Arbeitsplätze realisiert werden.

Bewertung: KÄMPFER ET AL. betrachten in ihrem Ansatz die Produkt- und Produktionsprozessvarianz, ein Fokus auf Fertigungsteile und -prozesse ist nicht ersichtlich. Die Verschiedenheit der Produkte wird auf Basis von Arbeitsplandaten berechnet, Produktionsprozessvarianten werden nicht analysiert. Datenanalyseverfahren werden in Form von Clusteringalgorithmen angewendet, die erforderlichen Informations- und Datenbedarfe sowie Quellen werden beschrieben. Eine Quantifizierung der Verschiedenheit erfolgt auf dieser Basis für Produktvarianten. Mit der Kündigung von Produkten wird nur eine Maßnahme im Rahmen der Potenzialidentifikation betrachtet. Die Potenzialbewertung zur Auswahl des Anwendungsbereichs erfolgt anhand der Verschiedenheit.

3.2.14 Ansatz nach Kießner et al.

Ziel: Der Ansatz „Managing Complexity in Variant-Oriented Manufacturing: A System Dynamics Approach“ von Kießner et al. soll AnwenderInnen bei der Entscheidungsfindung im Variantenmanagement unterstützen. Dazu werden mit Hilfe von System Dynamics (SD) die Auswirkungen von Produktkündigungen auf die interne Komplexität modelliert.[340]

Vorgehen: Die Methodik folgt einem fünfteiligen Vorgehen für SD Modelle. Dabei dient der erste Schritt der Problemidentifikation, in der die durch das SD Modell zu lösenden Herausforderungen definiert werden. In der von Kießner et al. betrachteten Fallstudie ist dies, ein breites Produktportfolio auf einem niedrigeren Komplexitätsniveau anzubieten. So sollen Kundenbedürfnisse schnell bedient, die Auswirkungen auf die interne Komplexität jedoch möglichst geringgehalten werden. Im zweiten Schritt wird ein Casual Loop Diagram (CLD) konzipiert, um das dynamische Systemverhalten abzubilden. Dabei kennzeichnen reinforcing bzw. balancing loops, ob sich voneinander abhängige Variablen eines Systems im Laufe der Zeit gegenseitig verstärken oder ausgleichen. Im Rahmen von Workshops werden diese Abhängigkeiten diskutiert und in Form von CLDs im SD Modell implementiert. Der nachfolgende Schritt drei dient der Leistungsmessung des Modells anhand von stock and flow Modellen, die den Ausgangszustand und die Veränderung des Systems durch Entscheidungen simulieren. Im vierten Schritt wird das Modell validiert, bevor abschließend die Auswirkungen der Variablen auf das Systemverhalten analysiert werden (Schritt 5).

Ergebnis: Die Methodik wurde bei einem Hersteller elektronischer Schalter anhand von 21 Produktvarianten validiert. Durch eine ABC-Analyse wurden 4 unrentable Varianten identifiziert und aus dem Portfolio gestrichen. Anschließend wurden die Auswirkungen der Entscheidung mit Hilfe des SD Modells simuliert. Dabei zeigte sich, dass die verbleibende Variantenvielfalt zur flexiblen Befriedigung der Kundenbedürfnisse ausreicht und mit nur geringen Auswirkungen auf Logistik und Vertrieb einhergeht.

Bewertung: Kießner et al. fokussieren in ihrem Ansatz die Produktvarianz, prozessseitig werden lediglich Auswirkungen produktseitiger Veränderungen betrachtet. Ein

---

340 Vgl. Kießner, P./ Perera, H. (2022) Managing Complexity in Variant-Oriented Manufacturing.

Fokus auf Fertigungsteile ist nicht ersichtlich, auch die Verschiedenheit von Varianten findet keine Berücksichtigung. Das entwickelte SD Modell beruht auf Informationen aus Workshops und Vertriebsdaten, die genauen Datenbedarfe und ihre Quellen werden jedoch nicht detailliert beschrieben. Datenbasierte Verfahren werden nicht angewendet, auch eine Quantifizierung von Verschiedenheit findet nicht statt. Als varianzreduzierende Maßnahme werden allein Produktkündigungen betrachtet. Die Auswahl des Anwendungsbereichs erfolgt anhand finanzieller Kennzahlen durch eine ABC-Analyse. Der Fokus des Modells liegt jedoch nicht auf der Identifikation und Bewertung von Potenzialen zur Varianzreduktion, sondern auf der Simulation ihrer Auswirkungen.

3.3 Diskussion der Defizite ausgewählter Ansätze

Nachdem im vorherigen Kapitel 14 Ansätze vorgestellt und hinsichtlich der in Kapitel 3.1 definierten Anforderungen bewertet wurden, werden im Folgenden die identifizierten Defizite ansatzübergreifend diskutiert. Grundlage der Diskussion sind die in Abbildung 3.1 zusammengefassten Bewertungen entlang der Bewertungsdimensionen Objekt, Methode und Anwendung.

○ nicht erfüllt
◔ kaum erfüllt
◑ teilweise erfüllt
◕ größtenteils erfüllt
● voll erfüllt

	Bewertungsdimensionen (Kapitel 3.1)						
	Objekt		Methode			Anwendung	
Ansätze (Kapitel 3.2)	Übergreifende Betrachtung der Fertigungsteil- und Fertigungsprozessvarianz	Berücksichtigung der Anzahl und Verschiedenheit von Varianten	Nutzung datenbasierter Verfahren zur Ermittlung der Varianz	Universelle Quantifizierung der Verschiedenheit von Fertigungsteil- und Fertigungsprozessvarianten	Beschreibung der erforderlichen Datengrundlage zur Ermittlung der Fertigungsprogrammvarianz	Ganzheitliche Identifikation von Potenzialen zur Anwendung varianzreduzierender Maßnahmen	Potenzialbewertung zur Priorisierung des Anwendungsbereichs varianzreduzierender Maßnahmen
Navaei & ElMaraghy (2014)	◕	◕	●	◑	◔	○	○
Schuh et al. (2016)	◔	◑	●	◑	◔	◑	●
Hochdörffer et al. (2017)	◕	◕	●	◑	◔	○	○
Myrodia et al. (2017)	◔	◑	●	◑	◔	◔	●
Laureijs et al. (2019)	◑	◔	●	○	◕	◑	◑
Andersen et al. (2020)	◔	◔	◑	○	○	◔	◑
Hvam et al. (2020)	◔	◔	◑	○	◑	●	◑
Riesener et al. (2020)	◕	◑	◑	○	◑	○	○
Sorensen et al. (2020)	◑	◑	●	◑	◔	○	○
Staskiewicz et al. (2020)	◕	◕	◑	○	◕	●	◑
Bottin et al. (2021)	◔	◑	●	○	○	◔	◑
Ezzat et al. (2022)	◔	◑	●	◑	◔	◔	◑
Kämpfer et al. (2022)	◕	◑	●	◑	◕	◔	◑
Kießner et al. (2022)	◔	◔	◑	○	◔	◔	◑

Abbildung 3.1: Zusammenfassende Bewertung vorgestellter Ansätze

3.3.1 Zusammenfassung objektbereichsbezogener Defizite

Die vorgestellten Ansätze zeigen, dass die Fertigungsteil- und Fertigungsprozessvarianz kaum übergreifend betrachtet werden. Stattdessen liegt der Fokus meist isoliert auf der produkt- oder produktionsprozessseitigen Varianz. HOCHDÖRFFER ET AL. und KÄMPFER ET AL. nutzen zwar produktionsbezogene Daten zur Beschreibung der Produktvarianten, betrachten jedoch nicht unterschiedliche Produktionsprozessvarianten im Sinne der Varianz. Mit NAVAEI & ELMARAGHY, STASKIEWICZ ET AL. und RIESENER ET AL. integrieren lediglich drei Autorengruppen beide Sichtweisen in ihren Ansätzen, konzentrieren ihren Betrachtungsbereich jedoch nicht speziell auf Fertigungsteile und -prozesse, die im Fokus dieser Arbeit stehen. Im Ergebnis werden auch nicht alle fertigungsseitig relevanten Merkmale der Varianz betrachtet (vgl. Kapitel 2.2.1).

Darüber hinaus zeigen die Ansätze, dass die Varianzbetrachtung nicht vollumfänglich in den Dimensionen Anzahl und Verschiedenheit der Varianten erfolgt. Vier Ansätze erfüllen diese Anforderung kaum, da allein die Anzahl an Produktvarianten berücksichtigt wird. RIESENER ET AL. schließen die Produktionsperspektive in ihrem Datenmodell zwar mit ein, eine Berücksichtigung der Verschiedenheit ist jedoch nicht ersichtlich. SCHUH ET AL. erfassen die Anzahl und Verschiedenheit von Produktvarianten, betrachten in ihrem Ansatz jedoch keine Produktionsprozesse. Auf der anderen Seite untersuchen SORENSEN ET AL. die Anzahl und Verschiedenheit von Produktionsprozessvarianten, ohne die Produktvarianz zu berücksichtigen. Die übergreifende Betrachtung der Fertigungsteil- und Fertigungsprozessvarianz anhand der Anzahl und Verschiedenheit der Varianten ist folglich defizitär.

3.3.2 Zusammenfassung methodischer Defizite

Ein Großteil der identifizierten Ansätze verwendet datenbasierte Verfahren zur Ermittlung der Varianz. Dabei setzen die meisten AutorInnen auf Clusteringverfahren, die ein vielversprechendes Werkzeug zur Analyse der Ähnlichkeiten zwischen Varianten darstellen. Lediglich MYRODIA ET AL., LAUREIJS ET AL. und SORENSEN ET AL. verwenden eigene softwarebasierte Lösungen zur Modellierung der Varianz und ihrer Auswirkungen. Auch die übrigen Ansätze basieren auf Daten, die Datenverarbeitung zur Generierung von Wissen erfolgt jedoch weitgehend manuell. In der Folge ist die Varianzermittlung mit einem höheren Aufwand verbunden, der einer regelmäßigen Anwendung der Methodik in der Praxis im Wege steht.

Eine universelle Quantifizierung der Verschiedenheit von Varianten wurde durch keinen der identifizierten Ansätze erfüllt. Während die Verschiedenheit in einer Hälfte der Ansätze vollständig unberücksichtigt bleibt, werden in der anderen Hälfte der Ansätze unterschiedliche Methoden zur Ähnlichkeitsbestimmung jeweils isoliert für produkt- oder produktionsprozessseitige Varianten verwendet. NAVAEI & ELMARAGHY und EZZAT ET AL. entwickeln eigene Ähnlichkeitskriterien mit Fokus auf Produktvarianten. MYRODIA ET AL. und SORENSEN ET AL. setzen auf eigene Softwarelösungen zur Bestimmung der Ähnlichkeit von Produkten bzw. Produktionssystemen. Die Verwendung etablierter Proximitätsmaße durch HOCHDÖRFFER ET AL. (GOWER-Koeffizient) oder KÄMPFER ET AL. (JACCARD-Koeffizient) bietet zwar das Potenzial einer universellen Quantifizierung von Verschiedenheit, die Methodik wird jedoch ausschließlich auf Produktvarianten angewendet.

In Kapitel 3.1.2 wurde die Bedeutung datenbasierter Verfahren zur Ähnlichkeitsanalyse und zur Ermittlung der Fertigungsprogrammvarianz hergeleitet. Die dazu erforderliche Datengrundlage wird in den identifizierten Ansätzen jedoch unzureichend beschrieben. Während der Informationsbedarf der betrachteten Methoden durch die meisten AutorInnen genannt wird, spezifizieren nur fünf Ansätze den Datenbedarf und lediglich LAUREIJS ET AL. und KÄMPFER ET AL. die dazugehörigen Datenquellen. Auf Anforderungen an die Erzeugung der Datengrundlage, beispielsweise hinsichtlich Struktur, Qualität und Vollständigkeit der Daten, um eine spätere Anwendung von DM-Verfahren zu ermöglichen, wird in keinem der identifizierten Ansätze eingegangen. In der Folge ist die Erzeugung einer modellierungsgerechten Datengrundlage nicht replizierbar beschrieben, sodass die Praktikabilität der Methoden als defizitär zu bewerten ist.

3.3.3 Zusammenfassung anwendungsorientierter Defizite

In der Mehrheit der betrachteten Ansätze werden die erzeugten Ergebnisse genutzt, um Potenziale zur Reduzierung der Varianz zu identifizieren. Dabei ist die Potenzialidentifikation in sechs Ansätzen auf eine varianzreduzierende Maßnahme beschränkt. Lediglich HVAM ET AL. und STASKIEWICZ ET AL. erweitern den Betrachtungsbereich ganzheitlich auf produkt- und prozessseitige varianzreduzierende Maßnahmen, um eine Auswahl nach unternehmensspezifischer Eignung zu ermöglichen. Dennoch ist in vielen Fällen unklar, wie die Potenziale zur Reduzierung der Varianz aus den Ergebnissen der Methoden hergeleitet werden. So schlagen HVAM ET AL. Produktstreichungen und -anpassungen sowie Produktionsprozessoptimierungen vor, ohne die Eignung der Maßnahmen anhand ihrer Methodik zu begründen. STASKIEWICZ ET AL. verweisen zur Potenzialidentifikation auf Experteninterviews. Die Übertragung der Ergebnisse der Methodik in geeignete varianzreduzierende Maßnahmen ist daher undurchsichtig. SCHUH ET AL. leiten zwar unterschiedliche Potenziale aus einer Ähnlichkeitsanalyse ab, betrachten allerdings ausschließlich produktseitige Maßnahmen, ohne die prozessseitige Varianz zu berücksichtigen.

Die Auswahl des Anwendungsbereichs varianzreduzierender Maßnahmen durch eine Potenzialbewertung wird im Großteil der Ansätze unterstützt. In den meisten Fällen erfolgt die Bewertung jedoch ausschließlich anhand wirtschaftlicher Kennzahlen wie Absatzmengen, Umsatzanteile oder Deckungsbeiträge, die als Grundlage für ABC-Analysen und die Auswahl des Anwendungsbereichs dienen. BOTTIN ET AL., EZZAT ET AL. und KÄMPFER ET AL. fokussieren demgegenüber die Verschiedenheit der Varianten. Eine Berücksichtigung der Verschiedenheit und der Wirtschaftlichkeit zur Potenzialbewertung und Priorisierung des Anwendungsbereichs erfüllen lediglich die Ansätze nach SCHUH ET AL. und MYRODIA ET AL.. Auch hier wird jedoch ausschließlich die produktseitige Verschiedenheit von Varianten betrachtet, z.B. anhand ihrer technischen Übereinstimmung. In Summe ist die Potenzialidentifikation und -bewertung zur Auswahl geeigneter varianzreduzierender Maßnahmen und deren Anwendungsbereich daher als defizitär zu bewerten.

3.4 Zwischenfazit: Forschungsdefizit und Handlungsbedarf

Nach Analyse der in Kapitel 3.2 vorgestellten Forschungsansätze lässt sich festhalten, dass die in Kapitel 3.1 hergeleiteten Anforderungen aus der Praxis nur unzureichend adressiert werden. Hinsichtlich des Objektbereichs liegt dies insbesondere in einer meist isolierten produkt- oder produktionsprozessseitigen Perspektive sowie in einer unvollständigen Betrachtung der Varianz begründet. Dabei fehlt es insbesondere an einer hinreichenden Berücksichtigung der Verschiedenheit von Varianten. Methodische Defizite liegen in der aufwendigen manuellen Datenverarbeitung vieler Ansätze und in der fehlenden universellen Vorgehensweise zur Quantifizierung der Verschiedenheit von Produkt- und Produktionsprozessvarianten.

Um eine universelle Vorgehensweise zu gewährleisten, ist methodisch eine *flexible Integration unterschiedlicher, anwendungsspezifisch relevanter Merkmale zur Bestimmung der Verschiedenheit von Varianten* erforderlich. Darüber hinaus wird die Erzeugung der zugrundeliegenden Datenbasis nicht hinreichend beschrieben, um eine Replizierbarkeit in der Praxis zu gewährleisten. Insbesondere hinsichtlich der Umsetzung von Anforderungen einer modellierungsgerechten Struktur, Qualität und Vollständigkeit der Datengrundlage fehlt es an Informationen. Zur Sicherstellung der Praktikabilität der Methodik ist daher auf die *Entwicklung einer replizierbaren Vorgehensweise zur modellierungsgerechten Vorbereitung der Datengrundlage* zu achten. Aus Anwendungsperspektive sind bestehende Ansätze hinsichtlich des Umfangs betrachteter Maßnahmen in der Potenzialidentifikation sowie in der unvollständigen Potenzialbewertung des Anwendungsbereichs zu bemängeln. Neben der meist isolierten Betrachtung produkt- oder produktionsprozessseitiger Maßnahmen fehlt es insbesondere an einer *nachvollziehbaren Herleitung der Potenziale zur Reduzierung der Varianz* aus den Ergebnissen der Methodik. Vor diesem Hintergrund sind Experteninterviews weniger zur Potenzialidentifikation geeignet, sondern vielmehr zur Validierung identifizierter Potenziale.

Zusammenfassend ergibt sich der Handlungsbedarf für die im Rahmen dieser Arbeit zu entwickelnde Methodik aus der Adressierung der in Kapitel 3.3 diskutierten Forschungsdefizite bestehender Ansätze hinsichtlich der Anforderungen aus der Praxis. Die in diesem Kapitel herausgearbeiteten Forschungslücken stellen zusätzliche Anforderungen aus der Theorie dar, die es in der vorliegenden Arbeit zu adressieren gilt.

4 Konzeption der Methodik

Im vorhergehenden Kapitel wurde gezeigt, dass die aus den Herausforderungen in der Praxis abgeleiteten Anforderungen durch die bestehende Literatur unzureichend adressiert werden. Zur Schließung der identifizierten Forschungslücken wird im folgenden Kapitel eine Methodik erarbeitet, die sich nach LAUFENBERG aus Modellen, Methoden und Hilfsmitteln zusammensetzt.[341] In Kapitel 4.1 werden dazu zunächst inhaltliche und formale Anforderungen an die Methodik aufgestellt. Anschließend wird in Kapitel 4.2 die Kernidee des entwickelten Lösungsansatzes vorgestellt, bevor in Kapitel 4.3 die einzelnen Lösungsmodule konzipiert werden. Als Zwischenfazit wird in Kapitel 4.4 abschließend die Erfüllung der Anforderungen durch die Methodik zusammengefasst.

4.1 Anforderungen an die Methodik

In diesem Kapitel werden die im Rahmen dieser Arbeit identifizierten inhaltlichen Anforderungen an die Methodik konsolidiert (Kapitel 4.1.1) und anschließend um formale Anforderungen ergänzt (Kapitel 4.1.2).

4.1.1 Inhaltliche Anforderungen

Die inhaltlichen Anforderungen an die Methodik ergeben sich maßgeblich aus dem Forschungsdefizit bestehender Ansätze hinsichtlich der Anforderungen aus der Praxis (vgl. Kapitel 3.1) sowie aus den in Kapitel 3.4 zusätzlich herausgearbeiteten Forschungslücken. Durch die Erfüllung der Anforderungen soll die Reduzierung der Fertigungsprogrammvarianz mittels datenbasierter Ähnlichkeitsanalyseverfahren als übergeordnete Zielsetzung der Arbeit ermöglicht werden.

Die Anforderungen aus der Praxis ergeben sich aus den in Kapitel 2.4 zusammengefassten Herausforderungen hinsichtlich des Objektbereichs, der Ermittlung und der

341 Vgl. Laufenberg, L. (1996) Methodik zur integrierten Projektgestaltung für, S. 6 - 9.

Entscheidungsfindung zur Reduzierung der Fertigungsprogrammvarianz. Der Betrachtungsbereich der Arbeit liegt daher auf der Varianz von Fertigungsteilen und Fertigungsprozessen. Dies betrifft insbesondere Unternehmen, die nach dem engineer- oder make-to-order Prinzip geringteilige Erzeugnisse nach Kundenspezifikation oder Standarderzeugnisse mit Varianten in einer Einzel- und Kleinserienfertigung in einer Werkstattorganisation produzieren (vgl. Kapitel 2.1). Mit dem Betrachtungsbereich der Varianz gehört auch eine Berücksichtigung der Anzahl und Verschiedenheit der Varianten zum Objektbereich der Arbeit. Diese beiden Dimensionen spannen den Bereich möglicher Ausprägungen der Varianz auf (vgl. Kapitel 2.2.1) und sind daher durch die Methodik abzubilden. Um dem manuellen Aufwand traditioneller Methoden zur Ermittlung der Varianz (vgl. Kapitel 2.2.3) entgegenzuwirken, ist eine Nutzung datenbasierter Verfahren gefordert. Dies bedingt neben der Anzahl auch eine Quantifizierung der Verschiedenheit von Fertigungsteil- und Fertigungsprozessvarianten, für die bisher kein universelles Verfahren zur Umsetzung in der Praxis existiert (vgl. Kapitel 2.4.2). Die Herausforderung des fehlenden Verständnisses der Datenbedarfe erfordert außerdem eine detaillierte Beschreibung der erforderlichen Datengrundlage. Dazu sind neben den Informations- und Datenbedarfen auch die jeweiligen Datenquellen zu spezifizieren sowie die Anwendbarkeit von DM-Verfahren zu berücksichtigen (vgl. Kapitel 3.1.2). Vor dem Hintergrund der Zielstellung dieser Arbeit muss die Methodik in ihrer Anwendung die Entscheidungsfindung zur Reduzierung der Fertigungsprogrammvarianz unterstützen. Entsprechend der in Kapitel 2.4.3 genannten Herausforderungen besteht der Handlungsbedarf dabei in der Auswahl geeigneter Maßnahmen und ihres Anwendungsbereichs im Unternehmen. Weitere Anforderungen an die Methodik bestehen daher in einer unternehmensspezifischen Potenzialidentifikation und in der Potenzialbewertung zur Priorisierung des Anwendungsbereichs varianzreduzierender Maßnahmen.

In Kapitel 3.2 wurden bestehende Ansätze vorgestellt, die Vorarbeiten hinsichtlich der oben genannten Anforderungen aus der Praxis beinhalten, diese jedoch nicht hinreichend erfüllen. Bei der Analyse der Ansätze haben sich darüber hinaus Forschungslücken gezeigt, die in der Literatur unzureichend adressiert sind (vgl. Kapitel 3.4). Beispielsweise wird die Verschiedenheit von Fertigungsprozessen isoliert anhand von Rüstzeiten oder verwendeten Maschinen ermittelt, obwohl eine größere Anzahl an Merkmalen für die prozessseitige Varianz verantwortlich ist und unternehmensspezifisch relevant sein kann. Um die Praxistauglichkeit der Methodik sicherzustellen, ist daher auf die flexible Integrierbarkeit unternehmensspezifisch relevanter Merkmale zur Bestimmung der Verschiedenheit von Varianten zu achten. Neben einer unvollständigen Beschreibung der erforderlichen Datengrundlage wird außerdem ihre Erzeugung nicht nachvollziehbar erläutert. Vor dem Hintergrund proprietärer IT-Systeme stellt jedoch insbesondere die Verknüpfung von Produkt- und Fertigungsprozessdaten in einer modellierungsgerechten Datengrundlage eine Herausforderung dar (vgl. Kapitel 2.4.2). Die Übertragbarkeit der Methodik in die Praxis geht daher mit der Anforderung einher, eine replizierbare Vorgehensweise zur modellierungsgerechten Vorbereitung der Daten zu entwickeln. Auch aus Anwendungsperspektive ist die Replizierbarkeit bestehender Ansätze als defizitär zu bewerten, da zur Identifikation geeigneter varianzreduzierender Maßnahmen u.a. auf unternehmensinterne Experteninterviews verwiesen wird (vgl. Kapitel 3.4). Demgegenüber soll in dieser Arbeit eine nachvollziehbare Herleitung von Potentialen zur Reduzierung der Varianz aus den Ergebnissen der Methodik ermöglicht werden. Eine Zusammenfassung dieser Anforderungen aus der Theorie sowie der zuvor beschriebenen Anforderungen aus der Praxis ist in Abbildung 4.1 gegeben.

Anforderungen aus der Praxis (vgl. Kapitel 3.1)
Vollständige Betrachtung der Fertigungsprogrammvarianz
• Übergreifende Betrachtung der Fertigungsteil- und Fertigungsprozessvarianz
• Berücksichtigung der Anzahl und Verschiedenheit von Varianten
Aufwandsgerechte datenbasierte Ermittlung der Fertigungsprogrammvarianz
• Nutzung datenbasierter Verfahren zur Ermittlung der Varianz
• Universelle Quantifizierung der Verschiedenheit von Fertigungsteil- und Fertigungsprozessvarianten
• Beschreibung der erforderlichen Datengrundlage zur Ermittlung der Fertigungsprogrammvarianz
Entscheidungsunterstützung in der Auswahl und Anwendung varianzreduzierender Maßnahmen
• Ganzheitliche Identifikation von Potenzialen zur Anwendung varianzreduzierender Maßnahmen
• Bewertung identifizierter Potenziale zur Priorisierung des Anwendungsbereichs varianzreduzierender Maßnahmen
Anforderungen aus der Theorie (vgl. Kapitel 3.4)
• Flexible Integration unterschiedlicher, anwendungsspezifisch relevanter Merkmale zur Bestimmung der Verschiedenheit von Varianten
• Entwicklung einer replizierbaren Vorgehensweise zur modellierungsgerechten Vorbereitung der Datengrundlage
• Nachvollziehbare Herleitung der Potenziale zur Reduzierung der Varianz

Abbildung 4.1: Inhaltliche Anforderungen an die Methodik

4.1.2 Formale Anforderungen

In Ergänzung zu den inhaltlichen Anforderungen muss die zu entwickelnde Methodik auch formalen Anforderungen genügen. Dazu werden die nachfolgend zusammengefassten sechs Grundsätze ordnungsgemäßer Modellierung nach ROSEMANN ET AL. auf die Methodik dieser Arbeit übertragen:

(1) **Grundsatz der Richtigkeit:** Die Methodik soll den modellierten Ausschnitt des Sachverhalts struktur- und verhaltensgetreu wiedergeben.

(2) **Grundsatz der Relevanz:** Die Methodik soll nur die Sachverhalte beschreiben, die für den Anwendungszusammenhang relevant sind.

(3) **Grundsatz der Wirtschaftlichkeit:** Die Methodik soll das Modellierungsziel mit einem angemessenen Aufwand-Nutzen-Verhältnis erreichen.

(4) **Grundsatz der Klarheit:** Die Methodik soll für ihre Adressaten verständlich sein und möglichst geringe methodische Kenntnisse erfordern.

(5) **Grundsatz der Vergleichbarkeit:** Die Methodik soll in ihren Ergebnissen und Modellen anwendungsübergreifend vergleichbar sein.

(6) **Grundsatz des systematischen Aufbaus:** Die Schnittstellen zwischen den Modellen der Methodik sollen klar definiert sein.

4.2 Kernidee der Arbeit

Der Kernidee der Methodik zur Reduzierung der Fertigungsprogrammvarianz mittels datenbasierter Ähnlichkeitsanalyseverfahren liegen die folgenden sechs Lösungshypothesen zugrunde:

(1) Aus dem Geschäftsverständnis lassen sich Informationsbedarfe zur Ermittlung der Fertigungsprogrammvarianz ableiten. Die Übersetzung der Informationsbedarfe in Datenbedarfe sowie Extraktion der Daten aus den IT-Systemen stellt die Grundlage zur Erlangung des Datenverständnisses dar, das zur Erzeugung der Datengrundlage für eine Ermittlung der Fertigungsprogrammvarianz erforderlich ist.

(2) Die Datenbedarfe zur Ermittlung der Fertigungsprogrammvarianz sind in Produkt- und Fertigungsrückmeldedaten in hoher Qualität enthalten und extrahierbar, sodass sie nicht manuell aufgenommen werden müssen.

(3) Die Befolgung des CRISP-DM Prozesses als de-facto Standard für industrielles DM gewährleistet eine systematische, replizierbare Vorgehensweise zur

Erzeugung einer modellierungsgerechten Datengrundlage und Reduzierung der Fertigungsprogrammvarianz.

(4) Die Erzeugung einer modellierungsgerechten Datengrundlage, Anwendung datenbasierter Verfahren zur Quantifizierung der Verschiedenheit von Fertigungsteil- und Fertigungsprozessvarianten und Modellierung ihrer Ähnlichkeitsstrukturen stellen ein aufwandsgerechtes Vorgehen dar.

(5) Potenziale zur Reduzierung der Fertigungsprogrammvarianz sind vorhanden, wenn die Anwendung varianzreduzierender Maßnahmen unter einer gegebenen unternehmensspezifischen Varianzsituation geeignet ist.

(6) Die Höhe eines Potenzials zur Reduzierung der Fertigungsprogrammvarianz ist abhängig von der anwendungsbereichsspezifischen Umsetzbarkeit einer varianzreduzierenden Maßnahme sowie von ihrem Beitrag zur Varianzreduktion.

Das nachfolgend vorgestellte Grobkonzept sowie die in Kapitel 5 ausgeführte Detaillierung basieren auf diesen Lösungshypothesen.

4.3 Grobkonzept

In diesem Kapitel wird das Grobkonzept zur Reduzierung der Fertigungsprogrammvarianz mittels datenbasierter Ähnlichkeitsanalyse beschrieben. Dafür wird zunächst ein Ordnungsrahmen zur Konzeption des Lösungsvorgehens strukturiert. In den nachfolgenden Unterkapiteln werden anschließend die einzelnen Lösungsmodule entwickelt.[342]

Ein Ordnungsrahmen dient der überblickartigen Darstellung eines Gesamtzusammenhangs, um Position und Beziehungen der Elemente eines Modells auf hoher Abstraktionsebene zu verdeutlichen.[343] Im Rahmen dieser Arbeit soll der Ordnungsrahmen die Konzeption und die Strukturierung der Lösungsmodule der zu entwickelnden Methodik unterstützen. Entsprechend der in Kapitel 1.2 formulierten Forschungsfrage sowie dem identifizierten Handlungsbedarf aus der Praxis (vgl. Kapitel 2.5) liegt das Ziel dieser Arbeit in der Entwicklung einer praxistauglichen Methodik zur Reduzie-

[342] Folgende Vorarbeiten des Autors verdeutlichen den Weg der Lösungskonzeption: Vgl. Schuh, G. et al. (2021) Creating Transparency on Product Variety; Schuh, G. et al. (2022) Data-based Approach for Reducing Process.

[343] Vgl. Meise, V. (2001) Ordnungsrahmen zur prozessorientierten Organisationsgestaltung, S. 61 - 62.

rung der Fertigungsprogrammvarianz betriebstypologisch charakterisierter Unternehmen (vgl. Kapitel 2.1) mittels datenbasierter Ähnlichkeitsanalyse. Für die Anwendung von DM-Verfahren in der industriellen Praxis hat sich der CRISP-DM-Zyklus aufgrund seines gut dokumentierten und schlüssigen iterativen Prozesses als de-facto Standard durchgesetzt.[344] Der Ordnungsrahmen zur Strukturierung der einzelnen Lösungsmodule folgt daher dem Ablauf des CRISP-DM-Zyklus und unterteilt die Methodik in die Phasen Geschäftsverständnis, Datenverständnis, Datenvorbereitung, Modellierung, Evaluation und Umsetzung (vgl. Abbildung 2.13). Gemäß der Systemtheorie lässt sich jedes System außerdem als Funktionseinheit aus Eingangsgrößen, Übertragungsfunktionen und Ausgangsgrößen beschreiben.[345] Um das Zusammenwirken der Lösungsmodule zur Erreichung der Zielstellung der Methodik sicherzustellen, werden die beschriebenen Phasen daher zusätzlich in ein Eingangs-, Vorgehens-, und Ergebnismodul untergliedert. Der resultierende Ordnungsrahmen der Methodik zur Reduzierung der Fertigungsprogrammvarianz mittels datenbasierter Ähnlichkeitsanalyseverfahren ist in Abbildung 4.2 dargestellt.

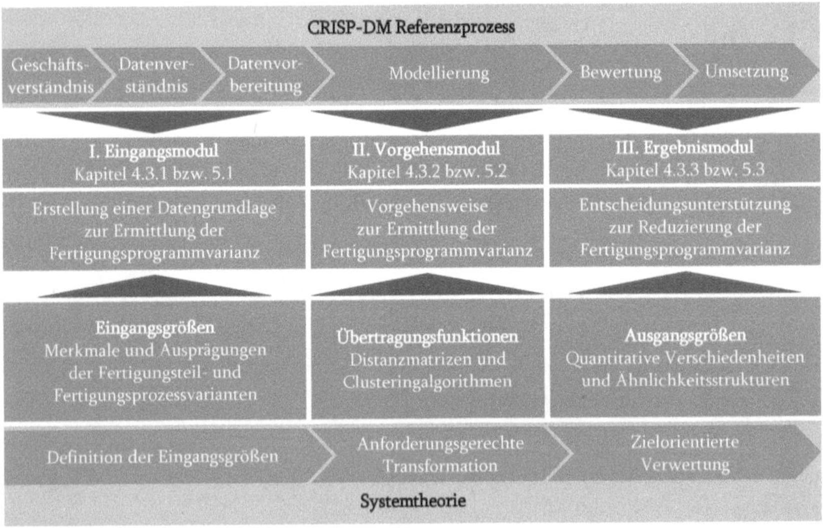

Abbildung 4.2: Ordnungsrahmen der Methodik

344 Vgl. Martinez, I./ Viles, E./ Olaizola, I. (2021) Data Science Methodologies: Current Challenges.

345 Vgl. Unbehauen, H. (2008) Regelungstechnik I, S. 1 - 3.

Im Eingangsmodul wird zunächst die Datengrundlage geschaffen, indem vom Verständnis der Zielstellung ausgehend Informations- und Datenbedarfe zur Ermittlung der Fertigungsprogrammvarianz abgeleitet und die extrahierten Daten zur weiteren Verarbeitung vorbereitet werden (vgl. Kapitel 4.3.1 bzw. Kapitel 5.1). Im Rahmen des Vorgehensmoduls erfolgen anschließend Verwertung und Analyse der Daten zur Ermittlung der Fertigungsprogrammvarianz. Dies umfasst eine Quantifizierung der Verschiedenheiten zwischen den Varianten sowie eine Modellierung ihrer Ähnlichkeitsstrukturen durch datenbasierte Ähnlichkeitsanalyseverfahren (vgl. Kapitel 4.3.2 bzw. Kapitel 5.2). Das Ergebnismodul dient abschließend der Verwertung der erzeugten DM-Ergebnisse im Sinne der Zielstellung der Methodik. Dazu werden anhand der Ermittelten Verschiedenheiten und Ähnlichkeitsstrukturen Potenziale zur Reduzierung der Fertigungsprogrammvarianz identifiziert, bewertet und in eine Entscheidungsunterstützung zur Umsetzung integriert (vgl. Kapitel 4.3.3 bzw. Kapitel 5.3). In ihrer Gesamtheit sollen die drei Lösungsmodule so die in Kapitel 1.2 formulierten Forschungsfragen beantworten (vgl. Abbildung 4.3).

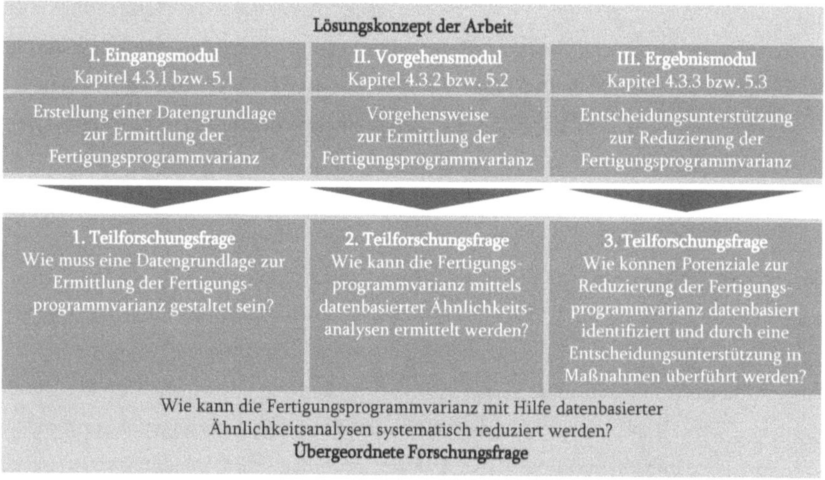

Abbildung 4.3: Konzept zur Reduzierung der Fertigungsprogrammvarianz

Eine grobe Beschreibung der einzelnen Lösungsmodule anhand ihrer Zielstellung, methodischen Vorgehensweise und ihres Ergebnisses zur Adressierung der Praxisherausforderungen erfolgt in den nachfolgenden Abschnitten.

4.3.1 Erstellung einer Datengrundlage zur Ermittlung der Fertigungsprogrammvarianz

Ziel des ersten Lösungsmoduls ist die Beantwortung der Fragestellung, wie eine Datengrundlage zur Ermittlung der Fertigungsprogrammvarianz zu gestalten ist. Dabei wird beabsichtigt, ein replizierbares Vorgehen zur Bestimmung der Datenbedarfe und zur modellierungsgerechten Vorbereitung der Datengrundlage zu entwickeln, um die Anwendbarkeit der Methodik in der industriellen Praxis sicherzustellen.

Das **methodische Vorgehen** des Eingangsmoduls gliedert sich entsprechend des im Ordnungsrahmen integrierten CRISP-DM Prozesses in die Arbeitspakete Geschäftsverständnis, Datenverständnis und Datenvorbereitung. Dabei dient das erste Arbeitspaket dem Verständnis der Geschäfts- und Projektziele, auf dessen Grundlage die Informationsbedarfe zur Ermittlung der Fertigungsprogrammvarianz definiert werden. Damit einher geht eine Bestimmung varianzinduzierender Fertigungsteil- und Fertigungsprozessmerkmale sowie eine zeitliche, räumliche und artikelbezogene Eingrenzung des Betrachtungsbereichs. Im zweiten Arbeitspaket wird das Verständnis über die benötigten Daten und deren Strukturierung erlangt. Dazu werden in Anlehnung an die Wissenspyramide nach GRESSEL ET AL.[346] Datenbedarfe aus den zuvor definierten Informationsbedarfen abgeleitet und typischen Speicherorten in unternehmensinternen IT-Systemen gegenübergestellt. Für die extrahierten Datensätze werden anschließend Strukturierungsmuster entwickelt, die bestehende Korrelationsprobleme in den Datensätzen lösen und eine rechnergestützte Exploration zur Erhöhung des Datenverständnisses ermöglichen. Das dritte Arbeitspaket dient der modellierungsgerechten Vorbereitung der Daten, um ihre spätere Nutzbarkeit durch Datenanalyseverfahren sicherzustellen. Dazu werden Relevanz- und Qualitätskriterien zur Datenauswahl definiert und Methoden zur Bereinigung und zur Transformation der Daten implementiert. Abschließend werden die Datensätze der Fertigungsteil- und Fertigungsprozessdaten verknüpft und in eine Datengrundlage zusammengeführt, um eine übergreifende Ermittlung der Fertigungsprogrammvarianz zu ermöglichen.

Ergebnis des Eingangsmoduls sind verknüpfte Fertigungsteil- und Fertigungsprozessdaten, die modellierungsgerecht strukturiert und vorbereitet wurden und so eine nutzbare Datengrundlage zur Ermittlung der Fertigungsprogrammvarianz darstellen.

---

346 Vgl. Gressel, S./ Pauleen, D./ Taskin, N. (2020) Management decision-making, big data and, S. 31.

Durch die Berücksichtigung der Verschiedenheit von Varianten in der Definition der Informations- und Datenbedarfe und durch die Verknüpfung der Fertigungsteil- und Fertigungsprozessdaten werden die Praxisprobleme einer unvollständigen Betrachtung der Fertigungsprogrammvarianz adressiert. Darüber hinaus wird dem fehlenden Verständnis der erforderlichen Datengrundlage zur Ermittlung der Fertigungsprogrammvarianz entgegengewirkt.

4.3.2 Entwicklung einer Vorgehensweise zur Ermittlung der Fertigungsprogrammvarianz

Das **Ziel** des Vorgehensmoduls ist die Entwicklung einer Vorgehensweise zur Ermittlung der Fertigungsprogrammvarianz auf Basis der im Eingangsmodul erstellten Datengrundlage. Dabei besteht ein Teilziel zunächst in der Quantifizierung der Verschiedenheiten der Fertigungsteil- und Fertigungsprozessvarianten, um eine nachfolgende Ähnlichkeitsanalyse zu ermöglichen. Das zweite Teilziel umfasst die Anwendung datenbasierter Ähnlichkeitsanalyseverfahren zur Identifikation von Ähnlichkeitsstrukturen und zur Ermittlung der Fertigungsprogrammvarianz.

Das **methodische Vorgehen** richtet sich entsprechend dem Ordnungsrahmen nach der Modellierungsphase des CRISP-DM Prozesses und wird in beiden Arbeitspaketen des Vorgehensmoduls adaptiert. Zur Quantifizierung der Verschiedenheiten der Fertigungsteil- und Fertigungsprozessvarianten werden im ersten Arbeitspaket zunächst geeignete Proximitätsmaße anhand der in der Datengrundlage vorkommenden Skalenniveaus ausgewählt. Anschließend werden Gewichtungsfaktoren für die Merkmale der Fertigungsteil- und Fertigungsprozessvarianten entwickelt, um eine anwendungsspezifische Optimierung der Proximitätsbestimmung zu ermöglichen. Durch Anwendung der Proximitätsmaße auf die im Eingangsmodul erstellte Datengrundlage erfolgt abschließend die Quantifizierung der Verschiedenheiten in Form von Distanzmatrizen. Um eine Ermittlung der Fertigungsprogrammvarianz zu ermöglichen, werden die Distanzmatrizen im zweiten Arbeitspaket einer datenbasierten Ähnlichkeitsanalyse unterzogen. Dazu werden zunächst geeignete Clusteringverfahren ausgewählt, die den Anforderungen einer typischen Anwendungsumgebung der in Kapitel 2.1 charakterisierten Betriebe genügen. Anschließend werden die ausgewählten Clusteringverfahren anwendungsoptimiert parametrisiert und auf die Distanzmatrizen angewendet, um Ähnlichkeitsstrukturen in Form von Ausreißern und Clustern aufzudecken. Auf Grundlage der Ähnlichkeitsstrukturen und der quantifizierten Verschiedenheiten der Fertigungsteil- und Fertigungsprozessvarianten wird abschließend eine Berechnungslogik zur Ermittlung der Fertigungsprogrammvarianz entwickelt.

Ergebnis des Vorgehensmoduls sind die quantifizierten Verschiedenheiten und Ähnlichkeitsstrukturen der Fertigungsteil- und Fertigungsprozessvarianten sowie die sich daraus ergebende Fertigungsprogrammvarianz. Dabei werden durch das datenbasierte Vorgehen die Praxisherausforderungen der defizitären Bestimmung der Verschiedenheiten sowie des manuellen Aufwands der Ermittlung der Fertigungsprogrammvarianz adressiert.

4.3.3 Entscheidungsunterstützung zur Reduzierung der Fertigungsprogrammvarianz

Ziel des Ergebnismoduls ist es, die DM-Ergebnisse des Vorgehensmoduls im Sinne des Geschäftsziels, d.h. zur Reduzierung der Fertigungsprogrammvarianz, nutzbar zu machen. Als erstes Teilziel ist dafür zunächst ein Vorgehen zur datenbasierten Identifikation und Bewertung von Potenzialen zur Varianzreduktion zu entwickeln, um die Erfüllbarkeit des Geschäftsziels durch die DM-Ergebnisse sicherzustellen. Das zweite Teilziel besteht in der Gestaltung einer Entscheidungsunterstützung zur Reduzierung der Fertigungsprogrammvarianz, die eine Integration der DM-Ergebnisse in die Entscheidungsfindungsprozesse der AnwenderInnen ermöglicht.

Das **methodische Vorgehen** des Ergebnismoduls orientiert sich – dem Ordnungsrahmen entsprechend – an den Phasen Evaluation und Umsetzung des CRISP-DM Prozesses. Zur Evaluation der Erfüllbarkeit des Geschäftsziels durch die DM-Ergebnisse werden diese zunächst anhand der möglichen Ausprägungen ihrer fertigungsteil- und fertigungsprozessseitigen Ähnlichkeiten in einer Matrix strukturiert. Die Matrix möglicher Ähnlichkeitskombinationen wird anschließend varianzreduzierenden Maßnahmen gegenübergestellt, um anhand deren fallspezifischer Eignung Potenziale zur Varianzreduktion zu identifizieren. Im Anschluss werden Berechnungslogiken entwickelt, die eine quantitative Bewertung der identifizierten Potenziale für einzeln oder paarweise betrachtete Fertigungsteil- und Fertigungsprozessvarianten ermöglichen. Dabei findet sowohl die Umsetzbarkeit einer varianzreduzierenden Maßnahme als auch deren Beitrag zur Reduzierung der Fertigungsprogrammvarianz in der Potenzialbewertung Berücksichtigung. Ein Abgleich der Datenbedarfe zur Potenzialbewertung mit den in der Datengrundlage und den DM-Ergebnissen verfügbaren Daten schließt die Evaluation der Erfüllbarkeit des Geschäftsziels ab und mündet in einer Umsetzungsentscheidung. Die Umsetzung der Entscheidungsunterstützung erfolgt im zweiten Arbeitspaket des Ergebnismoduls und soll eine Integration der DM-Ergebnisse in die Entscheidungsfindungsprozesse zur Reduzierung der Fertigungsprogrammvarianz ermöglichen. Dafür werden die Eingangsinformationen der Entscheidungsunterstützung definiert, deren Funktionalitäten entwickelt sowie die Ausgangsinformationen dargestellt, die die Anwendenden in der Auswahl potenzialstarker Anwendungsbereiche varianzreduzierender Maßnahmen unterstützen.

Das **Ergebnis** des letzten Lösungsmoduls stellt eine Entscheidungsunterstützung zur Reduzierung der Fertigungsprogrammvarianz dar, die auf einer Bewertung identifizierter Potenziale zur Varianzreduktion beruht. Das Ergebnismodul löst damit das Praxisproblem einer defizitären Entscheidungsfindung in der Auswahl und Anwendung varianzreduzierender Maßnahmen.

4.4 Zwischenfazit: Adressieren der Anforderungen durch das Grobkonzept

Die Anforderungen an das Grobkonzept der Arbeit wurden in Kapitel 4.1 definiert, indem die inhaltlichen Anforderungen aus der Zielsetzung (vgl. Kapitel 1.2), den Herausforderungen in der Praxis (vgl. Kapitel 2.4) und dem Forschungsdefizit (vgl. Kapitel 3.4) konsolidiert und um formale Anforderungen ergänzt wurden. Auf Grundlage der Kernidee der Arbeit (vgl. Kapitel 4.2) wurde anschließend ein Ordnungsrahmen hergeleitet, der die Methodik in ein Eingangs-, Vorgehens- und Ergebnismodul strukturiert. In ihrer Gesamtheit ermöglichen die drei konzeptionierten Lösungsmodule eine Reduzierung der Fertigungsprogrammvarianz mit Hilfe datenbasierter Ähnlichkeitsanalysen und adressieren die inhaltlichen Anforderungen an die Methodik wie folgt.

Das Eingangsmodul definiert den Objektbereich der Methodik über den Inhalt der Datengrundlage und ist für die Erfüllung der objektbereichsbezogenen Anforderungen verantwortlich. Die Datenbedarfe werden dabei vollständig aus den Informationsbedarfen zur Ermittlung der Fertigungsprogrammvarianz abgeleitet, sodass die *Berücksichtigung der Anzahl und der Verschiedenheit von Varianten* sichergestellt ist.

Eine *übergreifende Betrachtung der Fertigungsteil- und Fertigungsprozessvarianz* wird durch die Verknüpfung der Fertigungsteil- und Fertigungsprozessdaten in der Datengrundlage ermöglicht. Durch das an den CRISP-DM Prozess angelehnte Vorgehen des Eingangsmoduls werden außerdem methodische Anforderungen an die Erstellung der Datengrundlage adressiert. So wird in der Phase Datenverständnis eine vollständige *Beschreibung der benötigten Datengrundlage zur Ermittlung der Fertigungsprogrammvarianz* sichergestellt. Im Rahmen der Datenvorbereitung wird eine *replizierbare Vorgehensweise zur modellierungsgerechten Vorbereitung der Datengrundlage* entwickelt, welches eine Anforderung aus der Theorie darstellt.

Die übrigen methodischen Anforderungen werden durch das Vorgehensmodul zur Ermittlung der Fertigungsprogrammvarianz adressiert. So ermöglicht die Berechnung der Distanzmatrizen eine *universelle Quantifizierung der Verschiedenheit von Fertigungsteil- und Fertigungsprozessvarianten.* Durch die flexible Auswahl der Proximitätsmaße ist dabei außerdem die aus der Theorie geforderte *flexible Integration unterschiedlicher, anwendungsspezifisch relevanter Merkmale zur Bestimmung der Verschiedenheit von Varianten* sichergestellt. Statt einer manuellen Datenverarbeitung erfüllt die Identifikation von Ähnlichkeitsstrukturen durch Clusteringalgorithmen die *Nutzung datenbasierter Verfahren zur Ermittlung der Varianz.*

Das Ergebnismodul beschreibt die Verwendung der erzeugten DM-Ergebnisse zur Reduzierung der Fertigungsprogrammvarianz und adressiert damit die anwendungsorientierten Anforderungen an die Methodik. So ermöglicht die Matrix möglicher Ähnlichkeitskombinationen eine *ganzheitliche Identifikation von Potenzialen zur Anwendung varianzreduzierender Maßnahmen* unter Berücksichtigung der Verschiedenheit der Varianten. Durch die fallspezifische Evaluation der Eignung varianzreduzierender Maßnahmen anhand der DM-Ergebnisse wird dabei auch die aus der Theorie geforderte *nachvollziehbare Herleitung der Potenziale zur Reduzierung der Varianz* sichergestellt. Die Entwicklung von Berechnungslogiken ermöglicht außerdem eine quantitative *Bewertung identifizierter Potenziale zur Priorisierung des Anwendungsbereichs varianzreduzierender Maßnahmen* im Rahmen der Entscheidungsunterstützung.

5 Detaillierung der Methodik

In Kapitel 4 wurde das Grobkonzept der Methodik zur Reduzierung der Fertigungsprogrammvarianz mittels datenbasierter Ähnlichkeitsanalyse vorgestellt. Auf dieser Grundlage folgt in Kapitel 5 die Detaillierung der drei Lösungsmodule der Methodik, um ein für die Anwendung geeignetes Abstraktionsniveau zu erzeugen. Die Kapitelstruktur folgt dabei dem in Abbildung 4.2 dargestellten Ordnungsrahmen. Das Eingangsmodul widmet sich zunächst der erforderlichen Datengrundlage zur Ermittlung der Fertigungsprogrammvarianz (vgl. Kapitel 5.1). Im Vorgehensmodul wird darauf aufbauend das Vorgehen zur Ermittlung der Fertigungsprogrammvarianz erarbeitet (vgl. Kapitel 5.2). Das Ergebnismodul dient abschließend der Gestaltung einer Entscheidungsunterstützung, um die Ergebnisse der Methodik zur Reduzierung der Fertigungsprogrammvarianz nutzbar zu machen (vgl. Kapitel 5.3).

5.1 Datengrundlage zur Ermittlung der Fertigungsprogrammvarianz

Im folgenden Kapitel wird die erforderliche Datengrundlage zur Ermittlung der Fertigungsprogrammvarianz hergeleitet und ihre Erzeugung replizierbar beschrieben. Entsprechend des in Kapitel 2.3.2.2 vorgestellten Standardprozesses für industrielles Data Mining CRISP-DM folgt die Kapitelstruktur den Phasen Geschäftsverständnis (vgl. Kapitel 5.1.1), Datenverständnis (vgl. Kapitel 5.1.2) und Datenvorbereitung (vgl. Kapitel 5.1.2). Eine Übersicht der Ziele, des Vorgehens und der Ergebnisse des Kapitels ist in Abbildung 5.1 gegeben.

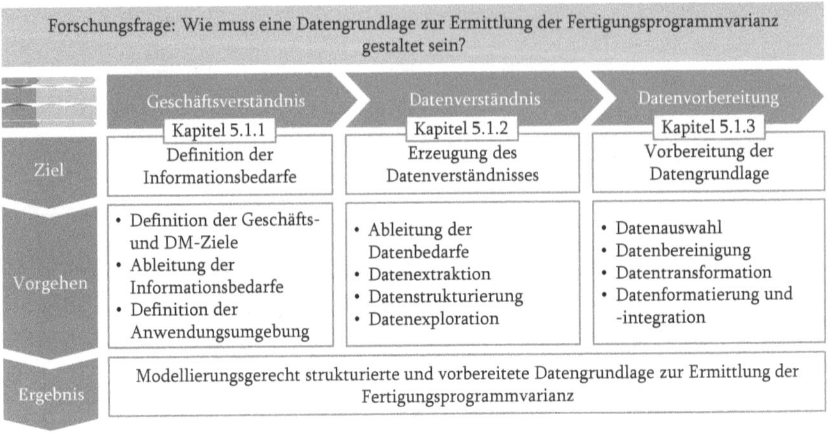

Abbildung 5.1: Übersicht der Elemente zur Erzeugung der Datengrundlage

5.1.1 Erlangung des Geschäftsverständnisses

Im Teilschritt Geschäftsverständnis werden ausgehend von den Geschäftszielen aus der Unternehmensperspektive (vgl. Kapitel 5.1.1.1) Informationsbedarfe aus der DM-Perspektive definiert (vgl. Kapitel 5.1.1.2). Anschließend werden die zu untersuchende Anwendungsumgebung festgelegt (vgl. Kapitel 5.1.1.3) und Anforderungen an die Anwendenden beschrieben (vgl. Kapitel 5.1.1.4).

5.1.1.1 Definition der Geschäftsziele und Ableitung der Projektziele

Das Geschäftsziel der Methodik ergibt sich aus der in Kapitel 1.2 festgelegten übergeordneten Forschungsfrage der vorliegenden Arbeit. Insofern ist das primäre Geschäftsziel eine Reduzierung der Fertigungsprogrammvarianz mittels datenbasierter Ähnlichkeitsanalyse. Die zur Zielerreichung zu beantwortenden Fragestellungen sind durch die Unterforschungsfragen gegeben und ermöglichen eine Ausdifferenzierung des primären Geschäftsziels in die folgenden Projektziele:

(1) Beschreibung der erforderlichen Datengrundlage zur Ermittlung der Fertigungsprogrammvarianz

(2) Entwicklung eines Vorgehens zur Ermittlung der Fertigungsprogrammvarianz mittels datenbasierter Ähnlichkeitsanalyse

(3) Gestaltung einer Entscheidungsunterstützung zur Reduzierung der Fertigungsprogrammvarianz durch datenbasierte Identifikation und Bewertung von Potenzialen zur Varianzreduktion.

Um eine effiziente Erarbeitung der anwendungsorientierten Projektziele sicherzustellen, sind domänenspezifische Fachtermini aufzulösen und konkrete Informations- und Datenbedarfe zu formulieren. Im folgenden Kapitel werden daher zunächst Informationsbedarfe definiert, die zur Erlangung des benötigten Wissens zur Erfüllung der Projektziele erforderlich sind. In Anlehnung an die Wissenspyramide von GRESSEL ET AL. bilden diese Informationsbedarfe die Grundlage zur späteren Identifikation und Extraktion der erforderlichen Daten in Kapitel 5.1.2.[347] Eine Übersicht des methodischen Vorgehens zur Bestimmung der Informations- und Datenbedarfe ist in Abbildung 5.2 dargestellt.

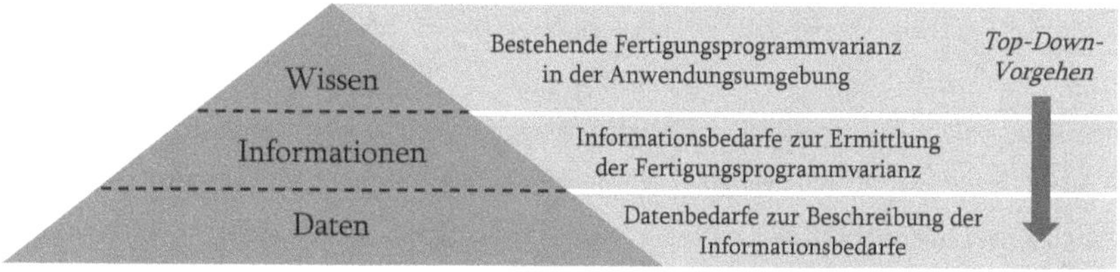

Abbildung 5.2: Definition der Informations- und Datenbedarfe[348]

5.1.1.2 Definition der Informationsbedarfe

Zur Erfüllung der Projektziele ist Wissen über die bestehende Fertigungsprogrammvarianz erforderlich. Anhand des in Kapitel 2.2.1 erzeugten Theorieverständnisses lässt sich die Fertigungsprogrammvarianz in die Anzahl und Verschiedenheit der Fertigungsteil- und Fertigungsprozessvarianten konkretisieren, die sich aus Unterschieden in den Merkmalen und Merkmalsausprägungen der Varianten ergeben. Zur Ermittlung der Fertigungsprogrammvarianz sind demnach Informationen zu den Merkmalen erforderlich, die aufgrund ihrer ungleichen Verteilung oder Inhomogenität der Ausprägungen zu Varianz in den Fertigungsteilen und Fertigungsprozessen führen. Je nach Unternehmen sind dabei unterschiedliche Merkmale für die bestehende Fertigungsprogrammvarianz verantwortlich. Aufgrund fehlender Transparenz (vgl. Kapitel 2.2.2) und der Gefahr von Informationsverlusten ist eine unternehmensspezifische Auswahl varianzinduzierender Merkmale i.A. jedoch zu vermeiden. Infolgedessen bestehen Informationsbedarfe zunächst hinsichtlich der Gesamtheit der Merkmale und

---

[347] Vgl. Gressel, S./ Pauleen, D./ Taskin, N. (2020) Management decision-making, big data and, S. 31.

[348] Eigene Darstellung i.A.a. Gressel, S./ Pauleen, D./ Taskin, N. (2020) Management decision-making, big data and, S. 31.

Merkmalausprägungen der Fertigungsteile und Fertigungsprozesse der Anwendungsumgebung. Eine Eingrenzung der Informationsbedarfe ist dabei nur vorzunehmen, sofern belastbares Erfahrungswissen hinsichtlich relevanter varianzinduzierender Merkmale, z.B. aus Experteninterviews, besteht.

Die Merkmale zur Beschreibung von Fertigungsprozessen wurden in Kapitel 2.2.1 detailliert erläutert und umfassen die Vorgangsfolge, die Fertigungsmittel, die Vorgabezeit und den Mengenbereich. Zur Ermittlung der realen Fertigungsprozessvarianz besteht der Informationsbedarf jedoch nicht in den geplanten Soll-Ausprägungen der Merkmale, sondern den in Fertigungsaufträgen realisierten Ist-Ausprägungen. Die Ausprägungen der Merkmale sind daher jeweils pro Fertigungsauftrag zu erfassen. Hinsichtlich der *Vorgangsfolge* bedeutet dies die Reihenfolge der Arbeitsvorgänge eines Fertigungsauftrags als Prozessspur. Informationen zu den Fertigungsmitteln pro Arbeitsvorgang sind in Form der *Arbeitsplätze* sowie je nach Verwendung zusätzlicher F*ertigungshilfsmittel* wie Werkzeuge oder Vorrichtungen erforderlich. Zur Bestimmung der *Bearbeitungszeit* ist pro Arbeitsvorgang die Differenz aus Start- und Endzeitpunkt der Auftragsbearbeitung zu ermitteln. Statt des geplanten Mengenbereichs ist die *Losgröße* innerhalb eines Fertigungsauftrags produzierter Stückzahlen eines Artikels als Ist-Wert relevant. Die *Anzahl der Fertigungsprozessvarianten* ergibt sich schließlich aus der Anzahl an Fertigungsaufträgen, die Unterschiede in den Ausprägungen der o.g. Merkmale aufweisen. Eine Zusammenfassung der fertigungsprozessseitigen Informationsbedarfe ist in Abbildung 5.3 dargestellt.

Merkmal	Beschreibung	Informationsbedarfe
Vorgangsfolge	Reihenfolge der Arbeitsvorgänge eines Fertigungsauftrags	Prozessspur
Arbeitsplatz	In einem Arbeitsvorgang verwendeter Arbeitspatz	Arbeitsplatz wird in Ereignis verwendet oder nicht
Fertigungshilfsmittel	In einem Arbeitsvorgang verwendetes Fertigungshilfsmittel	Fertigungshilfsmittel wird in Ereignis verwendet oder nicht
Bearbeitungszeit	Dauer zwischen Startzeitpunkt und Endzeitpunkt eines Arbeitsvorgangs	Endzeitpunkt eines Ereignisses
		Startzeitpunkt eines Ereignisses
Losgröße	In einem Fertigungsauftrag produzierte Stückzahlen eines Artikels	Produzierte Stückzahlen innerhalb eines Ereignisses
		Produzierter Artikel innerhalb eines Ereignisses
Anzahl Fertigungs-prozessvarianten	Anzahl Fertigungsaufträge mit unter-schiedlichen Merkmalsausprägungen	Anzahl unterschiedlicher Prozessspuren

Abbildung 5.3: Informationsbedarfe der Fertigungsprozessvarianz

Zur Beschreibung von Fertigungsteilen wurde in Kapitel 2.2.1 ebenfalls eine Reihe möglicher Merkmale genannt. Eine vollständige Auflistung aller Merkmale ist dabei weder möglich noch zweckmäßig, da Fertigungsteile je nach Unternehmen und Art des Produktportfolios durch unterschiedliche Merkmale charakterisiert sind.[349] Um die Generalität der Methodik zu bewahren, umfasst der Informationsbedarf zur Ermittlung der Fertigungsteilvarianz daher alle *Merkmale* und *Merkmalsausprägungen*, die in den Fertigungsteilen der Anwendungsumgebung auftreten. Eine beispielhafte Übersicht ist anhand typischer Fertigungsteilmerkmale in Abbildung 5.4 dargestellt. Die *Anzahl der Fertigungsteilvarianten* ergibt sich dabei aus der Anzahl angelegter Teilestämme für Fertigungsteile.

[349] Vgl. Buchholz, M. (2012) Theorie der Variantenvielfalt, S. 12.

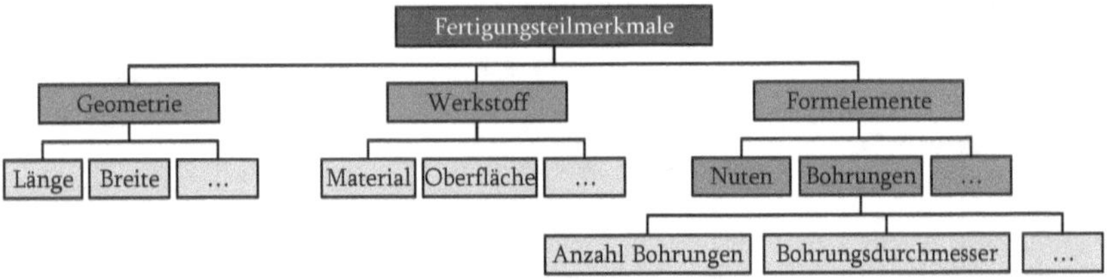

Merkmal	Beschreibung	Informationsbedarfe	Beispiel
Länge	Länge eines Fertigungsteils	Merkmal ist in Fertigungsteil ausgeprägt oder nicht	0, 1
		Ausprägung des Merkmals Länge eines Fertigungsteils	20 mm
Breite	Breite eines Fertigungsteils	Merkmal ist in Fertigungsteil ausgeprägt oder nicht	0, 1
		Ausprägung des Merkmals Breite eines Fertigungsteils	2mm
...	...	...	...
...	...	...	...
...	...	...	...
Anzahl Fertigungs-teilvarianten	Anzahl angelegter Teilestämme für Fertigungsteile	Anzahl einzigartiger Artikelnummern für Fertigungsteile	720

Abbildung 5.4: Informationsbedarfe der Fertigungsteilvarianz[350]

5.1.1.3 Definition der Anwendungsumgebung

Nachdem die Ziele definiert und Informationsbedarfe abgeleitet wurden, muss die zu untersuchende Anwendungsumgebung festgelegt werden. Dabei sind zeitliche, räumliche und artikelbezogene Eingrenzungen vorzunehmen. Die räumliche Eingrenzung dient der Auswahl des globalen und lokalen Anwendungsbereichs in der Fertigung. Je nach Zielstellung ist eine vollumfängliche Betrachtung zur Erhaltung eines Gesamtüberblicks für einen Standort, oder die Auswahl ähnlicher Teilbereiche der Fertigungen mehrerer Standorte für einen übergreifenden Vergleich zu bevorzugen. Die artikelbezogene Eingrenzung der Anwendungsumgebung ermöglicht die Betrachtung bestimmter Fertigungsteile oder Teilefamilien, für die hinsichtlich der Varianz ein unternehmensspezifischer Schwerpunkt bekannt ist oder vermutet wird. Durch eine zeitliche Eingrenzung lässt sich der für die Analyse relevante Betrachtungszeitraum der Fertigungsaufträge abstecken. Dabei ist auf saisonale Nachfrageunterschiede am Absatzmarkt zu achten, die sich aufgrund des Zusammenhangs zwischen Absatz- und

[350] Eigene Darstellung auf Grundlage von Kapitel 2.2.1

Produktionsprogrammplanung auch auf die zeitliche Verteilung der Fertigungsaufträge auswirken.[351] Um diesen Einfluss zu minimieren und auch unregelmäßig auftretende Aufträge zu erfassen, bietet sich ein Betrachtungszeitraum von mindestens einem Jahr an. Bei wiederholten Untersuchungen oder räumlich getrennten, parallelen Untersuchungen ist zur Sicherstellung der Vergleichbarkeit außerdem auf einen einheitlichen Zeitraum zu achten.

Unabhängig von der Art der Eingrenzung muss zwischen der Mindestgröße des Datensatzes zur Anwendung von DM-Verfahren und einer maximalen Größe je nach technischer Leistungsfähigkeit der vorhandenen Hardware abgewogen werden. Eine allgemeingültige Mindestgröße zur Anwendung von DM-Verfahren existiert nicht, als Richtwert sollte die Anzahl der Instanzen eines Datensatzes jedoch mindestens der dreifachen Menge der Attribute betragen.[352]

5.1.1.4 Definition der Anwendungsanforderungen

Die Methodik richtet sich an Portfolio- und Produktionsverantwortliche mit einem guten Verständnis der zuvor definierten Anwendungsumgebung. Dabei wird den Anwendenden ein ausgeprägtes Domänenwissen unterstellt, das eine Interpretation der Ergebnisse zur Entscheidungsfindung und Umsetzung im Unternehmen ermöglicht. Entsprechend der in Kapitel 4.1.1 zusammengefassten Anforderungen zielt die Methodik auf eine replizierbare Beschreibung des Vorgehens ab, sodass zur Durchführung keine umfangreichen DM-Kenntnisse erforderlich sind. Eine Optimierung des Vorgehens durch unternehmensspezifische Individualisierung ist unter Einbindung entsprechender DM-ExpertInnen jedoch grundsätzlich möglich. Hinsichtlich der Anwendungsumgebung stellt die Methodik Anforderungen an den Reifegrad der Erfassung von Produkt- und Fertigungsrückmeldedaten. Für eine aufwandsgerechte Zusammenstellung der in Kapitel 5.1.1.2 hergeleiteten Informationsbedarfe muss die Dokumentation der Fertigungsteile der Anwendungsumgebung digitalisiert vorliegen. Auf diese Weise lassen sich die erforderlichen Informationen mit Hilfe verbreiteter Softwarelösungen (vgl. Kapitel 2.2.3.1) automatisiert extrahieren. Auch Fertigungsprozesse müssen entsprechend der Informationsbedarfe digital erfasst werden, wobei eine grundlegende Vertrauenswürdigkeit, Vollständigkeit, Semantik und Sicherheit der Fertigungsrückmeldedaten vorausgesetzt wird.

351 Vgl. Schuh, G./ Brandenburg, U./ Cuber, S. (2012) Aufgaben, S. 39.

352 Vgl. Backhaus, K. et al. (2021) Multivariate Analysemethoden, S. 487.

5.1.2 Erlangung des Datenverständnisses

Im Teilschritt Datenverständnis werden aus den zuvor definierten Informationsbedarfen Datenbedarfe abgeleitet (vgl. Kapitel 5.1.2.1) und die jeweiligen Datenquellen lokalisiert (vgl. Kapitel 5.1.2.2). Nach Extraktion aus den IT-Systemen folgt die Datenstrukturierung (vgl. Kapitel 5.1.2.3), bevor die Daten im Rahmen der Exploration hinsichtlich ihrer Vollständigkeit, Qualität und bestehender Abhängigkeiten zwischen den Attributen untersucht werden (vgl. Kapitel 5.1.2.4).

5.1.2.1 Definition der Datenbedarfe

Um das erforderliche Wissen zur Erfüllung der Projektziele zu erlangen, müssen Daten identifiziert werden, die die in der Anwendungsumgebung bestehende Fertigungsprogrammvarianz beschreiben. Dazu werden nach dem in Abbildung 5.2 dargestellten Top-Down-Vorgehen Datenbedarfe aus den in Kapitel 5.1.1.2 definierten Informationsbedarfen abgeleitet.

Die fertigungsprozessseitigen Informationsbedarfe beziehen sich jeweils auf einen Fertigungsauftrag, sind also auftragsspezifisch zu erfassen. Als erster Datenbedarf wird daher merkmalsübergreifend ein Identifikator in Form einer *Auftragsnummer* benötigt. Die Vorgangsfolge als Prozessspur eines Fertigungsauftrags ergibt sich aus der Reihenfolge durchgeführter Arbeitsvorgänge, die sich über eine eindeutige Ereignisbezeichnung sowie den Startzeitpunkt des Ereignisses (*Startzeitstempel*) bestimmen lässt. Im Fertigungskontext bietet es sich an, statt der Ereignisbezeichnung die Reihenfolge durchlaufener Arbeitsplätze (*Arbeitsplatz-ID*) zu erfassen. So werden bei ähnlichen Prozessschritten zusätzlich der Ort der Bearbeitung berücksichtigt und die bestehenden Materialflüsse abgebildet. Zur Bestimmung der innerhalb eines Fertigungsauftrags genutzten Fertigungsmittel werden ebenfalls die *Arbeitsplatz-ID* sowie ggf. weitere Identifikatoren für verwendete Fertigungshilfsmittel (*Fertigungshilfsmittel-ID*) benötigt. Die Bearbeitungszeit pro Arbeitsplatz (*Arbeitsplatz-ID*) eines Fertigungsauftrags ergibt sich aus der Differenz der jeweiligen Startzeit (*Startzeitstempel*) und Endzeit (*Endzeitstempel*). Die Losgröße eines Fertigungsauftrags ergibt sich aus der produzierten Menge (*Stückzahl*) eines Artikels (*Artikelnummer*). Die Anzahl an Fertigungsprozessvarianten ergibt sich aus der Anzahl an Prozessspuren, die sich in den o.g. Merkmalsausprägungen unterscheiden. In der Folge erstreckt sich der Datenbedarf auf alle zuvor genannten Datenbedarfe.

Fertigungsprozessvarianz

Merkmal	Informationsbedarfe	Datenbedarfe
Vorgangsfolge	Prozessspur	Auftragsnummer Arbeitsplatz-ID Startzeitstempel
Arbeitsplatz	Arbeitsplatz wird in Ereignis verwendet oder nicht	Auftragsnummer Arbeitsplatz-ID
Fertigungshilfsmittel	Fertigungshilfsmittel wird in Ereignis verwendet oder nicht	Auftragsnummer Fertigungshilfsmittel-ID
Bearbeitungszeit	Endzeitpunkt eines Ereignisses Startzeitpunkt eines Ereignisses	Auftragsnummer Arbeitsplatz-ID Startzeitstempel Endzeitstempel
Losgröße	Produzierte Stückzahlen innerhalb eines Ereignisses Produzierter Artikel innerhalb eines Ereignisses	Auftragsnummer Stückzahl Artikelnummer
Anzahl Fertigungsprozessvarianten	Anzahl unterschiedlicher Prozessspuren	Auftragsnummer, Arbeitsplatz-ID, Fertigungshilfsmittel-ID, Startzeitstempel, Endzeitstempel, Stückzahl, Artikelnummer

Fertigungsteilvarianz

Merkmal	Informationsbedarfe	Datenbedarfe
Länge	Merkmal ist in Fertigungsteil ausgeprägt oder nicht Ausprägung des Merkmals Länge eines Fertigungsteils	Merkmalsbeschreibung Ausprägungswert Artikelnummer
Breite	Merkmal ist in Fertigungsteil ausgeprägt oder nicht Ausprägung des Merkmals Breite eines Fertigungsteils	
...	...	
...	...	
...	...	
Anzahl Fertigungsteilvarianten	Anzahl einzigartiger Artikelnummern für Fertigungsteile	Artikelnummer

Abbildung 5.5: Ableitung der Datenbedarfe aus Informationsbedarfen

Informationsbedarfe auf Seiten der Fertigungsteile beziehen sich jeweils auf einen Artikel, sind also artikelspezifisch zu erfassen. Daher besteht ein merkmalsübergreifender Datenbedarf hinsichtlich einer *Artikelnummer*, anhand derer sich auch die Anzahl an Fertigungsteilvarianten bestimmen lässt. Darüber hinaus werden pro Fertigungsteil die vorhandenen Merkmale (*Merkmalsbeschreibung*) sowie ihre Ausprägungen (*Ausprägungswert*) benötigt. Eine Zusammenfassung der resultierenden Datenbedarfe ist in Abbildung 5.5 dargestellt.

5.1.2.2 Datenextraktion

Wie im vorherigen Kapitel beschrieben, lässt sich die Fertigungsprogrammvarianz durch die Attribute *Auftragsnummer, Arbeitsplatz-ID, Fertigungshilfsmittel-ID, Startzeitstempel, Endzeitstempel, Stückzahl* und *Artikelnummer* sowie *Merkmalsbeschreibung* und *Ausprägungswert* bestimmen. Die Datenbedarfe setzen sich damit aus Stamm- und Bewegungsdaten in Form von Produkt- und Fertigungsrückmeldedaten zusammen, die für gewöhnlich in unterschiedlichen IT-Systemen im Unternehmen vorliegen (vgl. Kapitel 2.3.2.1). Eine Übersicht typischer Speicherorte zu Lokalisierung der Datenbedarfe ist in Tabelle 5.1 gegeben.

Tabelle 5.1: Typische Speicherorte der Datenbedarfe in IT-Systemen

	Datenbedarf / **IT-System**	ERP	MES	PDM/PLM	BDE/MDE	CAD	CAE	CAM
Fertigungsrückmeldedaten	Auftragsnummer	X	X		X			
	Arbeitsplatz-ID	X	X		X			
	Fertigungshilfsmittel-ID	X	X		X			
	Startzeitstempel		X		X			
	Endzeitstempel		X		X			
	Stückzahl	X	X		X			
Produktdaten	Artikelnummer		X	X	X	X	X	X
	Merkmalsbeschreibung			X		X	X	X
	Ausprägungswert			X		X	X	X

ERP: Enterprise Resource Planning; MES: Manufacturing Execution System; PDM/PLM: Product Data/Lifecycle Management; BDE/MDE: Betriebs-/Maschinendatenerfassung; CAD/CAE/CAM: Computer Aided Design/Engineering/Manufacturing

Im Rahmen der Datenextraktion werden die Datenbedarfe entsprechend der in Kapitel 5.1.1.3 definierten Anwendungsumgebung aus den IT-Systemen extrahiert. Die zeitliche Eingrenzung erfolgt dabei anhand der Attribute *Startzeitstempel* und *Endzeitstempel* der ersten bzw. letzten Aktivität eines Fertigungsauftrags (*Auftragsnummer*). Für die räumliche Eingrenzung der Anwendungsumgebung ist unternehmensspezifisches Wissen über die Standorte der an den Fertigungsaufträgen beteiligten Arbeitsplätze (*Arbeitsplatz-ID*) erforderlich. Wenn beide Zeitpunkte innerhalb der definierten Zeitspanne liegen und die beteiligten Arbeitsplätze Teil der räumlichen Anwendungsumgebung sind, fällt der entsprechende Fertigungsauftrag in den zu extrahierenden Betrachtungsbereich. Die artikelbezogene Eingrenzung ergibt sich anschließend aus den im Rahmen der Fertigungsaufträge hergestellten Fertigungsteilen, die über ihre *Artikelnummer* identifiziert werden. Die Fertigungsrückmeldedaten lassen sich typischerweise problemlos in tabellarischer Form aus den entsprechenden IT-Systemen extrahieren. Zur Extraktion der Produktdaten in einer tabellarischen Form eignen sich u.a. die in Kapitel 2.2.3.1 erwähnten kommerziellen Softwarelösungen zur Produktklassifikation.

5.1.2.3 Datenstrukturierung

Die nach zeitlicher, räumlicher und artikelbezogener Eingrenzung extrahierten Daten liegen zunächst als Rohdaten unstrukturiert in getrennten Datensätzen vor. Um eine maschinell unterstütze Exploration und spätere Vorbereitung der Daten zu ermöglichen, muss der Datensatz in eine Struktur überführt werden, in der für jede Instanz lediglich eine Zeile und für jedes Attribut eine Spalte vorliegt.

Fertigungsrückmeldedaten

Fertigungsprozessseitig sind in den Eventlogs dazu zwei Korrelationsprobleme zu lösen. Das primäre Korrelationsproblem betrifft die Zuordnung mehrerer Ereignisse (Arbeitsplatz-ID) zu einer Prozessinstanz (Auftragsnummer), die im Eventlog typischerweise über mehrere Zeilen dargestellt wird. Das sekundäre Korrelationsproblem betrifft die Zuordnung von Attributen (z.B. Startzeitstempel, Endzeitstempel) zu Ereignissen (Arbeitsplatz-ID), die im Eventlog über mehrere Spalten dargestellt wird (vgl. Abbildung 2.11). Zur Auflösung der Korrelationsprobleme müssen diese Informationen pro Prozessinstanz (Auftragsnummer) in einer Zeile verdichtet werden. In Anlehnung an den in Kapitel 2.2.3.1 erläuterten Begriff der Ereignisspur, die die Abfolge der Ereignisse einer Prozessinstanz darstellt, werden die Fertigungsprozessdaten dafür in Spurprofile strukturiert. Diese ermöglichen es, einzelnen Prozessinstanzen zeilenweise Informationen aus Eventlogs zuzuordnen, indem die Attribute in Metriken überführt werden. Abbildung 5.6 veranschaulicht diesen Zusammenhang anhand der mathematischen Notation eines Eventlogs und des allgemeinen Spurprofils. Um den Prozessinstanzen die Informationen aller Attribute zuzuordnen, werden die Metriken pro Attribut definiert und als Spurprofil in einem separaten Datensatz strukturiert.

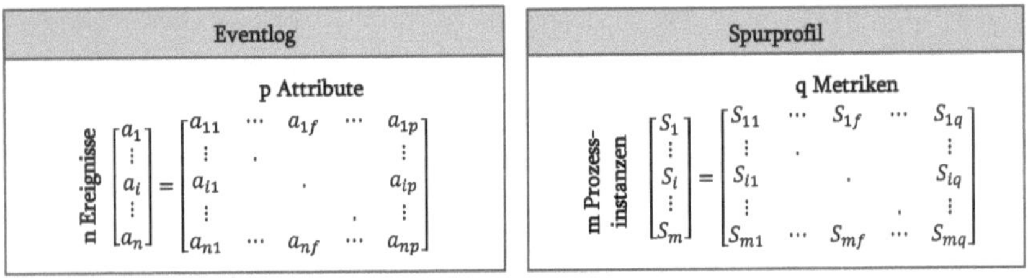

Abbildung 5.6: Notation eines Eventlogs und Spurprofils

Das *Arbeitsplatzprofil* bildet die während einer Prozessinstanz durchlaufenen Arbeitsplätze ab. Dabei wird für jeden unterscheidbaren Arbeitsplatz (1, …, f, …, q^{AP}) der Anwendungsumgebung eine Metrik erstellt. Eine binäre Kodierung zeigt an, ob ein Arbeitsplatz von einer Prozessinstanz durchlaufen wird. Die Bestimmung der einzelnen Elemente des Arbeitsplatzprofils ergibt sich nach Formel 5.1.

Formel 5.1: Bestimmung der Elemente des Arbeitsplatzprofils

$$S_{if}^{AP} = \begin{cases} 1, & \text{wenn } f \text{ von Prozessinstanz } i \text{ durchlaufen wird} \\ 0, & \text{sonst} \end{cases}$$

mit S_{if}^{AP} Vorkommen des Arbeitsplatzes f in Prozessinstanz i

Zur Abbildung der in den Prozessinstanzen verwendeten Fertigungshilfsmittel wird pro Fertigungshilfsmittelkategorie (Werkzeuge, Vorrichtungen etc.) ein zusätzliches *Fertigungshilfsmittelprofil* erstellt. Die Erstellung erfolgt in analoger Vorgehensweise zum Arbeitsplatzprofil durch eine Metrik pro unterscheidbarem Fertigungshilfsmittel (1, …, h, …, q^{FH}) und durch binäre Kodierung. Die Elemente eines Fertigungshilfsmittelprofils ergeben sich folglich nach Formel 5.2.

Formel 5.2: Bestimmung der Elemente der Fertigungshilfsmittelprofile

$$S_{ih}^{FH} = \begin{cases} 1, & \textit{wenn h von Prozessinstanz i verwendet wird} \\ 0, & \textit{sonst} \end{cases}$$

mit S_{ih}^{FH} Vorkommen des Fertigungshilfsmittels h in Prozessinstanz i

Das *Übergangsprofil* betrachtet die Arbeitsvorgangsfolge einer Prozessinstanz anhand der Reihenfolge durchlaufener Arbeitsplätze. Aufgrund der örtlichen Gebundenheit der Arbeitsplätze wird der Prozessverlauf so aus der Materialflussperspektive beschrieben. Zur Bestimmung des Übergangsprofils wird für jeden möglichen Übergang zwischen Arbeitsplätzen eine Metrik (1, …, g, …, $q^{Ü}$) erstellt. Die Indizierung erfolgt dabei zeilenweise anhand der in Abbildung 5.7 dargestellten Übergangsmatrix. Es ist ersichtlich, dass die Anzahl möglicher Übergänge mit einer steigenden Anzahl an Arbeitsplätzen quadratisch zunimmt, sodass je nach Anwendungsumgebung auf eine ausreichend hohe Rechenleistung zur Modellierung des Übergangsprofils zu achten ist.

Von \ Nach	1	…	q^{AP}
1	$S_{i1}^{Ü}$	→	→
⋮	→	$S_{if}^{Ü}$	→
q^{AP}	→	→	$S_{iq}^{Ü}$

mit q^{AP} = Anzahl Arbeitsplätze in der Anwendungsumgebung und $S^{Ü}$ = Metriken des Übergangsprofils

Abbildung 5.7: Übergangsmatrix

Über eine binäre Kodierung wird markiert, ob ein Übergang in einer Prozessinstanz vorhanden ist. Die Elemente des Übergangsprofils werden dabei anhand von Formel 5.3 bestimmt.

Formel 5.3: Bestimmung der Elemente des Übergangsprofils

$$S_{ig}^{Ü} = \begin{cases} 1, & \textit{wenn Übergang g in Prozessinstanz i vorkommt} \\ 0, & \textit{sonst} \end{cases}$$

mit S_{ig}^{AP} Vorkommen des Übergangs g in Prozessinstanz i

Das *Bearbeitungszeitprofil* bildet die Verweildauer einer Prozessinstanz an den jeweils beteiligten Arbeitsplätzen ab. Dazu werden zunächst die Verweildauern aus der Differenz der Start- und Endzeitpunkte der Auftragsbearbeitung bestimmt. Dabei sind anhand anwendungsspezifischer Schichtmodelle Ruhezeiten zu berücksichtigen, in denen keine Auftragsbearbeitung stattgefunden hat. Anschließend werden für jeden Arbeitsplatz des Untersuchungsbereichs eine Metrik (1, …, f, …, q^{BZ}) definiert und die Ausprägungen anhand Formel 5.4 bestimmt.

Formel 5.4: Bestimmung der Elemente des Bearbeitungszeitprofils

$$S_{if}^{BZ} = Verweildauer\ der\ Prozessinstanz\ i\ auf\ AP\ f;\ S_{if}^{BZ} \in [0; \infty[$$

Das *Losgrößenprofil* quantifiziert die in einer Prozessinstanz produzierten Stückzahlen einer Artikelnummer. Da die Losgröße innerhalb eines Fertigungsauftrags arbeitsplatzübergreifend konstant bleibt, ist das Attribut weder vom primären noch vom sekundären Korrelationsproblem betroffen. Zur Bestimmung des Losgrößenprofils wird daher eine Metrik definiert, deren Elemente sich aus Formel 5.5 ergeben

Formel 5.5: Bestimmung der Elemente des Losgrößenprofils

$$S_{i}^{LG} = Losgröße\ der\ Prozessinstanz\ i;\ S_{i}^{LG} \in \mathbb{N}$$

Durch die Strukturierung der Fertigungsprozessdaten entstehen folglich einzelne Datensätze pro erstelltem Spurprofil.

Produktdaten

Je nach verwendeter Softwarelösung (vgl. Kapitel 2.2.3.1) oder manueller Extraktion liegen auch die Produktdaten pro Produktinstanz (Artikelnummer) initial nicht in einer Zeile vor. Abbildung 5.8 zeigt beispielhaft ein Korrelationsproblem zwischen den Attributen „Anzahl Bohrungen“ und „Bohrungsdurchmesser“ eines Fertigungsteils, das in mehreren Zeilen dargestellt wird. Durch Konstruktion zusätzlicher Attribute „Anzahl Bohrungen“ für jede Ausprägung des Attributs „Bohrungsdurchmesser“ kann dieses Korrelationsproblem aufgelöst werden. Mit zunehmender Anzahl an Attributen steigen jedoch die Dimensionalität des Datensatzes und die erforderliche Rechenleistung zur Modellierung, bei gleichzeitig abnehmender Aussagekraft der Modellierungsergebnisse.[353] Um die Dimensionalität bei der Auflösung des Korrelationsproblems zu begrenzen, werden neue Attribute daher stattdessen für Gruppen ähnlicher Merkmalsausprägungen erstellt (vgl. Abbildung 5.8). Aufgrund des damit verbundenen Informationsverlustes ist die Anzahl zu bildender Gruppen anhand des Umfangs unterschiedlicher Ausprägungen und des Bedeutungsgehalts der Merkmale für die Unterscheidung von Produkten unternehmensspezifisch abzuwägen. Dabei wird empfohlen, die Anzahl an Spalten auf maximal ein Drittel der Anzahl an Zeilen zu beschränken.[354]

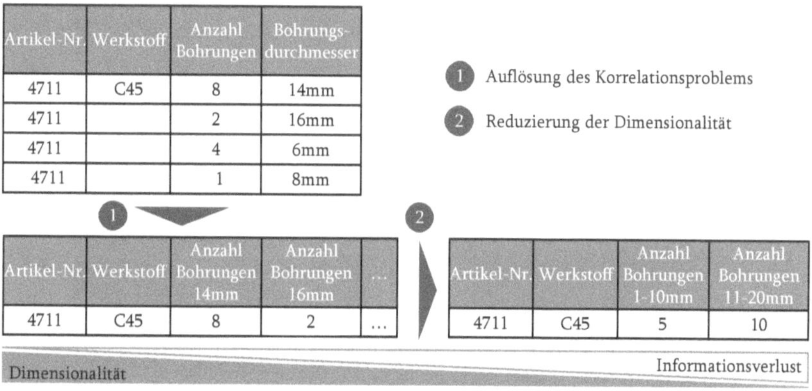

Abbildung 5.8: Auflösung von Korrelationsproblemen durch neue Attribute

Das Ergebnis der Datenstrukturierung stellt produktseitig einen Datensatz mit Produktinstanzen und Attributen sowie ihren Ausprägungen dar. Fertigungsprozessseitig liegen einzelne Datensätze je erstelltem Spurprofil vor, die jeweils Prozessinstanzen, Metriken und deren Ausprägungen beinhalten. Zur Vereinfachung werden die Begriffe Attribut und Metrik im Folgenden unter dem Oberbegriff Spalte zusammengefasst. Der Begriff Zeile soll allgemein für die Begriffe Produktinstanz und Prozessinstanz verwendet werden.

---

353 Vgl. Assent, I. (2010) Effiziente Ähnlichkeitssuche und Data Mining, S. 46.

354 Vgl. Backhaus, K. et al. (2021) Multivariate Analysemethoden, S. 487.

5.1.2.4 Datenexploration

Nach der Strukturierung der Daten werden diese im Rahmen der Datenexploration genauer untersucht. Dafür werden die Spalten hinsichtlich der Qualität und Verteilung ihrer Ausprägungen sowie bestehender Abhängigkeiten betrachtet. Die Datenexploration dient damit dem besseren Datenverständnis und stellt die Grundlage zur modellierungsgerechten Vorbereitung der Daten dar (vgl. Kapitel 5.1.2).

Zur Untersuchung der Spalten geben Datenreports einen ersten Überblick über die Datenqualität anhand der Anzahl vorhandener sowie fehlender Ausprägungen. Bei numerischen Spalten werden zusätzlich Informationen zu statistischen Kenngrößen wie Mittelwerten und Standardabweichungen bereitgestellt, um einen Eindruck über die Werteverteilung der Ausprägungen zu vermitteln. Für ein besseres Verständnis der Ausprägungsverteilung bietet sich darüber hinaus eine Visualisierung mittels Boxplot-Diagrammen für numerische Spalten, oder mittels Histogrammen für nicht-numerische Spalten an. Bei Letzteren ist zunächst zu überprüfen, ob die Anzahl unterschiedlicher Ausprägungen eine sinnvolle Auswertung der Verteilungshäufigkeit ermöglicht. Beispielsweise sind Freitextfelder aufgrund ihrer Individualisierbarkeit dazu meist ungeeignet und hinsichtlich ihres Informationsgehalts manuell zu untersuchen sowie ggf. zu entfernen. Zur Vermeidung redundanter Daten und Reduzierung der Dimensionalität werden die Spalten außerdem auf Korrelation überprüft. Dazu wird der Korrelationskoeffizient nach Bravais-Pearson (vgl. Formel 2.10) für alle möglichen Kombinationen von Spalten berechnet und in einer Korrelationsmatrix hinterlegt.

5.1.3 Modellierungsgerechte Datenvorbereitung

Die Datenvorbereitung dient der Überführung der Daten in eine für DM-Verfahren nutzbare Form. Dazu werden die für eine Modellierung geeigneten Daten zunächst ausgewählt (vgl. Kapitel 5.1.3.1) und bereinigt (vgl. Kapitel 5.1.3.2). Im Rahmen der Datentransformation werden die Daten anschließend modellierungsgerecht transformiert (vgl. Kapitel 5.1.3.3) und formatiert (vgl. Kapitel 5.1.3.4). Das Ergebnis der Datenvorbereitung ist eine modellierungsgerecht strukturierte und vorbereitete Datengrundlage zur Ermittlung der Fertigungsprogrammvarianz und beantwortet damit die dem ersten Lösungsmodul der Methodik zugrundeliegende Unterforschungsfrage.

5.1.3.1 Datenauswahl

Im ersten Schritt der Datenvorbereitung werden die für eine Modellierung geeigneten Spalten aus den in Kapitel 5.1.2 beschriebenen Daten ausgewählt. Die Eignung richtet sich dabei nach den Kriterien der Relevanz und Qualität der Daten für den weiteren Verlauf der Arbeit.

Zur Beurteilung der Relevanz einer Spalte wird deren Beitrag zu den in Kapitel 5.1.1.1 genannten Geschäftszielen überprüft. Im Vordergrund steht dabei die Frage, ob eine Spalte und deren Ausprägungen die Fertigungsprogrammvarianz entscheidend beeinflussen und folglich für deren Ermittlung relevant sind. Auf Grundlage der in der Datenexploration erlangten Erkenntnisse (vgl. Kapitel 5.1.2.4) wird an dieser Stelle eine weitere Eingrenzung der in Kapitel 5.1.2.1 definierten Daten vorgenommen. Auf Spaltenebene betrifft dies insbesondere Merkmale der Fertigungsteile, deren Daten zunächst vollständig extrahiert wurden. Hier sind solche Spalten mit Merkmalen ohne direkten Bezug zur Fertigungsprogrammvarianz (z.B. Vertriebs- und Transportinformationen, Stücklistenstatus) vollständig zu entfernen. Über die Verteilungshäufigkeiten der Ausprägungen lassen sich darüber hinaus Spalten identifizieren, die zeilenübergreifend den gleichen Wert annehmen und die Fertigungsprogrammvarianz daher nicht beeinflussen. Aufgrund des fehlenden Informationsgehalts und zur Begrenzung der Dimensionalität der Daten werden auch diese Spalten aus den Daten entfernt.

Als zweites Kriterium zur Auswahl geeigneter Spalten dient die Qualität der extrahierten Daten. Diese wird anhand des Anteils fehlender Ausprägungen sowie ihrer unternehmensspezifischen Plausibilität beurteilt. Spalten mit einem hohen Anteil fehlender Ausprägungen werden vollständig aus dem Datensatz ausgeschlossen. Wenn eine Spalte nur in wenigen Zeilen von fehlenden Werten betroffen ist, werden diese stattdessen zeilenweise entfernt. Die unternehmensspezifische Plausibilität der Daten wird unter Zuhilfenahme von Domänenwissen anhand der in der Datenexploration erstellten Datenreports und Visualisierungen bewertet. In diesem Zuge als fehlerhaft identifizierte Ausprägungen werden zunächst dem Versuch einer Datenbereinigung unterzogen (vgl. Kapitel 5.1.3.2), bevor eine Entscheidung über die Entfernung der Daten getroffen wird.

5.1.3.2 Datenbereinigung

Der zweite Schritt der Datenvorbereitung dient der Bereinigung als fehlerhaft identifizierter Ausprägungen in den Datensätzen. Für Duplikate, Regel- und Musterverletzungen werden dazu die in Kapitel 2.3.2.2 genannten, etablierten Verfahren zur Datenbereinigung angewendet. Die Fehlerkategorie der Ausreißer wird im Folgenden gesondert betrachtet, da ihre Definition vom Anwendungsfall abhängt. Darüber hinaus besteht die Gefahr, durch eine automatisierte Bereinigung ggf. relevante Informationen zu verlieren, sodass die Behandlung von Ausreißern durch ExpertInnen mit entsprechendem Domänenwissen erfolgen sollte.[355] Bei Ausreißern in den Produktdaten wird zunächst nicht von fehlerhaften Stammdaten ausgegangen, sondern bewussten Portfolioentscheidungen. Wird dies durch die AnwenderInnen der Methodik verifiziert, findet keine Bereinigung statt. Andernfalls müssen die Zeilen der betroffenen Fertigungsteile aus dem Datensatz entfernt oder mitsamt ihrer Stammdaten korrigiert werden. Fertigungsrückmeldedaten sind aufgrund technischer oder organisatorischer Störungen häufiger von ungeplanten Abweichungen betroffen als Stammdaten (vgl. Kapitel 2.3.2.1). Ausreißern in den Fertigungsprozessdaten können daher Mess- oder Übertragungsfehler zugrunde liegen, die die reale Varianz der Fertigungsprozessvarianten verfälschen. Wird dies durch AnwenderInnen der Methodik verifiziert, werden die Ausreißer aus dem Datensatz entfernt. Ausreißer, die nicht als störungsinduziert bewertet werden, verbleiben im Datensatz.

Im Rahmen dieser Arbeit werden solche Ausprägungen als Ausreißer definiert, die mehr als den 1,5-fachen Interquartilabstand (IQR) oberhalb des dritten oder unterhalb des ersten Quartils liegen (vgl. Abbildung 5.9).

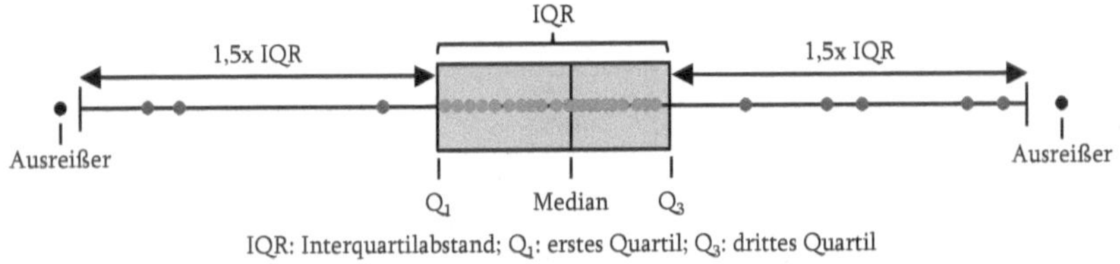

Abbildung 5.9: Definition von Ausreißern[356]

[355] Vgl. Witten, I. et al. (2017) Data mining.

[356] i.A.a. Han, J./ Kamber, M./ Pei, J. (2012) Data mining, S. 49 - 50.

5.1.3.3 Datentransformation

Im dritten Schritt der Datenvorbereitung werden die ausgewählten und bereinigten Daten modellierungsgerecht transformiert, um die Aussagekraft der Modellierungsergebnisse zu verbessern. Dies umfasst die Auflösung stark korrelierender Spalten sowie die Anpassung der Skalenniveaus.

Zur Identifikation korrelierender Spalten wird auf die in der Datenexploration berechnete Korrelationsmatrix zurückgegriffen. Dabei wird eine Korrelation als stark bezeichnet, wenn der Korrelationskoeffizient zwischen zwei Spalten den Wert 0,7 erreicht oder übersteigt.[357] Entsprechend stark korrelierende Spalten sind im Datensatz aufzulösen, um eine spätere Überbetonung in der Modellierung zu vermeiden. Die Durchführung einer Faktorenanalyse zur Reduzierung korrelierender Spalten wird im Rahmen dieser Arbeit jedoch bewusst vermieden, da die resultierenden abstrakten Spalten schwer interpretierbar sind und mit einem gewissen Informationsverlust einhergehen.[358] Stattdessen bietet es sich an, im Unternehmen vorhandenes Domänenwissen zu nutzen, um den Informationsverlust bei der Auflösung stark korrelierender Spalten möglichst geringzuhalten. So ermöglichen Formelkenntnisse über einen bestehenden Sachzusammenhang zwischen stark korrelierenden Spalten deren Substitution durch eine neu konstruierte Spalte (z.B. $Fläche = Länge * Breite$). Ist kein Sachzusammenhang erkennbar, werden unter stark korrelierenden Spalten jene mit der geringeren unternehmensspezifischen Bedeutung für die Unterscheidung von Varianten und für die Verursachung von Varianz aus den Daten entfernt. Als Bewertungsgrundlage dienen dazu die Anzahl unterschiedlicher Ausprägungen sowie deren Streubreite in Form der Standardabweichung, die in der Datenexploration ermittelt wurden (vgl. Kapitel 5.1.2.4). Werden auf diese Weise mehrere stark korrelierende Spalten für die Unterscheidung von Varianten als essenziell bewertet, wird auf eine Streichung der Daten verzichtet. Stattdessen werden diese Attribute im Rahmen der Quantifizierung der Verschiedenheiten (vgl. Kapitel 5.2.1) geringer gewichtet, um eine spätere Überbetonung zu vermeiden.

Die Modellierung mit DM-Verfahren erfordert als Input meist numerische Werte vom Datentyp Integer oder Double. Daher müssen die in den Daten vorkommenden Spal-

---

357 Vgl. Backhaus, K. et al. (2021) Multivariate Analysemethoden, S. 31.

358 Vgl. Backhaus, K. et al. (2018) Multivariate Analysemethoden, S. 370 - 398.

ten mit nicht-numerischen Ausprägungen (z.B. Text im Datentyp String) entsprechend transformiert werden. Für nominal skalierte Spalten mit einer geringen Anzahl unterschiedlicher Ausprägungen werden für jede Ausprägung neue Spalten mit binärer Skalierung kreiert (One-Hot-Encoding). Ordinal skalierte Spalten mit nicht-numerischen Ausprägungen werden durch Zuweisung numerischer Werte entsprechend der zugrundliegenden Rangfolge transformiert (Label-Encoding, vgl. Kapitel 2.3.2.2).

5.1.3.4 Datenformatierung und -integration

In der Datenformatierung werden syntaktische Änderungen an den Daten vorgenommen, um beispielsweise als Text abgespeicherte Werte und eine uneinheitliche Punkt- und Kommaverwendung zu korrigieren. Um eine spätere übergreifende Betrachtung der Fertigungsprogrammvarianz zu ermöglichen, werden die Produkt- und Fertigungsprozessdaten außerdem verknüpft. Dazu werden in einer separaten Tabelle zu allen Auftragsnummern die in den Aufträgen gefertigten Artikelnummern dokumentiert. Eine abschließende Übersicht der aggregierten Daten ist in Abbildung 5.10 gegeben. Die resultierenden Datensätze stellen das Endergebnis des ersten Lösungsmoduls der Methodik dar erfüllen das erste der in Kapitel 5.1.1.1 formulierten Projektziele. Darüber hinaus bilden die Datensätze die Grundlage zur Ermittlung der Fertigungsprogrammvarianz im nachfolgenden Kapitel 5.2.

Datengrundlage zur Ermittlung der Fertigungsprogrammvarianz

Fertigungsprozessdaten

Arbeitsplatzprofil

Auftrags-Nr.	D1	D2	F1	B1	...
1001	1	0	1	0	...
1002	0	1	1	1	...
1003	0	0	1	1	...
...	...	...	...	...	...

Übergangsprofil

Auftrags-Nr.	D1-F1	D2-F1	F1-B1	...
1001	1	0	0	...
1002	0	1	1	...
1003	0	0	1	...
...	...	...	...	...

Fertigungshilfsmittelprofil

Auftrags-Nr.	W1	W2	V1	V2	...
1001	0	1	1	0	...
1002	0	1	0	1	...
1003	1	0	0	0	...
...	...	...	...	...	...

Bearbeitungszeitprofil

Auftrags-Nr.	D1	D2	F1	B1	...
1001	75		102		...
1002		48	65	16	...
1003			34	28	...
...	...	...	...	...	...

Losgrößenprofil

Auftrags-Nr.	Losgröße
1001	6
1002	2
1003	3
...	...

Fertigungsteildaten

Fertigungsteile

Artikel-Nr.	Länge	Durchm.	Bohrung	...
4711	120	20		...
4712	220	21	5	...
4713	100		6	...
...	...	...	...	...

Auftrags-Nr.	Artikel-Nr.
1001	4711
1002	4712
1003	4713
...	...

Datenverknüpfung

D: Drehen F: Fräsen B: Bohren W: Werkzeug V: Vorrichtung

Abbildung 5.10: Datengrundlage zur Ermittlung der Fertigungsprogrammvarianz

5.2 Vorgehen zur Ermittlung der Fertigungsprogrammvarianz

Auf Basis der im vorherigen Kapitel beschriebenen Datengrundlage wird im folgenden Kapitel ein Vorgehen zur Ermittlung der Fertigungsprogrammvarianz erarbeitet. Dazu werden zunächst die Verschiedenheiten der Fertigungsteil- und Fertigungsprozessvarianten quantifiziert (vgl. Kapitel 5.2.1). Die Verschiedenheiten dienen anschließend als Grundlage zur Identifizierung der Ähnlichkeitsstrukturen mittels datenbasierter Ähnlichkeitsanalyse und Ermittlung der Fertigungsprogrammvarianz (vgl. Kapitel 5.2). Das Kapitel richtet sich dabei nach der Modellierungsphase des CRISP-DM Prozesses. Eine Übersicht der Ziele, des Vorgehens und der Ergebnisse ist in Abbildung 5.11 dargestellt.

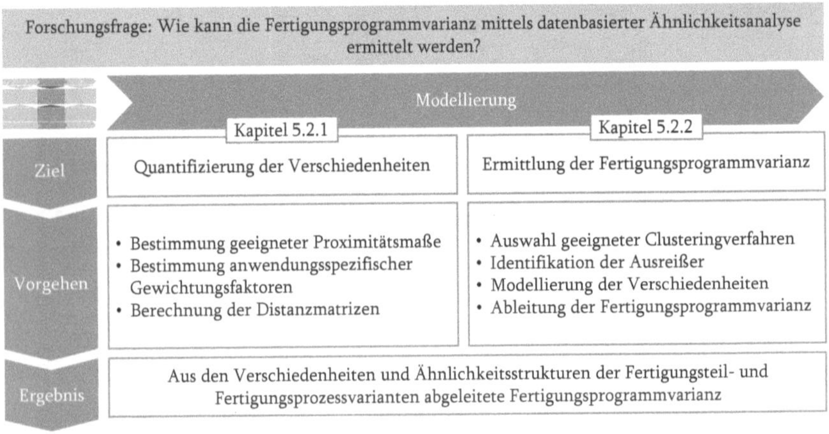

Abbildung 5.11: Übersicht der Phase Modellierung

5.2.1 Quantifizierung der Verschiedenheiten

Als Grundlage zur Ermittlung der Fertigungsprogrammvarianz wird im ersten Teilkapitel ein universelles Vorgehen zur Quantifizierung der Verschiedenheiten von Fertigungsteil- und Fertigungsprozessvarianten entwickelt. Dazu werden zunächst passende Proximitätsmaße bestimmt (vgl. 5.2.1.1) und anwendungsspezifische Gewichtungsfaktoren definiert (vgl. Kapitel 5.2.1.2), bevor Distanzmatrizen zur Quantifizierung der Verschiedenheiten berechnet werden (vgl. Kapitel 5.2.1.3).

5.2.1.1 Bestimmung passender Proximitätsmaße

Zur Quantifizierung der Verschiedenheit zwischen Varianten steht eine Reihe von Proximitätsmaßen zur Verfügung, deren Eignung für einen Anwendungsfall vom Skalenniveau der betrachteten Spalten abhängt (vgl. Kapitel 2.3.1.2). Die Auswahl der im Rahmen dieser Arbeit zu verwendenden Proximitätsmaße richtet sich daher nach den in den Datensätzen vorliegenden Skalenniveaus.

Durch die in Kapitel 5.1.3.3 erfolgte Datentransformation liegen lediglich numerische Spalten vor, die metrisch, ordinal oder binär skaliert sind. Fertigungsprozessseitig sind sowohl das Arbeitsplatzprofil als auch das Übergangs- und Fertigungshilfsmittelprofil binär skaliert. In die Ähnlichkeitsbetrachtung soll dabei nur das gemeinsame Vorhandensein einer Ausprägung einfließen, während ein gemeinsames Nichtvorhandensein unberücksichtigt bleibt. Es handelt sich daher um asymmetrische binäre Spalten, für die der JACCARD-Koeffizient geeignet ist. Das Bearbeitungszeitprofil ist aufgrund der unterschiedlich ausgeprägten Verweildauern auf den Arbeitsplätzen metrisch skaliert, sodass die City-Block-Metrik oder Euklidische Distanz geeignete Proximitätsmaße darstellen. Selbiges gilt für das metrisch skalierte Losgrößenprofil, das die produzierten Stückzahlen beinhaltet. Die Spalten der Fertigungsteile sind abhängig vom spezifischen Anwendungsfall, sodass hier lediglich Beispiele betrachtet werden. So ist der Werkstoff eines Fertigungsteils typischerweise in Textform beschrieben und nach erfolgter Datentransformation mittels One-Hot-Encoding in asymmetrischen binären Spalten ausgeprägt. Durch Verwendung des JACCARD-Koeffizienten führt das gemeinsame Nichtvorhandensein eines Werkstoffs nicht zu ungewollten Ähnlichkeiten der Fertigungsteile. Eine durchgeführte Wärmebehandlung sollte demgegenüber sowohl bei gemeinsamem Vorhandensein als auch bei Nichtvorhandensein zu Ähnlichkeiten führen. Die Spalte ist daher symmetrisch binär skaliert und eignet sich für die Verwendung des Simple-Matching-Koeffizienten. Liegen für die Fertigungsteile keine festen Abmessungen vor, sondern lediglich Größenklassifikationen, handelt es um eine ordinal skalierte Spalte, für die die City-Block-Metrik geeignet ist. Für alle metrisch skalierten Spalten der Fertigungsteile, wie beispielsweise das Gewicht oder die Anzahl Bohrungen, eignen sich die City-Block-Metrik oder die Euklidische Distanz. Der GOWER-Koeffizient ist aufgrund seiner flexiblen Faktoren für alle Skalenniveaus der vorhandenen Spalten geeignet (vgl. Tabelle 5.2).

Da die Fertigungsprozessdaten als Profile in einzelnen Datensätzen vorliegen, ist die Anwendung unterschiedlicher Proximitätsmaße entsprechend der in Tabelle 5.2 markierten Eignung grundsätzlich möglich. Aufgrund der Einfachheit in der Anwendung bietet sich jedoch die einheitliche Verwendung des GOWER-Koeffizienten an. Die Fertigungsteildaten sind demgegenüber in einem Datensatz zusammengefasst. Kommt es im Anwendungsfall dabei zu einer Vermischung von Skalenniveaus, ist ebenfalls der GOWER-Koeffizient zu wählen.

Tabelle 5.2: Auswahl geeigneter Proximitätsmaße

		Skalenniveau			**Geeignete Proximitätsmaße**				
	Spalten	Binär	Ordinal	Metrisch	Simple-Matching	JACCARD	City-Block	Euklidische Distanz	GOWER
Fertigungsprozess	Arbeitsplatzprofil	X				X			X
	Übergangsprofil	X				X			X
	Fertigungshilfsmittelprofil	X				X			X
	Bearbeitungszeitprofil			X			X	X	X
	Losgrößenprofil			X			X	X	X
Fertigungsteil	z.B. Werkstoff, Wärmebehandlung, …	X			X	X			X
	z.B. Größenklassifikation (klein, mittel, groß), …		X				X		X
	z.B. Gewicht, Anzahl Bohrungen, …			X			X	X	X

5.2.1.2 Bestimmung anwendungsspezifischer Gewichtungsfaktoren

Eine weitere Anforderung an die Quantifizierung der Verschiedenheit von Varianten ergibt sich aus der in Kapitel 5.1.3.3 geforderten Möglichkeit zur Untergewichtung stark korrelierter Spalten. Auf diese Weise wird ein Informationsverlust durch Entfernung der Daten vermieden und gleichzeitig eine Überbetonung stark korrelierter Spalten bei der Quantifizierung der Verschiedenheit verhindert. Die meisten Proximitätsmaße, u.a. der GOWER-Koeffizient, ermöglichen unterschiedliche Spaltengewichtungen durch die Definition anwendungsspezifischer Gewichtungsfaktoren.[359] Aufgrund ihres Einflusses auf die Verschiedenheit sind die Gewichtungsfaktoren mit Bedacht zu wählen. Die Bestimmung wird im Folgenden getrennt für die Fertigungsteil- und Fertigungsprozessdaten erläutert.

Gewichtungsfaktoren der Fertigungsteildaten

In den Fertigungsteildaten besteht die Gefahr der Überbetonung neben stark korrelierten Spalten auch in Folge einer unterschiedlichen Anzahl an Spalten zur Beschreibung vorhandener Merkmalsgruppen. Durch Gewichtungsfaktoren ist daher sicherzustellen, dass weder einzelne Merkmalsgruppen noch starke Korrelationen zwischen Spalten die Verschiedenheit der Varianten überdurchschnittlich beeinflussen. Die im Rahmen dieser Arbeit verwendete mathematische Konnotation der Gewichtungsfaktoren ist anhand beispielhafter Merkmalsgruppen und Spalten eines Fertigungsteils in Abbildung 5.12 dargestellt.

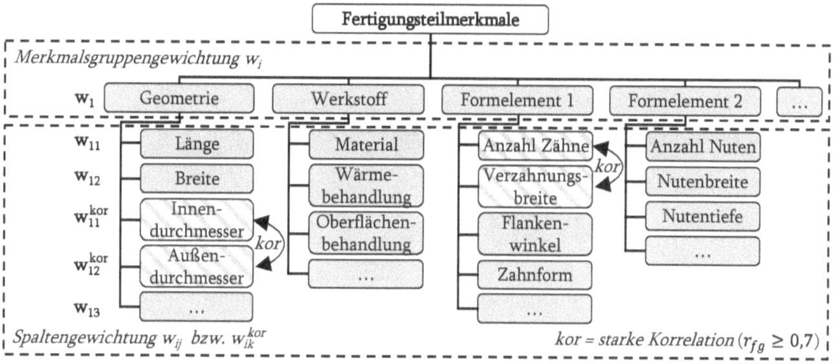

Abbildung 5.12: Beispielhafte Gewichtung von Merkmalsgruppen und Spalten

Die Bestimmung der Gewichtungsfaktoren kann durch subjektive Bewertung der AnwenderInnen oder unter Berücksichtigung bestimmter Aspekte des zugrundeliegenden Datensatzes erfolgen.[360] Durch eine subjektive Bewertung besteht dabei die Gefahr, dem Datensatz eine bereits bekannte Klassifizierung aufzuerlegen. Auch unter Berücksichtigung der Datensätze wurde bisher jedoch keine optimale Methode zur

---

359 Vgl. Everitt, B. et al. (2011) Cluster Analysis, S. 63; Maechler, M. et al. (2021) cluster: Cluster Analysis Basics and, S. 30.

360 Vgl. Everitt, B. et al. (2011) Cluster Analysis, S. 63.

Bestimmung von Gewichtungsfaktoren identifiziert.[361] Im Rahmen dieser Arbeit wird daher eine Gleichgewichtung der Merkmalsgruppen eines Fertigungsteils verfolgt (vgl. Formel 5.6).

Formel 5.6: Gewichtung der Merkmalsgruppen eines Fertigungsteils

$$w_i = \frac{1}{N} \; mit \; i = 1, \dots, n$$

mit	$w_i \in [0; 1]$	Gewichtungsfaktor der Merkmalsgruppe i
	$N \in \mathbb{N}$	Anzahl der Merkmalsgruppen im Datensatz

Stark korrelierte Spalten einer Merkmalsgruppe werden durch Untergewichtung dem Einfluss einer unkorrelierten Spalte angeglichen, um eine Überbetonung zu vermeiden. Der Gewichtungsfaktor stark korrelierter Spalten ist daher abhängig von der Anzahl an Spalten, mit denen eine Spalte in starker Korrelation steht (vgl. Formel 5.7). Zur Identifikation stark korrelierter Spalten wird auf die in Kapitel 5.1.2.4 berechneten Korrelationskoeffizienten nach Bravais-Pearson zurückgegriffen.

Formel 5.7: Gewichtung korrelierter Spalten der Fertigungsteildaten

$$w_{ik}^{kor} = \frac{w_{ij}}{1 + H_{ik}} \; mit \; k = 1, \dots, l$$

mit	$w_{ik}^{kor} \in [0; 0{,}5]$	Gewichtungsfaktor der stark korrelierten Spalte k der Merkmalsgruppe i
	$w_{ij} \in [0; 1]$	Gewichtungsfaktor der unkorrelierten Spalte j der Merkmalsgruppe i
	$H_{ik} \in \mathbb{N}_0$	Anzahl Spalten der Merkmalsgruppe i, die mit Spalte k stark korrelieren

Jeweils summiert entsprechen die Gewichtungsfaktoren paar- oder gruppenweise korrelierter Spalten dem Gewicht einer unkorrelierten Spalte. Der Gewichtungsfaktor einer Merkmalsgruppe wird daher gleichmäßig auf unkorrelierte Spalten sowie auf die Paare und Gruppen stark korrelierter Spalten verteilt (vgl. Formel 5.8).

---

[361] Vgl. Everitt, B. et al. (2011) Cluster Analysis, S. 67.

Formel 5.8: Gewichtung unkorrelierter Spalten der Fertigungsteildaten

$$w_{ij} = \frac{w_i}{M + \sum_{k=1}^{l} \frac{1}{1 + H_{ik}}} \quad mit\ j = 1, \ldots, m$$

mit	$w_{ij} \in [0;1]$	Gewichtungsfaktor der unkorrelierten Spalte j der Merkmalsgruppe i
	$M_i \in \mathbb{N}_0$	Anzahl unkorrelierter Spalten der Merkmalsgruppe i
	$w_i \in [0;1]$	Gewichtungsfaktor der Merkmalsgruppe i
	$H_{ik} \in \mathbb{N}_0$	Anzahl Spalten der Merkmalsgruppe i, die mit Spalte k stark korrelieren

Gewichtungsfaktoren der Fertigungsprozessdaten

Fertigungsprozessseitig besteht im Rahmen dieser Arbeit keine Gefahr der Überbetonung, da jedes Element der erstellten Profile nur durch eine einzigartige ID und eine Spalte im Datensatz beschrieben wird. Für das Arbeitsplatz-, Übergangs- und Bearbeitungszeitprofil ist dies die Arbeitsplatz-ID, beim Fertigungshilfsmittelprofil die entsprechende Fertigungshilfsmittel-ID. Das Losgrößenprofil besteht aus nur einer Spalte. Um anwendungsspezifische Varianzschwerpunkte in der Fertigung zu berücksichtigen, werden jedoch Gewichtungsfaktoren für die einzelnen Profile eingeführt. Sie ermöglichen es, den Einfluss des Arbeitsplatz-, Übergangs-, Fertigungshilfsmittel-, Bearbeitungszeit- und Losgrößenprofils in der Quantifizierung der Verschiedenheit der Fertigungsprozessvarianten zu individualisieren (vgl. Formel 5.9).

Formel 5.9: Gewichtung der Profile der Fertigungsprozessdaten

$$w_{AP} + w_{Ü} + w_{FH} + w_{BZ} + w_{LG} = 1$$

mit	$w_{AP} \in [0;1]$	Gewichtungsfaktor Arbeitsplatzprofil
	$w_{Ü} \in [0;1]$	Gewichtungsfaktor Übergangsprofil
	$w_{FH} \in [0;1]$	Gewichtungsfaktor Fertigungshilfsmittelprofil
	$w_{BZ} \in [0;1]$	Gewichtungsfaktor Bearbeitungszeitprofil
	$w_{LG} \in [0;1]$	Gewichtungsfaktor Losgrößenprofil

Die Variation der Gewichtungen ermöglicht es, unterschiedliche Perspektiven auf die Fertigungsprozessvarianz einzunehmen und so zur Schaffung von Transparenz beizutragen. In Analogie zu den Fertigungsteildaten ist eine subjektive Beeinflussung der Gewichtung jedoch möglichst zu vermeiden, sodass im Rahmen dieser Arbeit eine Gleichgewichtung der Profile verfolgt wird.

5.2.1.3 Berechnung der Distanzmatrizen

Nachdem die geeigneten Proximitätsmaße ausgewählt und anwendungsspezifische Gewichtungsfaktoren bestimmt wurden, wird die Verschiedenheit der Fertigungsteil- und Fertigungsprozessvarianten quantifiziert. Dazu werden die zugrundeliegenden Datensätze der Fertigungsteile und Profile jeweils in Distanzmatrizen überführt (vgl. Kapitel 2.3.1.2). Die Berechnung der Distanzmatrizen wird durch frei zugängliche Software unterstützt, die entsprechende Funktionen in bestehenden Software-Bibliotheken bereitstellen. Dem Programm sind lediglich die Inputdatensätze, die Skalenniveaus der Spalten, das zu verwendende Proximitätsmaß sowie optionale Gewichtungsfaktoren zu übergeben. Ein beispielhafter Ausschnitt eines möglichen Codes unter Verwendung der Funktion *daisy* in der Software R ist in Abbildung 5.13 dargestellt.

Berechnung der Distanzmatrizen
Input: Datensätze der Fertigungsteile und Profile
Output: Distanzmatrizen der Fertigungsteile und Profile

```
(1) Einlesen der Daten
(2) Berechnung der Distanzmatrizen
    #Fertigungsteildaten
    dmFT <- daisy(Fertigungsteile, metric = "gower", type = list(asymm=c(2,6,18,19,22)),
    weights =GewichtungFT)
    #Übergabe des Datensatzes Fertigungsteile, des Proximitätsmaßes Gower, der
    Spaltennummern asymmetrisch binär skalierter Spalten und einer zuvor definierten
    Gewichtung

    #Arbeitsplatzprofil
    dmAP <- daisy(Arbeitsplatzprofil, metric = "gower", type = list(asymm =
    c(1:ncol(Arbeitsplatzprofil))))

    #Übergangsprofil
    ...
```

Abbildung 5.13: Codeausschnitt zur Berechnung der Distanzmatrizen

Die Gewichtungsfaktoren der Fertigungsteile werden dem Programm übergeben und so in der Berechnung der Distanzmatrix der Fertigungsteilvarianten $D_{n\times n}^{FT}$ berücksichtigt. Für die Fertigungsprozessdaten werden einzelne Distanzmatrizen $D_{m\times m}^{x}$ je Profil erstellt, die anschließend unter Berücksichtigung der Gewichtungsfaktoren aus Kapitel 5.2.1.2 zu einer Distanzmatrix zusammengeführt werden (vgl. Formel 5.10).

Formel 5.10: Berechnung der Distanzmatrix der Fertigungsprozessvarianten

$$D_{m\times m}^{FP} = \sum w_x * D_{m\times m}^{x} \; mit \; x \in \{AP, Ü, FH, BZ, LG\}$$

mit

$D_{m\times m}^{FP}$	Distanzmatrix der Fertigungsprozessvarianten
w_x	Gewichtungsfaktor für Profil x
$D_{m\times m}^{x}$	Distanzmatrix für Profil x

Das Ergebnis stellen zwei Distanzmatrizen $D_{n\times n}^{FT}$ und $D_{m\times m}^{FP}$ dar, die die Verschiedenheiten der Fertigungsteilvarianten bzw. Fertigungsprozessvarianten in einem Wertebereich [0; 1] quantifizieren. Unter der Annahme, dass keine gleichen Varianten i und j mit $d(i,j) = 0$ in den Datensätzen enthalten sind, ist die Anzahl der Fertigungsteilvarianten durch n und die Anzahl der Fertigungsprozessvarianten durch m gegeben.

5.2.2 Ermittlung der Fertigungsprogrammvarianz

Die im vorherigen Kapitel quantifizierten Verschiedenheiten der Fertigungsteil- und Fertigungsprozessvarianten stellen die Grundlage zur Ermittlung der Fertigungsprogrammvarianz dar. Eine kumulative Betrachtung aller Verschiedenheiten ist zur Ermittlung der Fertigungsprogrammvarianz jedoch ungeeignet. So ist zwischen Varianten unterschiedlicher Fertigungsteil- bzw. Fertigungsprozessfamilien eine gewollte, hohe Verschiedenheit zu erwarten, deren Reduzierung nicht zielführend im Sinne des Variantenmanagements ist. Zur Ermittlung der Fertigungsprogrammvarianz sind daher insbesondere Verschiedenheiten zwischen Varianten gleicher Fertigungsteil- bzw. Fertigungsprozessfamilien relevant. Um diese Ähnlichkeitsstrukturen aufzudecken, werden die Fertigungsteil- und Fertigungsprozessvarianten im folgenden Kapitel einer datenbasierten Ähnlichkeitsanalyse unterzogen. Dazu werden zunächst geeignete Clusteringverfahren ausgewählt (vgl. 5.2.2.1). Anschließend werden die Verfahren zur Identifikation von Ausreißern (vgl. 5.2.2.2) und zur Modellierung der Verschiedenheiten (vgl. 5.2.2.3) angewendet. Die Ableitung der Fertigungsprogrammvarianz erfolgt anhand der aufgedeckten Ähnlichkeitsstrukturen und der quantifizierten Verschiedenheiten abschließend in Kapitel 5.2.2.4.

5.2.2.1 Auswahl geeigneter Clusteringverfahren

Für eine datenbasierte Ähnlichkeitsanalyse bieten sich Clusteringverfahren an, die in Kapitel 2.3.3.2 anhand ihrer Funktionsweisen und Fähigkeiten näher beschrieben wurden. Zur Bewertung der Eignung der Verfahren sind diese Fähigkeiten mit der Anwendungsumgebung abzugleichen, die durch die in Kapitel 5.1 erarbeitete Datengrundlage repräsentiert wird. Um die Generalität der Methodik zu bewahren, werden im Folgenden allgemeine Anforderungen einer für diese Arbeit typischen Anwendungsumgebung an zu verwendende Clusteringverfahren formuliert. Eine Gegenüberstellung mit den Fähigkeiten der Clusteringverfahren ermöglicht anschließend eine Auswahl für diese Arbeit geeigneter Verfahren.

Die erste Anforderung der Anwendungsumgebung an die zu verwendenden Clusteringverfahren besteht im Umgang mit *großen Datensätzen*. Je nach Größe des Unternehmens ist in einem Betrachtungszeitraum von einem Jahr mit mehreren Tausend Fertigungsaufträgen zu rechnen. Aufgrund auftragsspezifischer Schwankungen der Bearbeitungszeiten und Losgrößen kommt es leicht zu einer ähnlich hohen Anzahl an Fertigungsprozessvarianten, sodass von entsprechend großen Datensätzen auszugehen ist. Eine weitere Anforderung an die Verfahren liegt in der *exklusiven Zuordnung* von Varianten zu Clustern, bei der jede Variante einem eindeutigen Cluster zugeordnet wird. So ist sichergestellt, dass keine Variante mehrfach betrachtet wird und die Ermittlung der Fertigungsprogrammvarianz potenziell verfälscht. Hinsichtlich der Form zu identifizierender Cluster können keine eindeutigen Anforderungen gestellt werden, da die in den Datensätzen vorhandenen Clusterformen anwendungsspezifisch variieren und zunächst unbekannt sind. Die Fähigkeit, neben *sphärischen* auch *willkürliche Formen* von Clustern zu identifizieren, ist daher grundsätzlich wünschenswert. Eine weitere Anforderung an die Clusteringverfahren besteht in der Identifikation *variabler Clusteranzahlen*. Aufgrund initial fehlender Kenntnis über die in den Datensätzen vorhandene Anzahl an Clustern ist eine Vorgabe dieses Werts durch die AnwenderInnen als schwierig zu bewerten. Für die Ermittlung der Fertigungsprogrammvarianz ist außerdem eine *Ausreißeridentifikation* von entscheidender Bedeutung. Als Ausreißer deklarierte Varianten weisen per Definition eine relativ hohe Distanz zu anderen Varianten des Datensatzes auf. Sie beeinflussen die Fertigungsprogrammvarianz daher überdurchschnittlich stark und müssen durch Clusteringverfahren erkannt werden. Aufgrund der Bedeutung einzelner Varianten für die Fertigungsprogrammvarianz ist außerdem auf *geringe Granularität* der Clusteringverfahren zu achten. So wird sichergestellt, dass Varianten einzeln berücksichtigt und nicht rasterbasiert zusammengefasst werden. Auch auf Clusterebene ist eine Zusammenfassung unterschiedlicher, räumlich beieinanderliegender Cluster zu vermeiden. Auf diese Weise erzeugte große Cluster führen zu einer undifferenzierten Beurteilung der Fertigungsprogrammvarianz und erschweren eine gezielte Bestimmung geeigneter varianzreduzierender Maßnahmen. Die Verfahren sollten daher eine Identifikation möglichst *trennscharfer Cluster* ermöglichen.

Tabelle 5.3: Fähigkeiten unterschiedlicher Arten von Clusteringverfahren

		Fähigkeiten							
	Art der Clusteringverfahren	Große Datensätze	Exklusive Zuordnung	Sphärische Formen	Willkürliche Formen	Variable Clusterzahl	Ausreißeridentifikation	Geringe Granularität	Trennscharfe Cluster
Partitionierend	Distanz-basiert	X	X	X				X	X
	Dichte-basiert	X	X	X	X	X	X	X	
	Raster-basiert	X	X	X	X	X			
	Probabilistisch	X		X				X	X
Hierarchisch	Agglomerativ		X		X	X		X	X
	Divisiv		X		X	X		X	X
Anforderungen der Anwendungsumgebung		X	X	X	X	X	X	X	X

Eine Gegenüberstellung der formulierten Anforderungen mit den Fähigkeiten der in Kapitel 2.3.3.2 beschriebenen Clusteringverfahren ist in Tabelle 5.3 abgebildet. Es zeigt sich, dass keine Verfahrensart allein in der Lage ist, alle Anforderungen zu erfüllen. Hierarchische Clusteringverfahren sind aufgrund ihres Rechenaufwands bei großen Datensätzen für die Anwendungsumgebung dieser Arbeit ungeeignet. Probabilistische Verfahren kommen aufgrund der fehlenden exklusiven Clusterzuordnung, Raster-basierte Verfahren wegen der erhöhten Granularität in der Clusteridentifikation nicht in Frage. Dichte-basierte Verfahren erfüllen die meisten Anforderungen aller Verfahrensarten. Je nach Höhe des gewählten Dichte-Parameters neigen sie jedoch dazu, Cluster geringerer Dichte fälschlicherweise als Ausreißer zu deklarieren, oder unterschiedliche Cluster höherer Dichte künstlich zusammenzulegen. Mit einem geringen Dichte-Parameter eignen sie sich daher zur Ausreißeridentifikation, nicht aber zur Identifikation trennscharfer Cluster, für die i.A. Distanz-basierte Verfahren besser geeignet sind (vgl. Kapitel 2.3.3.2). Um die positiven Fähigkeiten beider Verfahrensarten zu verbinden, werden sie im folgenden Vorgehen zur Ähnlichkeitsanalyse kombiniert. Dazu werden mithilfe Dichte-basierter Verfahren zunächst Ausreißer in den Datensätzen identifiziert (vgl. 5.2.2.2). Anschließend werden die Verschiedenheiten der übrigen Varianten durch Anwendung Distanz-basierter Verfahren modelliert, um Cluster ähnlicher Fertigungsteil- und Fertigungsprozessvarianten aufzudecken (vgl. 5.2.2.3).

5.2.2.2 Identifikation der Ausreißer

Der Identifikation von Ausreißern kommt eine hohe Bedeutung zu, da sie die Verschiedenheit von Varianten überdurchschnittlich stark beeinflussen und so die Ergebnisse der Ähnlichkeitsanalyse verzerren können. Dabei sind insbesondere Distanz-basierte Clusteringverfahren anfällig gegenüber Ausreißern (vgl. Kapitel 2.3.3.2). Vor Anwendung entsprechender Verfahren in Kapitel 5.2.2.3 ist es daher wichtig, Ausreißer in den Datensätzen zu identifizieren und aus der Modellierung der Verschiedenheiten auszuschließen.

Zur Identifikation von Ausreißern wird der in Kapitel 2.3.3.2 vorgestellte Dichte-basierte Clusteringalgorithmus DBSCAN auf die Datensätze der Fertigungsteil- und Fertigungsprozessdaten aus Kapitel 5.1.3.4 angewendet. Dazu wird der Parameter $MinPts$ auf das Zweifache der Dimensionalität des jeweiligen Datensatzes gesetzt (vgl. Formel 5.11 und Formel 5.12).

Formel 5.11: Bestimmung von *MinPts* für Fertigungsteildaten

$$MinPts^{FT} = 2 * DIM^{FT}$$

mit $MinPts^{FT} \in \mathbb{N}$ Parameter $MinPts$ für die Fertigungsteildaten (FT)

$DIM^{FT} \in \mathbb{N}$ Dimensionalität der Fertigungsteildaten (FT)

Formel 5.12: Bestimmung von *MinPts* für Fertigungsprozessdaten

$$MinPts^{x} = 2 * DIM^{x}\ mit\ x \in \{AP, Ü, FH, BZ, LG\}$$

mit $MinPts^{x} \in \mathbb{N}$ Parameter $MinPts$ für das Profil x der Fertigungsprozessdaten

$DIM^{x} \in \mathbb{N}$ Dimensionalität des Profils x der Fertigungsprozessdaten

Die Bestimmung des Dichte-Parameters ϵ wird anhand der kNN Heuristik mit dem von SANDER ET AL. empfohlenen Wert für k durchgeführt (vgl. Formel 5.13 und Formel 5.14).[362]

Formel 5.13: Bestimmung von k für Fertigungsteildaten

$$k^{FT} = 2 * DIM^{FT} - 1$$

mit $k^{FT} \in \mathbb{N}$ Parameter der kNN Heuristik für Fertigungsteildaten

$DIM^{FT} \in \mathbb{N}$ Dimensionalität der Fertigungsteildaten

Formel 5.14: Bestimmung von k für Fertigungsprozessdaten

$$k^{x} = 2 * DIM^{x} - 1\ mit\ x \in \{AP, Ü, FH, BZ, LG\}$$

mit $k^{x} \in \mathbb{N}$ Parameter der kNN Heuristik für das Profil x der Fertigungsprozessdaten

$DIM^{x} \in \mathbb{N}$ Dimensionalität des Profils x der Fertigungsprozessdaten

Die Distanzen aller Varianten zu ihrem jeweiligen k-ten nächsten Nachbarn werden anschließend in absteigender Reihenfolge in einem Graphen visualisiert und der

---

362 Vgl. Sander, J. et al. (1998) Density-Based Clustering in Spatial Databases, S. 183.

Dichte-Parameter ϵ dort abgelesen, wo sich das erste Tal der Verlaufskurve bildet. Ein beispielhaftes Ergebnis der kNN Heuristik zur Bestimmung von ϵ sowie eines Clusterings mit DBSCAN ist in Abbildung 5.14 dargestellt.

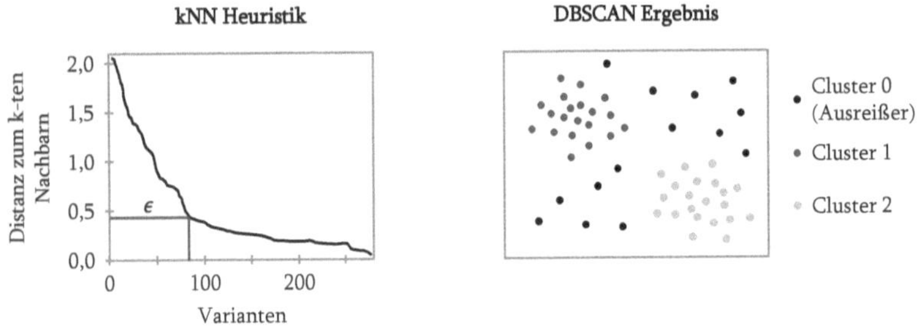

Abbildung 5.14: Bestimmung des Dichte-Parameters und Clusteringergebnis

Die verwendeten Formeln und Heuristiken zur Bestimmung der Parameter orientieren sich an Empfehlungen aus der Literatur, die dort zu guten Ergebnissen geführt haben.[363] Eine allgemeine Übertragbarkeit in andere Anwendungsumgebungen kann daraus jedoch nicht abgeleitet werden. Sollten die Ergebnisse im spezifischen Anwendungsfall durch DomänenexpertInnen als nicht zufriedenstellend bewertet werden, bietet sich daher eine abweichende Einstellung der Parameter an. Dazu muss ein Parameter in seinem Wert festgelegt werden, während der andere ergebnisorientiert variiert wird.[364] Da $MinPts$ für Werte über Vier meist keine signifikanten Änderungen der Clusterzuteilung bewirkt[365], wird in diesem Fall $MinPts = 4$ festgelegt und ϵ ergebnisorientiert variiert.

Die Anwendung der kNN Heuristik und des DBSCAN Algorithmus erfolgt mit frei zugänglicher Software und Funktionen aus bestehenden Software-Bibliotheken. Für die kNN Heuristik sind dem Programm dazu die Inputdatensätze der Fertigungsteil- und Fertigungsprozessdaten sowie die Formeln für k zu übergeben, um die Graphen zur Bestimmung von ϵ zu erzeugen. Die Anwendung des DBSCAN Algorithmus erfordert neben den Inputdatensätzen die zuvor bestimmten Parameter $MinPts$ und ϵ.

363 Vgl. Sander, J. et al. (1998) Density-Based Clustering in Spatial Databases, S. 183; Schubert, E. et al. (2017) DBSCAN Revisited, Revisited, S. 11.

364 Vgl. Schubert, E. et al. (2017) DBSCAN Revisited, Revisited, S. 11.

365 Vgl. Kantardzic, M. (2020) Data mining, S. 318 - 319.

Ein beispielafter Ausschnitt eines möglichen Codes unter Verwendung der Funktionen *kNNdistplot* und *dbscan* in der Software R ist in Abbildung 5.15 dargestellt.

Anwendung der kNN Heuristik und des DBSCAN Algorithmus
Input: Datensätze der Fertigungsteile und Profile, Formel für k, Parameter $MinPts$ und ϵ
Output: Graph zur Bestimmung von ϵ, Tabelle identifizierter Ausreißer in den Datensätzen

```
(1) kNN Heuristik
    #Fertigungsteildaten
    jpeg(filename = "./kNN_FT.jpg", units = "cm", width = 21, height = 9, res = 900)
    kNNdistplot(Fertigungsteile, 2*ncol(Fertigungsteile)-1)
    #Erstellung eines Graphen der kNN Heuristik, Übergabe des Datensatzes der
    Fertigungsteile und der Formel zur Bestimmung von k
    ...

(2) DBSCAN
    #Fertigungsteildaten
    DBFT <- dbscan(Fertigungsteile, eps = 0.015, minPts = 2*ncol(Fertigungsteile))
    #Anwendung des DBSCAN Algorithmus, Übergabe des Datensatzes der
    Fertigungsteile und der Parameter ϵ (eps) und MinPts
    A_FT <- which(DB$cluster == 0)
    #Extraktion der identifizierten Ausreißer (Cluster 0) der Fertigungsteile in einen
    separaten Datensatz
    ...
```

Abbildung 5.15: Codeausschnitt zur Anwendung der kNN Heuristik und DBSCAN

Die zu den Artikel- und Auftragsnummern der identifizierten Ausreißer gehörenden Daten werden abschließend jeweils in einem separaten Datensatz abgespeichert und aus den Fertigungsteil- und Fertigungsprozessdaten entfernt. Für die bereinigten Datensätze werden anschließend neue Distanzmatrizen $D^{FT}_{n_a \times n_a}$ und $D^{FP}_{m_a \times m_a}$ berechnet, die als Grundlage zur Modellierung der Verschiedenheiten der übrigen Varianten im nachfolgenden Kapitel dienen.

5.2.2.3 Modellierung der Verschiedenheiten

Die im vorherigen Kapitel identifizierten Ausreißer geben einen ersten Überblick über Varianten, die die Fertigungsprogrammvarianz aufgrund ihrer hohen Verschiedenheit zu allen anderen Varianten in besonderem Maße treiben. Um ein vollständiges Bild der Fertigungsprogrammvarianz zu erhalten, werden im folgenden Kapitel auch die übrigen Varianten hinsichtlich ihrer Verschiedenheit analysiert. Dazu werden die um Ausreißer bereinigten Distanzmatrizen der Fertigungsteil- und Fertigungsprozessvarianten $D^{FT}_{n_a \times n_a}$ und $D^{FP}_{m_a \times m_a}$ jeweils einem Distanz-basierten Clustering unterzogen.

Die bekanntesten Vertreter Distanz-basierter Clusteringverfahren wurden in Kapitel 2.3.3.2 vorgestellt. Im Rahmen dieser Arbeit besitzt der PAM Algorithmus gegenüber k-means eine größere Aussagekraft, da er real bestehende Varianten als Clusterzentren definiert, die aufgrund ihrer zentralen Lage besonders repräsentativ für das jeweilige Cluster sind. Im Anwendungszusammenhang stellen die Clusterzentren somit Varianten dar, die anhand ihrer Merkmale und Merkmalsausprägungen eine Fertigungsteil- bzw. Fertigungsprozessfamilie repräsentieren. Zur Identifikation der repräsentativen Varianten sowie der Fertigungsteil- und Fertigungsprozessfamilien wird daher im Folgenden der PAM Algorithmus verwendet.

Die Anwendung des PAM Algorithmus erfordert vorab eine Festlegung der Anzahl *K* zu erzeugender Cluster. Aufgrund fehlender Transparenz über die Struktur der Verschiedenheiten in den Distanzmatrizen kann dieser Parameter jedoch initial kaum optimal gewählt werden. Eine Lösung stellt die Raster- oder Zufallssuche dar, bei denen der PAM Algorithmus mit unterschiedlichen Werten für *K* initialisiert und der optimale Wert anhand der Ergebnisse der Zielfunktion bestimmt wird.[366] Um dieses Vorgehen zu adaptieren, müssen zunächst Zielfunktionen definiert werden, anhand derer sich ein für den Anwendungszusammenhang dieser Arbeit optimales Clusteringergebnis bestimmen lässt. Diese Zielfunktionen werden im Folgenden getrennt für die Fertigungsteil- und Fertigungsprozessvarianz definiert, bevor sie zur Bestimmung der jeweils optimalen Clusteranzahl *K* herangezogen werden.

Zielfunktion der Fertigungsprozessvarianz

Um ein anwendungsspezifisch optimales Clusteringergebnis zu indizieren, muss die Zielfunktion das Vorhandensein wünschenswerter Zustände der Fertigungsprozessvarianz aus Unternehmensperspektive widerspiegeln. Auf Grundlage der in Kapitel 2.2.2 beschriebenen Auswirkungen der Fertigungsprozessvarianz werden daher folgende Anforderungen an die Zielfunktion gestellt:

(1) Eine hohe durchschnittliche Ähnlichkeit von Prozessvarianten eines Clusters ist als vorteilhaft zu bewerten, da sie die Umsetzbarkeit von Prozessstandards und Skaleneffekten in der Fertigung indiziert.

(2) Die Anzahl unterschiedlicher Cluster sollte möglichst gering ausfallen, da ein Wechsel zwischen unähnlichen Prozessen mit erhöhten Umrüstaufwänden verbunden ist.

---

366 Vgl. Jain, A. (2010) 50 years beyond K-means, S. 654.

Fertigungsprozessvarianten, die eine besonders hohe Verschiedenheit zu den übrigen Varianten aufweisen, wurden im Rahmen der Ausreißeranalyse bereits aus dem Datensatz entfernt (vgl. Kapitel 5.2.2.2). Als weitere Anforderung an die Zielfunktion wird daher abgeleitet:

(3) Die Anzahl an Prozessvarianten, die aufgrund ihrer Verschiedenheit keinem Cluster zugeordnet werden können, sollte möglichst gering ausfallen.

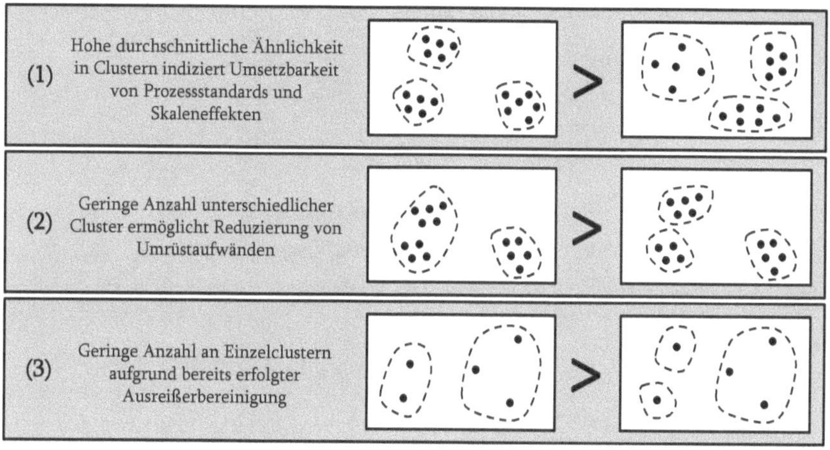

Abbildung 5.16: Anforderungen an Zielfunktion der Fertigungsprozessvarianz

Eine Übersicht der Anforderungen ist in Abbildung 5.16 grafisch dargestellt. Zur Bestimmung der Zielfunktion sind diese in mathematische Zusammenhänge zu übertragen, die eine spätere Identifikation des optimalen Clusteringergebnisses ermöglichen. Anforderung (1) drückt die Vorteilhaftigkeit möglichst geringer Distanzen zwischen den Varianten eines Clusters aus. Dieser Zusammenhang wird durch Maximierung des Silhouetten-Koeffizienten oder Minimierung der Zielfunktion des PAM Algorithmus abgebildet (vgl. Kapitel 2.3.3.2). Bei der zu erwartenden hohen Dimensionalität der Distanzmatrix der Fertigungsprozessvarianten ist der Silhouetten-Koeffizient jedoch ungeeignet, sodass die Zielfunktion des PAM Algorithmus verwendet wird. Um die durchschnittliche Ähnlichkeit entsprechend der Anforderung abzubilden, wird der Wert der Zielfunktion durch die Anzahl der Prozessvarianten geteilt. Anforderung (2) beschreibt die Vorteilhaftigkeit weniger großer statt vieler kleiner Cluster. Als zweiter Summand der Zielfunktion wird daher das Verhältnis der Anzahl Cluster zur Gesamtzahl der Objekte des Datensatzes gebildet, welches es zu minimieren gilt. Nach

Anforderung (3) sind Einzelcluster, die nur eine Variante enthalten, möglichst zu vermeiden. Der dritte Summand der Zielfunktion verfolgt daher eine Minimierung des Anteils an Einzelclustern an der Gesamtzahl identifizierter Cluster. Um einen subjektiven Einfluss zu vermeiden, werden die drei Summanden der Zielfunktion gleichgewichtet (vgl. Formel 5.15). Aufgrund der einheitlichen Optimierungsrichtung der einzelnen Summanden wird auch die resultierende Zielfunktion minimiert, um das optimale Clusteringergebnis zu identifizieren.

Formel 5.15: Zielfunktion der Fertigungsprozessvarianz

$$ZF^{FP} = \frac{1}{3}\frac{\sum_{l=1}^{K^{FP}} \sum_{x_i^{FP} \in C_l^{FP}} d(x_i^{FP}, c_l^{FP,medoid})}{m_a} + \frac{1}{3}\frac{K^{FP}}{m_a} + \frac{1}{3}\frac{K^{FP,eins}}{K^{FP}}$$

mit	$K^{FP} \in \mathbb{N}$	Anzahl identifizierter Cluster in $D_{m_a \times m_a}^{FP}$
	$K^{FP,eins} \in \mathbb{N}_0$	Anzahl identifizierter Einzelcluster in $D_{m_a \times m_a}^{FP}$
	$d(x_i^{FP}, c_l^{FP,medoid}) \in [0;1]$	Distanz zwischen Objekt x_i^{FP} und Clusterzentrum $c_l^{FP,medoid}$
	$m_a \in \mathbb{N}$	Anzahl Dimensionen der Distanzmatrix $D_{m_a \times m_a}^{FP}$

Zielfunktion der Fertigungsteilvarianz

In analoger Vorgehensweise wird die Zielfunktion aus den aus Unternehmensperspektive wünschenswerten Zuständen der Fertigungsteilvarianz abgeleitet. Auf Basis der in Kapitel 2.2.2 beschriebenen Auswirkungen der Fertigungsteilvarianz werden dazu die in Abbildung 5.17 zusammengefassten Anforderungen an die Zielfunktion gestellt.

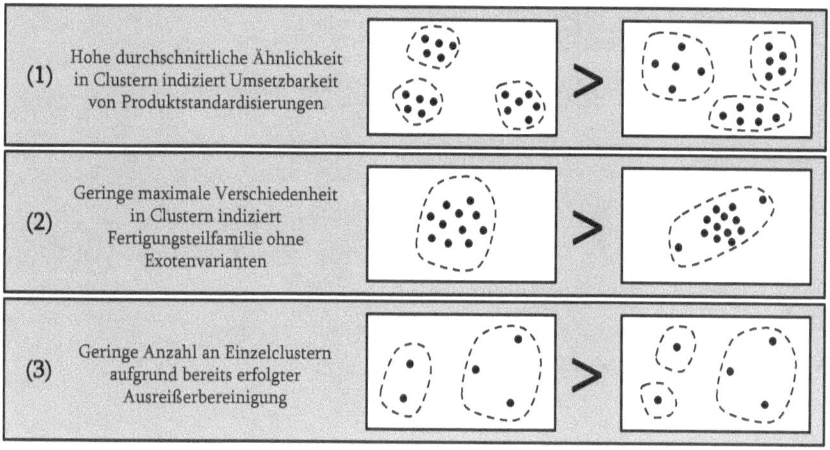

Abbildung 5.17: Anforderungen an Zielfunktion der Fertigungsteilvarianz

Zur Bestimmung der Zielfunktion werden die in Abbildung 5.17 zusammengefassten Anforderungen in mathematische Zusammenhänge übertragen. Anforderung (1) kann dabei analog zur Fertigungsprozessvarianz durch Maximierung des Silhouetten-Koeffizienten oder Minimierung der Zielfunktion des PAM Algorithmus abgebildet werden. Aufgrund der zu erwartenden niedrigeren Dimensionalität der Distanzmatrix der Fertigungsteilvarianten wird der Silhouetten-Koeffizient verwendet, den es zu maximieren gilt. Dabei ist die in Kapitel 2.2.2 beschriebene Grenze von 10 Mio. Zellen zu beachten. Anforderung (2) drückt die Vorteilhaftigkeit geringer Durchmesser der identifizierten Cluster aus. Als zweiter Summand wird daher der durchschnittliche Clusterdurchmesser in die Zielfunktion integriert, den es zu minimieren gilt. Nach Anforderung (3) sind Einzelcluster zu vermeiden, sodass der dritte Summand der Zielfunktion eine Minimierung des Anteils an Einzelclustern an der Gesamtzahl identifizierter Cluster verfolgt. Zur Bestimmung des optimalen Clusteringergebnisses wird die resultierende Zielfunktion aus gleichgewichteten Summanden minimiert. Da der Silhouetten-Koeffizient in Richtung seines Maximums optimiert wird, geht er negativ in die Zielfunktion ein (vgl. Formel 5.16).

Formel 5.16: Zielfunktion der Fertigungsteilvarianz

$$ZF^{FT} = -\frac{1}{3}\frac{\sum_{i=1}^{n_a} s(x_i{}^{FT})}{n_a} + \frac{1}{3}\frac{\sum_{l=1}^{K^{FT}} \max d(x_{il}^{FT}, x_{jl}^{FT})}{K^{FT}} + \frac{1}{3}\frac{K^{FT,eins}}{K^{FT}}$$

mit

$K^{FT} \in \mathbb{N}$	Anzahl identifizierter Cluster in $D^{FT}_{n_a \times n_a}$
$K^{FT,eins} \in \mathbb{N}_0$	Anzahl identifizierter Einzelcluster in $D^{FT}_{n \times n}$
$\max d(x_{il}^{FT}, x_{jl}^{FT}) \in [0; 1]$	Maximale Distanz zwischen den Objekten x_{il}^{FT} und x_{jl}^{FT} des Clusters l
$s(x_i{}^{FT})$	Silhouetten-Koeffizient für Objekt $x_i{}^{FT}$
$n_a \in \mathbb{N}$	Anzahl Dimensionen der Distanzmatrix $D^{FT}_{n_a \times n_a}$

Bestimmung der optimalen Clusteranzahl

Die definierten Zielfunktionen ermöglichen eine auf den Anwendungszusammenhang dieser Arbeit zugeschnittene Bewertung der Clusteringergebnisse von Fertigungsteil- und Fertigungsprozessvarianten. Zur Identifikation des jeweils besten Clusteringergebnisses wird der PAM Algorithmus für verschiedene k auf die Distanzmatrizen $D^{FT}_{n_a \times n_a}$ und $D^{FP}_{m_a \times m_a}$ angewendet. Dabei wird K per Rastersuche zunächst in 10er-Schritten variiert und der niedrigste Zielfunktionswert identifiziert. In diesem Bereich wird der PAM Algorithmus anschließend für ganzzahlige Schritte von K initialisiert. Die optimale Clusteranzahl $K^{FT,opt}$ bzw. $K^{FP,opt}$ ergibt sich schließlich für den niedrigsten Zielfunktionswert von ZF^{FT} bzw. ZF^{FP}.

Die Anwendung des PAM Algorithmus und Berechnung der Zielfunktionswerte erfolgt anhand frei zugänglicher Software unter Zuhilfenahme bestehender Funktionen aus Software-Bibliotheken. Dafür sind dem Programm die Distanzmatrizen als Dateninput, die Zielfunktionen sowie der Parameter K zu übergeben. Abbildung 5.18 zeigt einen Ausschnitt eines beispielhaften Codes unter Verwendung der Funktion *pam* in der Software R.

Anwendung des PAM Algorithmus
Input: Bereinigte Distanzmatrizen der Fertigungsteil- und Fertigungsprozessvarianten, Parameter K
Output: Tabelle der Zielfunktionswerte, des verwendeten K und der Anzahl Einzelcluster

```
(1) Fertigungsprozessvarianz
    ...
    PAM <- pam(dmaFP, K[i], diss = TRUE, pamonce = 6)
    #Übergabe der um Ausreißer bereinigten Distanzmatrix der
    Fertigungsprozessvarianten, des Parameters K, des Dateninputtyps Distanzmatrix
    (diss) und eines Abkürzungsintegers
    VFP_Werte <- rbind(VFP_Werte, data.frame(K = K[i], ZielfunktionPAM =
    PAM$objective[2], Einzelcluster = length(which(PAM$clusinfo[,1] == 1)), VFP =
    1/3*PAM$objective[2] + 1/3*length(unique(PAM$clustering))/nrow(dmaFP) +
    1/3*length(which(PAM$clusinfo[,1] == 1))/length(unique(PAM$clustering))))
    #Erstellung einer Tabelle mit den Werten für K, den Zielfunktionswerten des PAM
    Algorithmus, der Anzahl an Einzelclustern sowie des Zielfunktionswerts der
    Fertigungsprozessvarianz
    ...

(2) Fertigungsteilvarianz
```

Abbildung 5.18: Codeausschnitt zur Anwendung des PAM Algorithmus

5.2.2.4 Ableitung der Fertigungsprogrammvarianz

Auf Basis der quantifizierten Verschiedenheiten (vgl. Kapitel 5.2.1) sowie der in den vorherigen Kapiteln identifizierten Ähnlichkeitsstrukturen in Form von Ausreißern, Einzelclustern und Clustern wird abschließend die Fertigungsprogrammvarianz ermittelt. Diese wurde in Kapitel 2.2.1 als Anzahl und Verschiedenheit der Fertigungsteil- und Fertigungsprozessvarianten eines Unternehmens definiert. Dabei wird das Unternehmen durch die in Kapitel 5.1.1.3 definierte Anwendungsumgebung repräsentiert. Die Verschiedenheit einer Variante zu den anderen Varianten der Anwendungsumgebung ergibt sich aus der Zeilensumme der Variante in der Distanzmatrix $D^{FT}_{n_a \times n_a}$ bzw. $D^{FP}_{m_a \times m_a}$. Durch eine deartige kumulierte Betrachtung der Verschiedenheiten wird gegenüber einem Durchschnitt der Verschiedenheiten auch die Anzahl der Varianten in der Berechnung berücksichtigt. Die Berechnung der Zeilensummen bedingt jedoch eine clusterübergreifende Bestimmung der Verschiedenheiten, die für den Anwendungszusammenhang dieser Arbeit nicht zielführend ist. Stattdessen beziehen sich die als wünschenswert deklarierten Zustände der Varianz auf die Verschiedenheiten ähnlicher Varianten, d.h. solcher innerhalb eines Clusters (vgl. Kapitel 5.2.2.3). Um einen für den Anwendungszusammenhang dieser Arbeit aussagekräftigen Status der Varianz zu ermitteln, werden daher nur die Verschiedenheiten von Varianten desselben Clusters berücksichtigt. Ausreißer und Einzelcluster, die in der Ähnlichkeitsbetrachtung isoliert vorliegen, werden anhand ihrer Verschiedenheit zur nächstgelegenen Variante in die Berechnung integriert. Die Ermittlung der Fertigungsteil- und Fertigungsprozessvarianz ergibt sich aus Formel 5.17 und Formel 5.18.

Formel 5.17: Ermittlung der Fertigungsteilvarianz

$$V^{FT} = \sum_{l=1}^{K^{FT}} \sum_{i \in c_t^{FT}} \sum_{j \in c_t^{FT}} d_{ij}^{FT} + \sum_{e=1}^{K^{FT,eins}} \min d_e^{FT} + \sum_{d=1}^{A^{FT}} \min d_d^{FT}$$

mit	$K^{FT} \in \mathbb{N}$	Anzahl identifizierter Cluster in $D_{n_a \times n_a}^{FT}$
	$K^{FT,eins} \in \mathbb{N}_0$	Anzahl identifizierter Einzelcluster in $D_{n_a \times n_a}^{FT}$
	$A^{FT} \in \mathbb{N}_0$	Anzahl identifizierter Ausreißer in $D_{n \times n}^{FT}$
	$d_{ij}^{FT} \in [0; 1]$	Distanz zwischen Fertigungsteilen i und j in $D_{n_a \times n_a}^{FT}$
	c_t^{FT}	Fertigungsteilcluster t
	$\min d_e^{FT} \in [0; 1]$	Distanz des als Einzelcluster vorliegenden Fertigungsteils e zur nächstgelegen Variante in $D_{n_a \times n_a}^{FT}$
	$\min d_d^{FT} \in [0; 1]$	Distanz des als Ausreißer identifizierten Fertigungsteils d zur nächstgelegen Variante in $D_{n \times n}^{FT}$

Formel 5.18: Ermittlung der Fertigungsprozessvarianz

$$V^{FP} = \sum_{l=1}^{K^{FP,}} \sum_{f \in C_p^{FP}} \sum_{g \in C_p^{FP}} d_{fg}^{FP} + \sum_{d=1}^{K^{FP,eins}} \min d_r^{FP} + \sum_{b=1}^{A^{FP}} \min d_s^{FP}$$

mit	$K^{FP} \in \mathbb{N}$	Anzahl identifizierter Cluster in $D_{m_a \times m_a}^{FP}$
	$K^{FP,eins} \in \mathbb{N}_0$	Anzahl identifizierter Einzelcluster in $D_{m_a \times m_a}^{FP}$
	$A^{FP} \in \mathbb{N}_0$	Anzahl identifizierter Ausreißer in $D_{m \times m}^{FP}$
	$d_{fg}^{FP} \in [0; 1]$	Distanz zwischen Fertigungsprozessen f und g in $D_{m_a \times m_a}^{FP}$
	c_p^{FP}	Fertigungsprozesscluster p
	$\min d_r^{FP} \in [0; 1]$	Distanz des als Einzelcluster vorliegenden Fertigungsprozesses r zur nächstgelegen Variante in $D_{m_a \times m_a}^{FP}$
	$\min d_s^{FP} \in [0; 1]$	Distanz des als Ausreißer identifizierten Fertigungsprozesses s zur nächstgelegen Variante in $D_{m \times m}^{FP}$

Die Fertigungsprogrammvarianz ergibt sich aus der Summe der Fertigungsteil- und Fertigungsprozessvarianz nach Formel 5.19.

Formel 5.19: Ermittlung der Fertigungsprogrammvarianz

$$FPV = V^{FT} + V^{FP}$$

mit $V^{FT} \in [0; \infty[$ Fertigungsteilvarianz

$V^{FP} \in [0; \infty[$ Fertigungsprozessvarianz

Die ermittelte Fertigungsteil-, Fertigungsprozess- und Fertigungsprogrammvarianz stellen die Varianzsituation für eine zuvor definierte Anwendungsumgebung dar und erfüllen damit das zweite der definierten Projektziele (vgl. Kapitel 5.1.1.1). Da die Fertigungsprogrammvarianz stark durch den Umfang der Anwendungsumgebung und somit die jeweilige Unternehmensgröße geprägt ist, erlauben die berechneten Werte keine unternehmensübergreifende, sondern lediglich eine unternehmensinterne Vergleichbarkeit im Zeitverlauf. Um dennoch eine generische Interpretation der Ergebnisse zu ermöglichen, bietet sich die Berechnung des Verhältnisses aus Fertigungsteil- und Fertigungsprozessvarianz nach Formel 5.20 an.

Formel 5.20: Berechnung des Varianzverhältnisses

$$FPVV = \frac{V^{FP}}{V^{FT}}$$

mit $V^{FP} \in [0; \infty[$ Fertigungsprozessvarianz

$V^{FT} \in]0; \infty[$ Fertigungsteilvarianz

Das Varianzverhältnis ist unabhängig vom Umfang der Anwendungsumgebung und indiziert, mit welcher Fertigungsprozessvarianz eine bestehende Fertigungsteilvarianz hergestellt wird. Je nach Wert weist das Varianzverhältnis so auf eine ausgewogene ($FPVV = 1$), geringe ($FPVV < 1$) oder hohe ($FPVV > 1$) Fertigungsprozessvarianz in Relation zur bestehenden Fertigungsteilvarianz hin. Durch die vereinfachte Betrachtung lassen sich erste Rückschlüsse hinsichtlich der Beherrschung der Fertigungsprogrammvarianz durch ein Unternehmen sowie hinsichtlich bestehender Potenziale zur Varianzreduktion ziehen. Das nachfolgende Kapitel 5.3 widmet sich der Identifikation und Bewertung der Potenziale, um eine Entscheidungsunterstützung zur Reduzierung der Fertigungsprogrammvarianz zu leisten.

5.3 Entscheidungsunterstützung zur Reduzierung der Fertigungsprogrammvarianz

Im vorherigen Kapitel wurde die Fertigungsprogrammvarianz anhand der Verschiedenheiten und Ähnlichkeitsstrukturen der Fertigungsteil- und Fertigungsprozessvarianten ermittelt. Auf Grundlage der erzeugten DM-Ergebnisse wird im folgenden Kapitel eine Entscheidungsunterstützung zur Reduzierung der Fertigungsprogrammvarianz entwickelt, die auf einer datenbasierten Identifikation und Bewertung von Potenzialen zur Varianzreduktion basiert. Den Phasen Evaluation und Umsetzung des CRISP-DM Prozesses folgend, wird zunächst die Eignung der im vorherigen Lösungsmodul erzeugten DM-Ergebnisse zur datenbasierten Identifikation und Bewertung von Potenzialen zur Varianzreduktion validiert (vgl. Kapitel 5.3.1). In der Umsetzungsphase werden die DM-Ergebnisse anschließend in eine Entscheidungsunterstützung zur Reduzierung der Fertigungsprogrammvarianz überführt (vgl. Kapitel 5.3.2). Eine Übersicht der Ziele, des Vorgehens und der Ergebnisse des Kapitels ist in Abbildung 5.19 dargestellt.

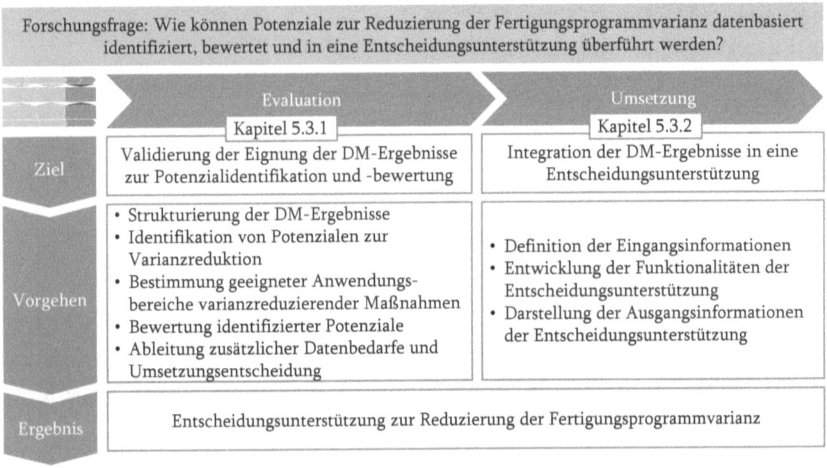

Abbildung 5.19: Übersicht der Phasen Evaluation und Umsetzung

5.3.1 Evaluation der Data Mining-Ergebnisse

Im Rahmen der Evaluationsphase werden die erzeugten DM-Ergebnisse hinsichtlich ihrer Eignung zur Erfüllung des Geschäftsziels überprüft und ggf. zu wiederholende Aktivitäten des DM-Prozesses durchgeführt. Zur Validierung ihrer Eignung werden die DM-Ergebnisse zunächst strukturiert (vgl. Kapitel 5.3.1.1) und varianzreduzierenden Maßnahmen gegenübergestellt, um Potentiale zur Reduzierung der Fertigungsprogrammvarianz abzuleiten (vgl. Kapitel 5.3.1.2). Anschließend werden geeignete Anwendungsbereiche der varianzreduzierenden Maßnahmen bestimmt (vgl. Kapitel 5.3.1.3) und Berechnungslogiken aufgestellt, die eine quantitative Bewertung der identifizierten Potenziale und eine Priorisierung der Anwendungsbereiche ermöglichen (vgl. Kapitel 5.3.1.4). Die Evaluationsphase schließt mit einer Vervollständigung der Datengrundlage für eine Entscheidungsunterstützung sowie der Umsetzungsentscheidung (vgl. Kapitel 5.3.1.5).

5.3.1.1 Strukturierung der Data Mining-Ergebnisse

Die in Kapitel 5.2 erzeugten DM-Ergebnisse bestehen aus den quantifizierten Verschiedenheiten (vgl. Kapitel 5.2.1) sowie identifizierten Ähnlichkeitsstrukturen (vgl. Kapitel 5.2.2) der Fertigungsteil- und Fertigungsprozessvarianten, anhand derer die Fertigungsprogrammvarianz ermittelt wurde. Dabei resultieren die quantifizierten Verschiedenheiten jeweils aus dem Vergleich zweier Fertigungsteil- bzw. Fertigungsprozessvarianten. Aus der Ähnlichkeitsanalyse ergeben sich wiederum unterschiedliche Ähnlichkeitsstrukturen in Form von Ausreißern, Einzelclustern und Clustern. Anhand der Verschiedenheiten und Ähnlichkeitsstrukturen lassen sich vier unterschiedliche Zustände der Ähnlichkeit von Varianten ableiten:

(1) Identisch: zwei miteinander verglichene Varianten sind identisch, wenn sie keine Verschiedenheit aufweisen
(2) Ähnlich: zwei miteinander verglichene Varianten sind ähnlich, wenn sie dem gleichen Cluster angehören
(3) Unähnlich: zwei miteinander verglichene Varianten sind unähnlich, wenn sie unterschiedlichen Clustern angehören
(4) Ausreißer: eine Variante ist ein Ausreißer, wenn sie keinem Cluster angehört oder ein Einzelcluster bildet.

Da in jedem Fertigungsauftrag ein Fertigungsteil hergestellt wird, lassen sich die Ähnlichkeitsbetrachtungen der Fertigungsteil- und Fertigungsprozessvarianten anhand ihrer Artikel- und Auftragsnummern miteinander verknüpfen. Ein Vergleich zweier Fertigungsprozessvarianten ermöglicht somit auch die Betrachtung der jeweils zugehörigen Fertigungsteilvarianten und umgekehrt. Dabei besteht aus Sicht der Fertigungsprozessvarianten eine 1:1-Beziehung, da zu jeder Auftragsnummer nur eine Artikelnummer gehört. Aus Fertigungsteilperspektive besteht demgegenüber eine 1:m-Beziehung, wenn zu einer Artikelnummer im Betrachtungszeitraum mehrere Fertigungsaufträge und damit Auftragsnummern vorliegen (vgl. Abbildung 5.20).

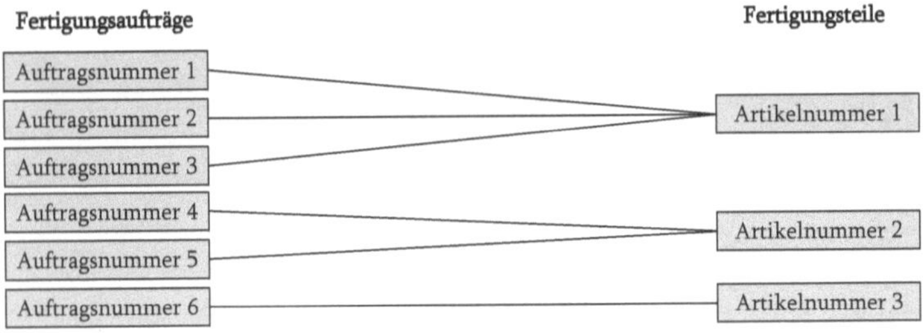

Abbildung 5.20: Beziehung zwischen Fertigungsaufträgen und Fertigungsteilen

Anhand der vier definierten Ähnlichkeitszustände lassen sich unterschiedliche Kombinationen gegenübergestellter Fertigungsteil- und Fertigungsprozessvarianten bilden, die im Folgenden detailliert beschrieben werden. Eine Übersicht der möglichen Variantenkombinationen ist Abbildung 5.21 zu entnehmen.

		Fertigungsteilvarianten			
	Ähnlichkeits-zustände	Identisch	Ähnlich	Unähnlich	Ausreißer/ Einzelcluster
Fertigungsprozessvarianten	Identisch	1	2	3	10
	Ähnlich	4	5 (Mögliche Kombinationen paarweise verglichener Varianten)	6	
	Unähnlich	7	8	9	
	Ausreißer/ Einzelcluster		11 (Mögliche Kombinationen einzelner Varianten)		12

Abbildung 5.21: Übersicht möglicher Variantenkombinationen

In den Fällen 1, 4 und 7 werden zwei Fertigungsprozessvarianten miteinander verglichen, in denen ein identisches Fertigungsteil hergestellt wird. Unterscheiden sich die Fertigungsprozessvarianten in keiner Merkmalsausprägung, sind sie identisch (Fall 1). Gehören sie dem gleichen Cluster an, werden sie als ähnlich bezeichnet (Fall 4). Befinden sie sich in unterschiedlichen Clustern, sind die Varianten unähnlich (Fall 7). In den Fällen 2, 5 und 8 werden zwei Fertigungsteilvarianten miteinander verglichen, die sich im gleichen Cluster befinden und daher ähnlich sind. Zu jeder derartigen Kombination an Fertigungsteilen werden alle Kombinationen zugehöriger Fertigungsprozessvarianten geprüft. Sind zwei zugehörige Fertigungsprozessvarianten identisch, tritt Fall 2 ein. Befinden sie sich in einem Cluster, liegt Fall 5 vor. Wenn sie sich in unterschiedlichen Clustern befinden, handelt es sich um Fall 8. Die Fälle 3, 6 und 9 betrachten Fertigungsteilvarianten, die sich unähnlich sind, d.h. in unterschiedlichen Clustern vorliegen. Auch hier werden die Fälle anhand der Ähnlichkeit zugehöriger Fertigungsprozessvarianten in identisch (Fall 3), ähnlich (Fall 6) und unähnlich (Fall 9) unterschieden. Fall 10 umfasst einzelne Fertigungsteilvarianten, die aufgrund ihrer Unähnlichkeit zu anderen Varianten als Ausreißer oder in Einzelclustern vorliegen. Aufgrund der Einzelbetrachtung erfolgt keine weitere Unterscheidung zugehöriger Fertigungsprozessvarianten. In Fall 11 werden analog Ausreißer und Einzelcluster der Fertigungsprozessvarianten betrachtet, ohne zwischen zugehörigen Fertigungsteilvarianten zu unterscheiden. Fall 12 stellt den Umstand dar, dass es sich sowohl bei der Fertigungsprozessvariante als auch bei der zugehörigen Fertigungsteilvariante um einen Ausreißer bzw. ein Einzelcluster handelt.

5.3.1.2 Identifikation von Potenzialen zur Varianzreduktion

Um das Geschäftsziel der Arbeit zu erfüllen, müssen die zuvor betrachteten DM-Ergebnisse eine Identifikation von Potenzialen zur Reduzierung der Fertigungsprogrammvarianz ermöglichen. Dies ist der Fall, wenn sich die Eignung einer varianzreduzierenden Maßnahme für Teile der Anwendungsumgebung aus den DM-Ergebnissen heraus begründen lässt. Im Folgenden werden dazu die in Kapitel 2.2.4 vorgestellten bestehenden Maßnahmen zur Varianzreduktion den in Abbildung 5.21 dargestellten Fällen möglicher Variantenkombinationen gegenübergestellt und auf ihre fallspezifische Eignung überprüft. Entsprechend der Unterteilung in produkt- und prozessseitige Maßnahmen erfolgt dies separat aus Fertigungsteil- und Fertigungsprozessperspektive.

Potenziale aus Fertigungsteilperspektive

Für *identische Fertigungsteile (Fälle 1, 4 und 7)* besteht i.A. kein Potenzial zur Reduzierung der Fertigungsteilvarianz, da keine Verschiedenheit vorliegt. Aufgrund der 1:m-Beziehung zwischen Fertigungsteil- und Fertigungsprozessvarianten liegt der Fokus bei identischen Fertigungsteilen stattdessen auf einer Reduzierung der zugehörigen Fertigungsprozessvarianz. Für den Fall, dass identische Fertigungsteile mit unterschiedlichen Artikelnummern vorliegen, gilt es, diese Redundanz durch Zusammenlegung der Teilestämme zu bereinigen.

Bei *ähnlichen Fertigungsteilen (Fälle 2, 5 und 8)* besteht Potenzial zur Reduzierung der Fertigungsteilvarianz durch eine Verringerung der Anzahl oder der Verschiedenheit der Varianten. Dazu eignet sich die Maßnahme der *Produkt-Standardisierung*, die eine vollständige oder teilweise Angleichung der Merkmale und Merkmalsausprägungen von Fertigungsteilvarianten verfolgt (vgl. Kapitel 2.2.4.1). Eine vollständige Angleichung zweier Varianten kommt dabei einer direkten Reduzierung der Anzahl an Fertigungsteilvarianten gleich. Eine teilweise Angleichung bezieht sich auf die Vereinheitlichung zweier Fertigungsteilvarianten in mindestens einer Merkmalsausprägung, welches eine Reduzierung ihrer Verschiedenheit zur Folge hat. Vor einer Produkt-Standardisierung ist dabei zu prüfen, ob die Angleichung differenzierender Merkmalsausprägungen möglich ist oder diese kundenspezifisch gefordert sind. Das Potenzial einer Produkt-Standardisierung für die Fälle 2, 5 und 8 wird im Folgenden in der *Potenzialkategorie 1* zusammengefasst.

Für *unähnliche Fertigungsteile (Fälle 3, 6 und 9)* lassen sich aus der Ähnlichkeitsbetrachtung keine Potenziale zur Varianzreduktion ableiten. Zwar indiziert die hohe Verschiedenheit verglichener Varianten grundsätzlich einen Hebel zur Reduzierung der Fertigungsteilvarianz. Die verglichenen Varianten befinden sich jedoch in unterschiedlichen Clustern und weisen damit hohe Ähnlichkeiten zu den anderen Fertigungsteilen ihrer jeweiligen Cluster auf. Eine Reduzierung der Verschiedenheit unähnlicher Fertigungsteile wirkt dadurch der geringen Verschiedenheit ähnlicher Fertigungsteile entgegen und führt zu einer ungewollten Erhöhung der Fertigungsteilvarianz (vgl. Kapitel 5.2.2.4).

Fertigungsteile, die als *Ausreißer oder Einzelcluster (Fälle 10 und 12)* vorliegen, weisen eine hohe Verschiedenheit zu allen anderen Fertigungsteilvarianten der Anwendungsumgebung auf. Sie werden daher einzeln betrachtet und indizieren kein Potenzial für eine Reduzierung der Verschiedenheit durch Angleichung an andere Varianten. Zur Varianzreduktion bietet sich stattdessen eine *Kündigung* von Fertigungsteilvarianten an, die ihre Streichung aus dem Produktportfolio und eine Reduzierung der Anzahl an Varianten zur Folge hat (vgl. Kapitel 2.2.4.1). Da die Streichung einer Fertigungsteilvariante mit dem Verlust ihres Umsatzes einhergeht, hängt die Eignung einer Kündigung zur Varianzreduktion zusätzlich von finanziellen Kennzahlen ab, die vor einer Umsetzungsentscheidung zu prüfen sind. Das Potenzial einer Kündigung für die Fälle 10 und 12 wird im Folgenden in der *Potenzialkategorie 2* zusammengefasst.

Eine Übersicht der aus Fertigungsteilperspektive abgeleiteten Potenziale zur Reduzierung der Fertigungsprogrammvarianz ist in Abbildung 5.22 dargestellt.

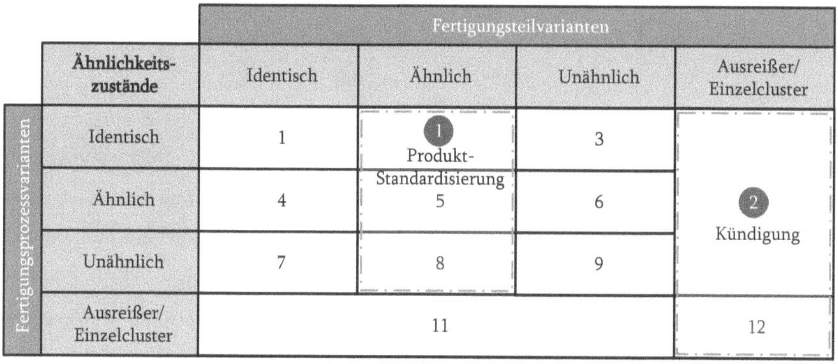

Abbildung 5.22: Potenziale aus Fertigungsteilperspektive

Potenziale aus Fertigungsprozessperspektive

Analog zur Fertigungsteilperspektive besteht auch für *identische Fertigungsprozesse (Fälle 1, 2 und 3)* kein Potenzial zur Varianzreduktion, da keine Verschiedenheit zwischen identischen Varianten vorliegt. Aus Sicht der Produktionsplanung und -steuerung bietet sich für diese Fälle eine Bündelung der Aufträge an, bei ausreichenden Stückzahlen zusätzlich die Bildung von Produktionssegmenten mit optimierter Ablauforganisation (vgl. Kapitel 2.2.4.2). Aufgrund ihres fehlenden Beitrags zur Reduzierung der Fertigungsprozessvarianz liegen diese Maßnahmen jedoch nicht im Fokus der Arbeit, sodass an dieser Stelle auf die weitere Literatur verwiesen wird.[367]

Bei *ähnlichen Fertigungsprozessen (Fälle 4, 5 und 6)* besteht Potenzial zur Reduzierung der Fertigungsprozessvarianz durch eine Verringerung ihrer Verschiedenheit. Dafür stehen unterschiedliche Maßnahmen zur Verfügung, deren Eignung sich nach den Merkmalen richtet, die die Verschiedenheit maßgeblich verursachen. Die *Prozess-Standardisierung* zielt auf eine Angleichung der verwendeten Arbeitsplätze und Fertigungshilfsmittel ähnlicher Fertigungsprozessvarianten ab und eignet sich daher

---

[367] Vgl. Luckert, M. (2018) Potenzial der Fertigungssegmentierung zur Erhöhung.

bei Verschiedenheiten in diesen Merkmalen (vgl. Kapitel 2.2.4.2). Geht die Verschiedenheit ähnlicher Fertigungsprozessvarianten vom Merkmal der Vorgangsfolge aus, bietet sich eine Angleichung der Ausprägungen durch *Postponement* an. Die Maßnahme verfolgt eine Prozessneuordnung mit dem Ziel, einheitliche Arbeitsvorgänge zu Beginn der Fertigungsprozesse zu bündeln, bevor eine variantenabhängige Ausdifferenzierung der durchlaufenen Arbeitsplätze erfolgt (vgl. Kapitel 2.2.4.2). Eine weitere Möglichkeit zur Reduzierung der Verschiedenheit ähnlicher Fertigungsprozessvarianten besteht in der Glättung schwankender Losgrößen und Bearbeitungszeiten durch *Nivellierung*. Auf diese Weise werden eine Abkopplung der Fertigungsprozesse von den Nachfrageschwankungen des Marktes und eine gleichmäßige Auslastung der Fertigung angestrebt (vgl. Kapitel 2.2.4.2). Vor einer Umsetzungsentscheidung der genannten Maßnahmen ist jedoch zu prüfen, ob die Angleichung differenzierender Merkmalsausprägungen möglich ist oder die Verschiedenheiten zur Herstellung der zugehörigen Fertigungsteile erforderlich sind. Bei identischen Fertigungsteilen (*Fall 4*) ist dies ausgeschlossen, die Potenziale einer Prozess-Standardisierung, eines Postponements und einer Nivellierung werden dafür in der *Potenzialkategorie 3* zusammengefasst. Bei ähnlichen oder identischen Fertigungsteilen ist die Umsetzbarkeit der Maßnahmen getrennt zu prüfen, die Potenziale werden daher in einer eigenen *Potenzialkategorie 4* zusammengefasst.

Analog zur Fertigungsteilperspektive führt eine Reduktion der Verschiedenheit *unähnlicher Fertigungsprozesse (Fälle 7, 8 und 9)* zu einer Erhöhung der Verschiedenheit ähnlicher Fertigungsprozesse und indiziert daher zunächst kein Potenzial zur Reduzierung der Fertigungsprozessvarianz. Die Auftragsbearbeitung ist in der Fertigung jedoch vereinzelt technischen und organisatorischen Störungen ausgesetzt (vgl. Kapitel 2.3.2.1), die zu Abweichungen der Merkmalsausprägungen eines Fertigungsauftrags führen und die Verschiedenheit der Fertigungsprozesse sowie ihre Clusterzuordnung beeinflussen. Potenzial zur Angleichung abweichender Merkmalsausprägungen besteht in der Folge auch für unähnliche Fertigungsprozessvarianten, deren Verschiedenheit sich nicht durch Unterschiede der zugehörigen Fertigungsteile begründen lässt. Die zuvor genannten Potenziale der *Prozess-Standardisierung*, des *Postponements* und der *Nivellierung* lassen sich daher auf Fertigungsprozessvarianten mit identischen zugehörigen Fertigungsteilen *(Fall 7)* übertragen und werden in P*otenzialkategorie 3* integriert.

Fertigungsprozessvarianten, die als *Ausreißer oder Einzelcluster (Fall 11 und 12)* vorliegen, weisen eine hohe Verschiedenheit zu allen anderen Fertigungsprozessvarianten der Anwendungsumgebung auf. Sie indizieren daher kein Potenzial zur Angleichung ihrer Merkmalsausprägungen an ähnliche Varianten durch Prozess-Standardisierung, Nivellierung oder Postponement. Stattdessen bietet sich die Reduzierung der Anzahl an Fertigungsprozessvarianten durch *Outsourcing* der Fertigung zugehöriger Fertigungsteile an. Aufgrund ihrer isolierten Lage stellen Ausreißer und Einzelcluster Randbereiche der Fertigungsprozessvarianten dar und sind daher besonders für die Auslagerung an Zulieferer geeignet (vgl. Kapitel 2.3.2.1). Kommt ein Outsourcing z.B. aufgrund zu niedriger Stückzahlen oder Betriebsgeheimnissen nicht in Frage, ist eine *Implementierung flexibler Fertigungstechniken* zur Herstellung der Varianten zu prüfen. So erlaubt der Einsatz von Additive Manufacturing die Fertigung flexibler Geometrien ohne Rüstaufwände durch Arbeitsplatzwechsel oder unterschiedliche Fertigungshilfsmittel (vgl. Kapitel 2.3.2.1). Bevor eine Entscheidung zur Umsetzung der genannten Maßnahmen getroffen wird, muss jedoch ausgeschlossen werden, dass es sich um einmalige, störungsinduzierte Verschiedenheiten der betroffenen Fertigungsprozesse handelt. Dies ist der Fall, wenn weitere Fertigungsprozessvarianten für das zugehörige Fertigungsteil existieren, die nicht als Ausreißer oder Einzelcluster vorliegen. Das Potenzial flexibler Fertigungstechniken für die Fälle 10 und 12 wird im Folgenden in der *Potenzialkategorie 5* zusammengefasst.

Eine Übersicht der aus Fertigungsprozessperspektive abgeleiteten Potenziale zur Reduzierung der Fertigungsprogrammvarianz ist in Abbildung 5.23 dargestellt.

<table>
<tr><td colspan="2"></td><td colspan="4">Fertigungsteilvarianten</td></tr>
<tr><td></td><td>Ähnlichkeits-zustände</td><td>Identisch</td><td>Ähnlich</td><td>Unähnlich</td><td>Ausreißer/ Einzelcluster</td></tr>
<tr><td rowspan="4">Fertigungsprozessvarianten</td><td>Identisch</td><td>1</td><td>2</td><td>3</td><td rowspan="3">10</td></tr>
<tr><td>Ähnlich</td><td rowspan="2">3 Prozess-Standardisierung, Postponement, Nivellierung (4, 7)</td><td colspan="2">4 Prozess-Standardisierung, Postponement, Nivellierung (5, 6)</td></tr>
<tr><td>Unähnlich</td><td>8</td><td>9</td></tr>
<tr><td>Ausreißer/ Einzelcluster</td><td colspan="3">5 Outsourcing, flexible Fertigungstechniken (11)</td><td>12</td></tr>
</table>

Abbildung 5.23: Potenziale aus Fertigungsprozessperspektive

5.3.1.3 Bestimmung geeigneter Anwendungsbereiche je Potenzialkategorie

Die identifizierten Potenzialkategorien zeigen, dass sich die Eignung varianzreduzierender Maßnahmen jeweils auf einzelne Fälle der Ähnlichkeitsbetrachtung beschränkt. Geeignete Anwendungsbereiche der varianzreduzierenden Maßnahmen sind somit die Kombinationen von Fertigungsteil- und Fertigungsprozessvarianten, die den Fällen der zugehörigen Potenzialkategorie zuzuordnen sind. Um diese Gesamtheit geeigneter Anwendungsbereiche abzubilden, werden alle in der Anwendungsumgebung vorkommenden Variantenkombinationen je Potenzialkategorie bestimmt und in separaten Datensätzen tabellarisch dokumentiert. Als Grundlage zur Bestimmung der Variantenkombinationen dienen die Informationen über die Beziehungen und Ähnlichkeitsstrukturen der Fertigungsteile und -prozesse (vgl. Kapitel 5.3.1.1).

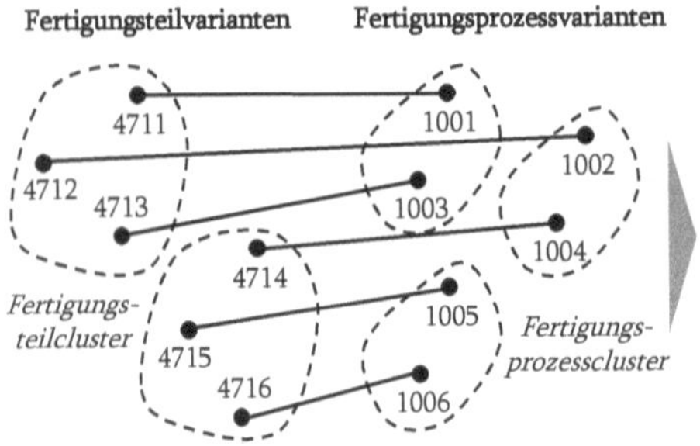

Variantenkombinationen

Artikel-Nr. 1	Artikel-Nr. 2	Auftrags-Nr. 1	Auftrags-Nr. 2
4711	4712	1001	1002
4711	4713	1001	1003
4712	4713	1002	1003
4714	4715	1004	1005
4714	4716	1004	1006
4715	4716	1005	1006

Abbildung 5.24: Variantenkombinationen für eine Produkt-Standardisierung

Abbildung 5.24 zeigt beispielhaft die Bildung von Variantenkombinationen der *Potenzialkategorie 1* als geeignete Anwendungsbereiche einer *Produkt-Standardisierung*. In Frage kommen demnach alle Kombinationen zweier Fertigungsteilvarianten und zugehöriger Fertigungsprozessvarianten, bei denen sich die Fertigungsteilvarianten im gleichen Cluster befinden. Für eine *Kündigung (Potenzialkategorie 2)* werden alle möglichen Kombinationen einzelner Fertigungsteilvarianten und zugehöriger Fertigungsprozessvarianten gebildet, bei denen die Fertigungsteilvarianten als Ausreißer oder Einzelcluster deklariert sind. Für *Prozess-Standardisierungen*, *Postponements* und *Nivellierungen* werden unterschiedliche Variantenkombinationen je nach Ähnlichkeit der zugehörigen Fertigungsteile gebildet. Bei identischen Fertigungsteilvarianten *(Potenzialkategorie 3)* werden alle Kombinationen zweier Fertigungsprozessvarianten bestimmt, deren zugehörige Fertigungsteilvarianten identisch sind. Bei ähnlichen oder unähnlichen Fertigungsteilvarianten *(Potenzialkategorie 4)* werden alle Kombinationen zweier Fertigungsprozessvarianten gebildet, die sich im gleichen Cluster befinden. Mögliche Anwendungsbereiche für *Outsourcings oder flexible Fertigungstechniken (Potenzialkategorie 5)* sind alle Kombinationen einzelner Fertigungsprozessvarianten und zugehöriger Fertigungsteilvarianten, bei denen die Fertigungsprozessvarianten als Ausreißer oder Einzelcluster vorliegen. Eine Zusammenfassung der geeigneten Anwendungsbereiche varianzreduzierender Maßnahmen ist in Abbildung 5.25 dargestellt.

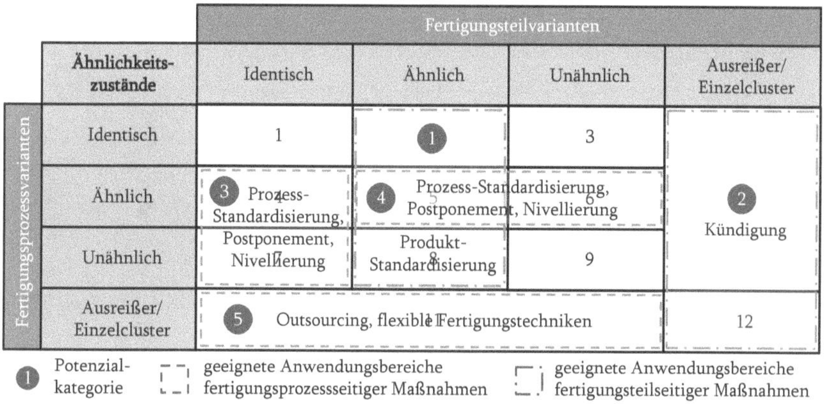

Abbildung 5.25: Geeignete Anwendungsbereiche varianzreduzierender Maßnahmen

5.3.1.4 Bewertung identifizierter Potenziale zur Varianzreduktion

Die aus der Ähnlichkeitsbetrachtung abgeleiteten Potenziale zur Reduzierung der Fertigungsprogrammvarianz zeigen, dass die DM-Ergebnisse zur Erfüllung des Geschäftsziels beitragen. Um eine Entscheidungsunterstützung im Sinne des Geschäftsziels zu erreichen, ist darüber hinaus eine quantitative Bewertung der identifizierten Potenziale erforderlich, die eine Priorisierung der Anwendungsbereiche der varianzreduzierenden Maßnahmen ermöglicht. Die Bewertung eines Potenzials ist dabei abhängig von der Umsetzbarkeit der varianzreduzierenden Maßnahme sowie von dem Beitrag zur Varianzreduktion, der durch die Anwendung der Maßnahme auf einen Anwendungsbereich erzielt wird. Im Folgenden werden daher Berechnungslogiken aufgestellt, die eine anwendungsbereichsspezifische Quantifizierung der Potenziale varianzreduzierender Maßnahmen anhand ihrer Umsetzbarkeit und ihres Beitrags zur Varianzreduktion ermöglichen.

Um die Vergleichbarkeit zwischen den Summanden der Berechnungslogiken zu erhöhen, werden diese auf einer Skala von Null bis Eins normalisiert (vgl. Formel 2.11). Potenzialübergreifend sind außerdem Gewichtungsfaktoren in die Berechnungslogiken integriert, um die Bedeutung der Umsetzbarkeit einer Maßnahme oder ihres Beitrags zur Varianzreduktion in der Potenzialbewertung anwendungsspezifisch gewichten zu können. Dabei erfolgt die Bestimmung der Gewichtungsfaktoren unter Berücksichtigung der Formel 5.21, sodass der Wertebereich quantifizierter Potenziale ebenfalls zwischen Null (geringes Potenzial) und Eins (hohes Potenzial) liegt. Um eine subjektive Beeinflussung der Gewichtung zu vermeiden, wird im Rahmen dieser Arbeit eine Gleichgewichtung der Gewichtungsfaktoren verfolgt.

Formel 5.21: Gewichtungsfaktoren der Potenzialbewertung

$$\sum w_{\ddot{U}}^{x} + \sum w_{B}^{x} = 1$$
$$mit\ x \in \{PrdSt, Knd, PrzSt, Pstpn, NivLG, NivBZ, FlxFT, Outsrc\}$$

mit $w_{\ddot{U}}^{x} \in [0;1]$ Gewichtungsfaktor der Umsetzbarkeit

$w_{B}^{x} \in [0;1]$ Gewichtungsfaktor des Beitrags zur Varianzreduktion

Bewertung des Potenzials für Produkt-Standardisierungen

Die Umsetzbarkeit einer Produkt-Standardisierung durch vollständige oder teilweise Angleichung der Merkmalsausprägungen zweier miteinander verglichener Fertigungsteilvarianten ist abhängig vom Grad ihrer Ähnlichkeit. Bei einer geringen Ähnlichkeit der Fertigungsteile ist von heterogenen Kundenanforderungen und einem entsprechend niedrigen Standardisierungspotenzial auszugehen. Mit steigender Ähnlichkeit der Fertigungsteile bedienen diese zunehmend homogene Kundenanforderungen, sodass die Möglichkeit zur Umsetzung von Standardisierungen und Entwicklung von Baureihen steigt (vgl. Kapitel 2.2.4.1). Die Umsetzbarkeit einer Produkt-Standardisierung steigt folglich mit zunehmender Ähnlichkeit zweier miteinander verglichener Fertigungsteilvarianten. Dieser Zusammenhang wird über den ersten Summanden der Berechnungslogik widergespiegelt.

Der Beitrag einer Produkt-Standardisierung zur Reduzierung der Fertigungsteilvarianz sinkt bei einer teilweisen Angleichung mit zunehmender Ähnlichkeit der verglichenen Fertigungsteilvarianten, da ihre reduzierbare Verschiedenheit abnimmt. Gleichzeitig steigt mit zunehmender Ähnlichkeit der Fertigungsteile die Möglichkeit einer vollständigen Angleichung und damit eine Reduzierung der Anzahl an Varianten. Aufgrund dieses gegenläufigen Wirkzusammenhangs gleicht sich der Einfluss der Ähnlichkeit zweier Fertigungsteilvarianten auf den Beitrag einer Produkt-Standardisierung zur Reduzierung der Fertigungsteilvarianz aus und wird in der Berechnungslogik nicht weiter berücksichtigt. Eine Angleichung der Fertigungsteilvarianten durch Produkt-Standardisierung hat jedoch zusätzlich das Potenzial, die Verschiedenheit der zugehörigen Fertigungsprozessvarianten zu reduzieren. Sind diese gleich *(Fall 2)* oder ähnlich *(Fall 5)*, haben die differenzierenden Merkmalsausprägungen der Fertigungsteile keine oder geringe Auswirkungen auf die Fertigungsprozessvarianz. Unterscheiden sich die Fertigungsprozesse ähnlicher Fertigungsteilvarianten hingegen signifikant, wirken die differenzierenden Merkmalsausprägungen der Fertigungsteile in der Fertigung varianzinduzierend *(Fall 8)*. Der Beitrag einer Produkt-Standardisierung zur Reduzierung der Fertigungsprozessvarianz ist daher umso größer, je höher die durchschnittliche Verschiedenheit der zugehörigen Fertigungsprozessvarianten ausfällt. Dieser Zusammenhang wird durch den zweiten Summanden in die Berechnungslogik integriert.

In der Folge ist das Potenzial einer Produkt-Standardisierung bei geringer Verschiedenheit der Fertigungsteilvarianten und hoher Verschiedenheit zugehöriger Fertigungsprozessvarianten maximal. Die Berechnungslogik zur Quantifizierung des Potenzials einer Produkt-Standardisierung zweier miteinander verglichener Fertigungsteilvarianten ergibt sich daraus nach Formel 5.22.

Formel 5.22: Potenzial einer Produkt-Standardisierung

$$P_{ijfg}^{PrdSt} = w_U^{PrdSt} * \left(1 - d_{ij}^{FT}\right) + w_B^{PrdSt} * \frac{\sum d_{ijfg}^{FP}}{N_{ij}^{FPKomb}} \; mit \; i,j \in {c_t}^{FT}$$

mit	$P_{ijfg}^{PrdSt} \in [0;1]$	Potenzial einer Produkt-Standardisierung von i und j
	$d_{ij}^{FT} \in [0;1]$	Distanz zwischen den Fertigungsteilen i und j
	$d_{ijfg}^{FP} \in [0;1]$	Distanz zu i und j gehöriger Fertigungsprozesse f und g
	$N_{ij}^{FPKomb} \in \mathbb{N}$	Anzahl Kombinationsmöglichkeiten zu i und j gehöriger Fertigungsprozessvarianten
	$w_U^{PrdSt} \in [0;1]$	Gewichtungsfaktor der Umsetzbarkeit
	$w_B^{PrdSt} \in [0;1]$	Gewichtungsfaktor des Beitrags zur Varianzreduktion
	${c_t}^{FT}$	Fertigungsteilcluster t

Bewertung des Potenzials für Kündigungen

Die Umsetzbarkeit einer Kündigung von Fertigungsteilvarianten ist geprägt von den strategischen und wirtschaftlichen Folgen des damit einhergehenden Auftrags- und Umsatzverlustes. Dabei sind besonders Fertigungsteilvarianten mit geringem Umsatzanteil für eine Streichung aus dem Portfolio geeignet, um varianzinduzierte Kosten abzubauen und Fertigungskapazitäten zu erschließen (vgl. Kapitel 2.2.4.1). Die Umsetzbarkeit einer Kündigung ist daher umso höher, je geringer der Umsatzanteil der gestrichenen Variante am Gesamtumsatz innerhalb der Anwendungsumgebung ausfällt. Dieser Zusammenhang wird durch den ersten Summanden der Berechnungslogik repräsentiert.

Das Potenzial einer Kündigung hängt zusätzlich von ihrem Beitrag zur Reduzierung der Fertigungsteilvarianz ab. Dabei ist die varianzreduzierende Wirkung umso größer, je höher die Verschiedenheit der gekündigten Fertigungsteilvariante zur nächstgelegenen Variante des Betrachtungsbereichs ist. Dies wird durch den zweiten Summanden der Berechnungslogik ausgedrückt. Durch das Wegfallen zugehöriger Fertigungsprozessvarianten geht eine Kündigung außerdem mit einer Reduzierung der Fertigungsprozessvarianz einher. Sind die zugehörigen Fertigungsprozessvarianten ähnlich zu anderen Varianten, d.h. Teil eines Clusters, sind die Auswirkungen der Kündigung auf die Fertigungsprozessvarianz gering *(Fall 10)*. Handelt es sich bei den zugehörigen Fertigungsprozessvarianten jedoch ebenfalls um Ausreißer oder Einzelcluster, reduziert die Kündigung einer Fertigungsteilvariante die Fertigungsprozessvarianz stärker *(Fall 12)*. Das Potenzial einer Kündigung ist daher umso größer, je höher die durchschnittliche Verschiedenheit der zugehörigen Fertigungsprozessvarianten zu den jeweils nächstgelegenen Varianten des Betrachtungsbereichs ausfällt. Dieser Zusammenhang wird durch den dritten Summanden der Berechnungslogik berücksichtigt.

Die Berechnungslogik zur Quantifizierung des Potenzials der Kündigung einer Fertigungsteilvariante ergibt sich daraus nach Formel 5.23.

Formel 5.23: Potenzial einer Kündigung

$$P_{if}^{Knd} = w_U^{Knd} * \left(1 - \frac{p_i * \sum_f LG_{if}}{\sum_i (p_i * \sum_f LG_{if})}\right) + w_{B_1}^{Knd} * \min d_i^{FT} + w_{B_2}^{Knd} * \frac{\sum_f \min d_{if}^{FP}}{N_i^{FP}}$$

mit

$P_{if}^{Knd} \in [0;1]$	Potenzial einer Kündigung des Fertigungsteils i
p_i	Verkaufspreis pro Stück des Fertigungsteils i
$LG_{if} \in \mathbb{N}$	Losgröße des i zugehörigen Fertigungsprozesses f
$\min d_i^{FT} \in [0;1]$	Distanz des Fertigungsteils i zur nächstgelegenen Fertigungsteilvariante
$\min d_{if}^{FP} \in [0;1]$	Distanz des zu i gehörigen Fertigungsprozesses f zur nächstgelegenen Fertigungsprozessvariante
$N_i^{FP} \in \mathbb{N}$	Anzahl i zugehöriger Fertigungsprozessvarianten
$w_U^{Knd} \in [0;1]$	Gewichtungsfaktor der Umsetzbarkeit
$w_B^{Knd} \in [0;1]$	Gewichtungsfaktor des Beitrags zur Varianzreduktion

Bewertung des Potenzials für Prozess-Standardisierungen

Die Prozess-Standardisierung verfolgt eine Angleichung der durchlaufenen Arbeitsplätze und verwendeten Fertigungshilfsmittel zweier miteinander verglichener Fertigungsprozessvarianten. Eine Angleichung der Merkmalsausprägungen ist dabei nur möglich, wenn die bestehende Verschiedenheit der Arbeitsplätze und Fertigungshilfsmittel nicht durch die Unterschiede der zugehörigen Fertigungsteilvarianten erzwungen wird. Die Umsetzbarkeit einer Prozess-Standardisierung ist daher abhängig von der Verschiedenheit der zugehörigen Fertigungsteilvarianten (vgl. Kapitel 2.2.4.2). Sind die Fertigungsteilvarianten ähnlich *(Fall 5)*, ist die Wahrscheinlichkeit produktinduzierter Verschiedenheiten der Fertigungsprozessvarianten als gering zu bewerten. Die Umsetzbarkeit einer Prozess-Standardisierung ist daher höher als bei unähnlichen Fertigungsteilvarianten *(Fall 6)*. Bei identischen Fertigungsteilvarianten *(Fall 4)* sind produktinduzierte Verschiedenheiten der Fertigungsprozessvarianten ausgeschlossen, sodass die Umsetzbarkeit fertigungsprozessseitiger Angleichungen maximal ist. Je geringer die Verschiedenheit der zugehörigen Fertigungsteilvarianten ausfällt, desto aussichtsreicher ist folglich die Umsetzbarkeit einer Prozess-Standardisierung zu bewerten. Diesen Zusammenhang spiegelt der erste Summand der Berechnungslogik wider.

Der Beitrag einer Prozess-Standardisierung zur Reduzierung der Fertigungsprozessvarianz ist abhängig vom Ausmaß, um das die Verschiedenheit zweier Fertigungsprozessvarianten durch Anwendung der Maßnahme reduziert wird. Dieses Ausmaß sinkt mit zunehmender Ähnlichkeit hinsichtlich der durchlaufenen Arbeitsplätze und der verwendeten Fertigungshilfsmittel, da die reduzierbare Verschiedenheit der verglichenen Fertigungsprozessvarianten abnimmt. Bei hoher relativer Verschiedenheit unterscheiden sich die Fertigungsprozessvarianten in den Merkmalsausprägungen deutlicher, sodass das Potenzial einer Prozess-Standardisierung steigt. Dies wird durch den zweiten und dritten Summanden der Berechnungslogik berücksichtigt.

Die Berechnungslogik zur Quantifizierung des Potenzials einer Prozess-Standardisierung ergibt sich daraus nach Formel 5.24.

Formel 5.24: Potenzial einer Prozess-Standardisierung

$$P_{fgij}^{PrzSt} = w_U^{PrzSt} * \left(1 - d_{fgij}^{FT}\right) + w_{B_1}^{PrzSt} * d_{fg}^{AP} + w_{B_2}^{PrzSt} * d_{fg}^{FH}$$
$$mit\ f, g \in {c_p}^{FP}$$

mit	$P_{fgij}^{PrzSt} \in [0; 1]$	Potenzial einer Prozess-Standardisierung von f und g
	$d_{fg}^{AP} \in [0; 1]$	Distanz zwischen f und g im Merkmal Arbeitsplatz
	$d_{fg}^{FH} \in [0; 1]$	Distanz zwischen f und g im Merkmal Fertigungshilfsmittel
	$d_{fgij}^{FT} \in [0; 1]$	Distanz zu f und g gehöriger Fertigungsteile i und j
	$w_U^{PrzSt} \in [0; 1]$	Gewichtungsfaktor der Umsetzbarkeit
	$w_B^{PrzSt} \in [0; 1]$	Gewichtungsfaktor des Beitrags zur Varianzreduktion
	${c_p}^{FP}$	Fertigungsprozesscluster p

Bewertung des Potenzials für Postponements

Das Postponement verfolgt eine Bündelung einheitlicher Arbeitsvorgänge durch Angleichung der Vorgangsfolgen zweier miteinander verglichener Fertigungsprozessvarianten (vgl. Kapitel 2.2.4.2). Analog zur Prozess-Standardisierung ist die Angleichung der Merkmalsausprägungen dabei nur möglich, wenn die bestehende Verschiedenheit der Vorgangsfolgen nicht durch die Unterschiede der zugehörigen Fertigungsteilvarianten erzwungen wird. Je geringer die Verschiedenheit der zugehörigen Fertigungsteilvarianten ausfällt, desto aussichtsreicher ist folglich auch die Umsetzbarkeit eines Postponements zu bewerten. Diesen Zusammenhang spiegelt der Minuend der Berechnungslogik wider.

Das Potenzial eines Postponements ist außerdem abhängig vom Beitrag der Maßnahme zur Varianzreduktion. Dieser Beitrag ist bestimmt durch das Ausmaß, um das die Verschiedenheit der Fertigungsprozessvarianten durch eine Prozessneuordnung und Bündelung einheitlicher Arbeitsvorgänge reduziert wird. Bei hoher Überschneidung der durchlaufenen Arbeitsplätze aber geringer Ähnlichkeit der Vorgangsfolge besteht hohes Potenzial in einer Prozessneuordnung durch Postponement. Umgekehrt fällt das Potenzial für Fertigungsprozessvarianten mit geringer Ähnlichkeit der Arbeitsplätze oder einer bereits ähnlichen Vorgangsfolge niedrig aus, da die Verschiedenheit der Varianten durch eine Prozessneuordnung kaum weiter reduziert wird. Das Potenzial eines Postponements ist daher umso größer, je mehr einheitliche Arbeitsvorgänge die Fertigungsprozessvarianten enthalten, d.h., je ähnlicher sie sich hinsichtlich der durchlaufenen Arbeitsplätze sind. Die Distanz im Merkmal Arbeitsplatz geht daher als Subtrahend negativ in die Berechnungslogik ein. Gleichzeitig steigt das Potenzial eines Postponements mit zunehmender Verschiedenheit der Fertigungsprozessvarianten hinsichtlich ihrer Vorgangsfolge, da die reduzierbare Verschiedenheit durch eine Prozessneuordnung wächst. Die Distanz im Merkmal Vorgangsfolge wird daher als Summand in der Berechnungslogik berücksichtigt (vgl. Formel 5.25).

Formel 5.25: Potenzial eines Postponements

$$P_{fgij}^{Pstpn} = w_U^{Pstpn} * \left(1 - d_{fgij}^{FT}\right) - w_{B_1}^{Pstpn} * d_{fg}^{AP} + w_{B_2}^{Pstpn} * d_{fg}^{Ü}$$
$$mit\ f, g \in c_p{}^{FP}$$

mit	$P_{fgij}^{Pstpn} \in [0; 1]$	Potenzial eines Postponements von f und g
	$d_{fg}^{AP} \in [0; 1]$	Distanz zwischen f und g im Merkmal Arbeitsplatz
	$d_{fg}^{Ü} \in [0; 1]$	Distanz zwischen f und g im Merkmal Vorgangsfolge
	$d_{fgij}^{FT} \in [0; 1]$	Distanz zu f und g gehöriger Fertigungsteile i und j
	$w_U^{Pstpn} \in [0; 1]$	Gewichtungsfaktor der Umsetzbarkeit
	$w_B^{Pstpn} \in [0; 1]$	Gewichtungsfaktor des Beitrags zur Varianzreduktion
	$c_p{}^{FP}$	Fertigungsprozesscluster p

Bewertung des Potenzials für Nivellierungen

Die Nivellierung verfolgt eine gleichmäßige Auslastung der Fertigung durch Glättung von Schwankungen in den Losgrößen und Bearbeitungszeiten zweier miteinander verglichener Fertigungsprozessvarianten (vgl. Kapitel 2.2.4.2). Um eine gleichmäßige Auslastung der Fertigung sicherzustellen, ist eine Glättung der Bearbeitungszeiten und Losgrößen insbesondere für Prozessvarianten erforderlich, die gleiche Maschinen und Fertigungshilfsmittel verwenden. Die Umsetzbarkeit einer Nivellierung steigt daher mit zunehmender Ähnlichkeit der Fertigungsprozessvarianten hinsichtlich der durchlaufenen Arbeitsplätze und verwendeten Fertigungshilfsmittel. Diesen Zusammenhang spiegeln die ersten beiden Summanden der Berechnungslogiken in Formel 5.26 und Formel 5.27 wider.

Der Beitrag einer Nivellierung zur Varianzreduktion ist bestimmt durch das Ausmaß, um das die Verschiedenheit der Fertigungsprozessvarianten reduziert wird. In der Folge ist das Potenzial einer Nivellierung umso höher, je größer die Verschiedenheit zweier verglichener Fertigungsprozessvarianten hinsichtlich ihrer Losgröße bzw. Bearbeitungszeiten ausfällt. Dies wird jeweils durch den letzten Summanden in den Berechnungslogiken berücksichtigt.

Die Umsetzbarkeit einer Angleichung der Losgrößen ist unabhängig von der Verschiedenheit der zugehörigen Fertigungsteilvarianten. Die Berechnungslogik für das Potenzial einer Losgrößennivellierung ergibt sich daher nach Formel 5.26.

Formel 5.26: Potenzial einer Nivellierung von Losgrößen

$$P_{fg}^{NivLG} = w_{U_1}^{NivLG} * \left(1 - d_{fg}^{AP}\right) + w_{U_2}^{NivLG} * \left(1 - d_{fg}^{FH}\right) + w_B^{NivLG} * d_{fg}^{LG}$$
$$mit\ f, g \in {c_p}^{FP}$$

mit	$P_{fg}^{NivLG} \in [0; 1]$	Potenzial einer Nivellierung der Losgrößen von f und g
	$d_{fg}^{AP} \in [0; 1]$	Distanz zwischen f und g im Merkmal Arbeitsplatz
	$d_{fg}^{FH} \in [0; 1]$	Distanz zwischen f und g im Merkmal Fertigungshilfsmittel
	$d_{fg}^{LG} \in [0; 1]$	Distanz zwischen f und g im Merkmal Losgröße
	$w_U^{NivLG} \in [0; 1]$	Gewichtungsfaktor der Umsetzbarkeit
	$w_B^{NivLG} \in [0; 1]$	Gewichtungsfaktor des Beitrags zur Varianzreduktion
	${c_p}^{FP}$	Fertigungsprozesscluster p

Eine Angleichung der Bearbeitungszeiten zweier miteinander verglichener Fertigungsprozessvarianten ist demgegenüber nur möglich, wenn die bestehende Verschiedenheit nicht durch die Unterschiede der zugehörigen Fertigungsteilvarianten erzwungen wird. Das Potenzial einer Nivellierung der Bearbeitungszeiten ist daher umso höher, je geringer die Verschiedenheit zugehöriger Fertigungsteilvarianten ausfällt. Dies wird durch den dritten Summanden der Berechnungslogik in Formel 5.27 berücksichtigt. Darüber hinaus besteht eine Vergleichbarkeit der Bearbeitungszeiten nur bei ähnlichen Losgrößen. Je geringer die Verschiedenheit der Losgrößen und der zugehörigen Fertigungsteilvarianten ausfällt, desto aussichtsreicher ist die Umsetzbarkeit einer Angleichung der Bearbeitungszeiten zu bewerten. Diesen Zusammenhang spiegelt der vierte Summand der Berechnungslogik wider. Das Potenzial einer Nivellierung von Bearbeitungszeiten lässt sich daher anhand Formel 5.27 quantifizieren.

Formel 5.27: Potenzial einer Nivellierung von Bearbeitungszeiten

$$P_{fgij}^{NivBZ} = w_{U_1}^{NivBZ} * \left(1 - d_{fg}^{AP}\right) + w_{U_2}^{NivBZ} * \left(1 - d_{fg}^{FH}\right) + w_{U_3}^{NivBZ} * \left(1 - d_{fgij}^{FT}\right) + w_{U_4}^{NivBZ} * \left(1 - d_{fg}^{LG}\right) + w_B^{NivBZ} * d_{fg}^{BZ} \; mit \; f,g \in c_p{}^{FP}$$

mit	$P_{fgij}^{NivBZ} \in [0;1]$	Potenzial einer Nivellierung der Bearbeitungszeiten von f und g
	$d_{fgij}^{FT} \in [0;1]$	Distanz zu f und g gehöriger Fertigungsteile i und j
	$d_{fg}^{AP} \in [0;1]$	Distanz zwischen f und g im Merkmal Arbeitsplatz
	$d_{fg}^{FH} \in [0;1]$	Distanz zwischen f und g im Merkmal Fertigungshilfsmittel
	$d_{fg}^{LG} \in [0;1]$	Distanz zwischen f und g im Merkmal Losgröße
	$d_{fg}^{BZ} \in [0;1]$	Distanz zwischen f und g im Merkmal Bearbeitungszeit
	$w_U^{NivBZ} \in [0;1]$	Gewichtungsfaktor der Umsetzbarkeit
	$w_B^{NivBZ} \in [0;1]$	Gewichtungsfaktor des Beitrags zur Varianzreduktion
	$c_p{}^{FP}$	Fertigungsprozesscluster p

Bewertung des Potenzials für Outsourcing und flexible Fertigungstechniken

Das Outsourcing verfolgt eine Reduzierung der Anzahl an Fertigungsprozessvarianten, indem Fertigungsprozesse an Zulieferer ausgelagert und die zugehörigen Fertigungsteile fremdbezogen werden. Eine Alternative zum Outsourcing stellt der Einsatz flexibler Fertigungstechniken wie Additive Manufacturing dar, die Aufgrund ihrer

Bearbeitungsflexibilität weniger Werkzeug- und Arbeitsplatzwechsel erfordern und so zur Reduzierung der Fertigungsprozessvarianz beitragen (vgl. Kapitel 2.2.4.2). Das Potenzial eines Outsourcings oder Einsatzes flexibler Fertigungstechniken hängt vom Beitrag der jeweiligen Maßnahme zur Reduzierung der Fertigungsprozessvarianz ab. Dabei ist die varianzreduzierende Wirkung umso größer, je höher die durchschnittliche Verschiedenheit der ausgelagerten Fertigungsprozessvariante zu den jeweils nächstgelegenen Varianten des Betrachtungsbereichs ausfällt. Dieser Zusammenhang wird durch den zweiten Summanden der Berechnungslogiken in Formel 5.28 und Formel 5.29 widergespiegelt. In beiden Fällen bleibt das Potenzial von der Ähnlichkeit zugehöriger Fertigungsteile unbeeinflusst. Handelt es sich bei diesen jedoch ebenfalls um Ausreißer oder Einzelcluster, ist, statt der Anwendung fertigungsprozessseitiger Maßnahmen, eine Kündigung der entsprechenden Fertigungsteilvariante zu prüfen.

Aufgrund hoher Herstellkosten ist die Wirtschaftlichkeit von flexiblen Fertigungstechniken wie Additive Manufacturing vornehmlich auf individualisierte Einzelteile geringer Stückzahlen beschränkt (vgl. 2.2.4.2). Die Umsetzbarkeit der Maßnahme ist daher umso höher, je geringer die Losgrößen der betroffenen Fertigungsprozessvarianten ausfallen. Dieser Zusammenhang wird durch den ersten Summanden der Berechnungslogik zur Potenzialbewertung des Einsatzes flexibler Fertigungstechniken berücksichtigt (vgl. Formel 5.28).

Formel 5.28: Potenzial eines Einsatzes flexibler Fertigungstechniken

$$P_{if}^{FlxFT} = w_U^{FlxFT} * \left(1 - \frac{\sum_f LG_{if}}{\max \sum LG}\right) + w_B^{FlxFT} * \frac{\sum_f \min d_{if}^{FP}}{N_i}$$

mit	$P_{if}^{FlxFT} \in [0; 1]$	Potenzial flexibler Fertigungstechniken für die zu i gehörenden Fertigungsprozessvarianten f
	$LG_{if} \in \mathbb{N}$	Losgröße der i zugehörigen Fertigungsprozessvariante f
	$\max \sum LG \in \mathbb{N}$	Maximale im Betrachtungsbereich aufgetretene Summe an Losgrößen zu einer Fertigungsteilvariante
	$\min d_{if}^{FP} \in [0; 1]$	Distanz der i zugehörigen Fertigungsprozessvariante f zur nächstgelegenen Variante
	$N_i^{FP} \in \mathbb{N}$	Anzahl der i zugehörigen Fertigungsprozessvarianten
	$w_U^{FlxFT} \in [0; 1]$	Gewichtungsfaktor der Umsetzbarkeit
	$w_B^{FlxFT} \in [0; 1]$	Gewichtungsfaktor des Beitrags zur Varianzreduktion

Mit steigenden Stückzahlen sinkt die Wirtschaftlichkeit flexibler Fertigungstechniken gegenüber traditionellen Fertigungstechniken. Gleichzeitig verbessert sich die Verhandlungsposition gegenüber Zulieferern für ein Outsourcing der Fertigungsprozessvarianten. Die Umsetzbarkeit des Outsourcings steigt daher mit zunehmender Losgröße der betroffenen Fertigungsprozessvarianten. Dies wird durch den ersten Summanden der Berechnungslogik zur Quantifizierung des Outsourcingpotenzials berücksichtigt (vgl. Formel 5.29).

Formel 5.29: Potenzial eines Outsourcings

$$P_{if}^{Outsrc} = w_U^{Outsrc} * \frac{\sum_f LG_{if}}{\max \sum LG} + w_B^{Outsrc} * \frac{\sum_f \min d_{if}^{FP}}{N_i}$$

mit	$P_{if}^{Outsrc} \in [0; 1]$	Potenzial flexibler Fertigungstechniken für die zu i gehörenden Fertigungsprozessvarianten f
	$LG_{if} \in \mathbb{N}$	Losgröße der i zugehörigen Fertigungsprozessvariante f
	$\max \sum LG \in \mathbb{N}$	Maximale im Betrachtungsbereich aufgetretene Summe an Losgrößen zu einer Fertigungsteilvariante
	$\min d_{if}^{FP} \in [0; 1]$	Distanz der i zugehörigen Fertigungsprozessvariante f zur nächstgelegenen Variante
	$N_i \in \mathbb{N}$	Anzahl der i zugehörigen Fertigungsprozessvarianten
	$w_U^{Outsrc} \in [0; 1]$	Gewichtungsfaktor der Umsetzbarkeit
	$w_B^{Outsrc} \in [0; 1]$	Gewichtungsfaktor des Beitrags zur Varianzreduktion

5.3.1.5 Vervollständigung der Datengrundlage und Umsetzungsentscheidung

Das in den vorherigen Kapiteln erläuterte Vorgehen der Potenzialidentifikation und -bewertung validiert die Eignung der DM-Ergebnisse als Grundlage einer Entscheidungsunterstützung zur Reduzierung der Fertigungsprogrammvarianz. Vor einer Umsetzungsentscheidung ist dabei abschließend die Verfügbarkeit aller für die Potenzialbewertung erforderlichen Daten sicherzustellen. Als zusätzliche Aktivität im Rahmen der Evaluationsphase werden daher die Informations- und Datenbedarfe zur Potenzialbewertung mit den in dieser Arbeit erzeugten Datensätzen abgeglichen. Auf dieser Grundlage werden nicht erfüllte Datenbedarfe identifiziert, aus den unternehmensinternen IT-System extrahiert und in der Datengrundlage ergänzt.

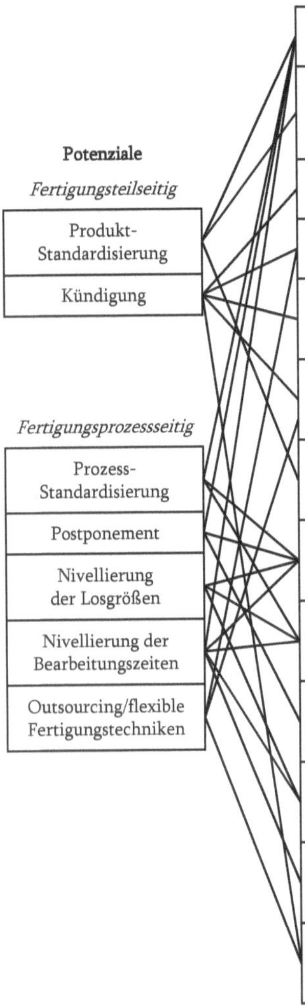

Informationsbedarf	Datenbedarf	Datenquelle	Kapitel
Verschiedenheit einer Fertigungsteilkombination	d_{ij}^{FT}	$D^{FT}_{n\times n}/D^{FT}_{n_a\times n_a}$	5.2.1
Anzahl zu einer Fertigungsteilkombination gehöriger Fertigungsprozesskombinationen	N_{ij}^{FPKomb}	Datensätze der Varianten-kombinationen	5.3.1.3
Verkaufspreise einer Fertigungsteilvariante	p_i	*Zu ergänzen im Fertigungsteildatensatz*	
Losgröße einer Fertigungsprozessvariante	LG_f	Losgrößenpofil	5.1.3.4
Verschiedenheit einer Fertigungsteilvariante zur nächstgelegenen Variante	$\min d_i^{FT}$	$D^{FT}_{n\times n}/D^{FT}_{n_a\times n_a}$	5.2.1
Verschiedenheit einer Fertigungsprozessvariante zur nächstgelegenen Variante	$\min d_f^{FP}$	$D^{FP}_{m\times m}/D^{FP}_{m_a\times m_a}$	5.2.1
Verschiedenheit einer Fertigungsprozesskombination (gesamt)	d_{fg}^{FP}	$D^{FP}_{m\times m}/D^{FP}_{m_a\times m_a}$	5.2.1
Verschiedenheit einer Fertigungsprozesskombination (Arbeitsplatz)	d_{fg}^{AP}	$D^{AP}_{m_a\times m_a}$	5.2.1
Verschiedenheit einer Fertigungsprozesskombination (Fertigungshilfsmittel)	d_{fg}^{FH}	$D^{FH}_{m_a\times m_a}$	5.2.1
Verschiedenheit einer Fertigungsprozesskombination (Vorgangsfolge)	$d_{fg}^{Ü}$	$D^{Ü}_{m_a\times m_a}$	5.2.1
Verschiedenheit einer Fertigungsprozesskombination (Losgröße)	d_{fg}^{BZ}	$D^{LG}_{m_a\times m_a}$	5.2.1
Verschiedenheit einer Fertigungsprozesskombination (Bearbeitungszeit)	d_{fg}^{LG}	$D^{BZ}_{m_a\times m_a}$	5.2.1
Anzahl zu einem Fertigungsteil gehöriger Fertigungsprozessvarianten	N_i^{FP}	Datensätze der Varianten-kombinationen	5.3.1.3

Abbildung 5.26: Datenbedarfe und -quellen zur Potenzialbewertung

Eine Übersicht der Datenbedarfe und -quellen zur Potenzialbewertung ist in Abbildung 5.26 gegeben. Die Verschiedenheiten der Fertigungsteilvarianten sowie der Fertigungsprozessvarianten wurden in Kapitel 5.2.1 quantifiziert und in Form von Distanzmatrizen dokumentiert. Dabei liegen für die Merkmale der Fertigungsprozesse jeweils einzelne Distanzmatrizen vor, die die Verschiedenheiten hinsichtlich der Arbeitsplätze, Fertigungshilfsmittel, Vorgangsfolge, Bearbeitungszeit und Losgröße quantifizieren. Informationen zur Losgröße der Fertigungsprozessvarianten sind dem Losgrößenprofil der in Kapitel 5.1.3.4 zusammengestellten Datengrundlage zu entnehmen. Die Anzahl zu einer Fertigungsteilvariante oder Fertigungsteilkombination gehöriger Fertigungsprozessvarianten bzw. -kombinationen ergeben sich aus den in Kapitel 5.3.1.3 gebildeten Variantenkombinationen je Potenzialkategorie. Lediglich die Stückpreise der Fertigungsteilvarianten des Betrachtungsbereichs stellen einen ungedeckten Datenbedarf zur Bewertung der varianzreduzierenden Potenziale dar. Diese Stammdaten gilt es deshalb aus den unternehmenseigenen PDM-Systemen zu extrahieren und in den Datensatz der Fertigungsteildaten (vgl. Kapitel 5.1.3.4) zu integrieren.

Mit der Ergänzung der Datengrundlage sind alle Daten verfügbar, die für eine Entscheidungsunterstützung zur Reduzierung der Fertigungsprogrammvarianz im Sinne des Geschäftsziels erforderlich sind. Als Ergebnis der Evaluationsphase steht daher die Entscheidung zur Umsetzung, die im nachfolgenden Kapitel beschrieben wird.

5.3.2 Umsetzung der Entscheidungsunterstützung

Ziel der Umsetzungsphase des CRISP-DM ist es, das aus den DM-Ergebnissen gewonnene Wissen im Sinne der Geschäftsziele nutzbar zu machen und in die unternehmerischen Entscheidungsfindungsprozesse zu integrieren (vgl. Kapitel 2.3.2.2). Im folgenden Kapitel werden die identifizierten Potenziale, Anwendungsbereiche sowie die Berechnungslogiken zur Potenzialbewertung daher in eine Entscheidungsunterstützung zur Reduzierung der Fertigungsprogrammvarianz zusammengeführt. Dazu werden zunächst die Zielstellung und Eingangsinformationen der Entscheidungsunterstützung zusammengefasst (vgl. Kapitel 5.3.2.1). Anschließend werden die Funktionalitäten beschrieben, die einen Transfer der Eingangsinformationen in Ausgangsinformationen zur Unterstützung der Entscheidungsfindung ermöglichen (vgl. Kapitel 5.3.2.2). Anhand der Ausgangsinformationen wird abschließend die Verwendung der Entscheidungsunterstützung zur Reduzierung der Fertigungsprogrammvarianz erläutert (vgl. Kapitel 5.3.2.3).

5.3.2.1 Zielstellung und Eingangsinformationen der Entscheidungsunterstützung

Die Entscheidungsunterstützung soll eine Reduzierung der Fertigungsprogrammvarianz durch eine Priorisierung des Anwendungsbereichs varianzreduzierender Maßnahmen anhand ihres quantifizierten Potenzials ermöglichen. Für jede Variantenkombination einer Potenzialkategorie ist daher eine maßnahmenspezifische Potenzialbewertung durchzuführen. Als Eingangsinformationen der Entscheidungsunterstützung sind dafür die in Kapitel 5.3.1.3 gebildeten Variantenkombinationen, die in Kapitel 5.3.1.4 aufgestellten Berechnungslogiken zur Potenzialbewertung sowie die damit zusammenhängenden Verschiedenheitsdaten (vgl. Kapitel 5.2.1.3) erforderlich. Nachdem potenzialstarke Variantenkombinationen zur Anwendung einer varianzreduzierenden Maßnahme identifiziert wurden, soll die Entscheidungsunterstützung außerdem eine Betrachtung der betroffenen Varianten hinsichtlich der Gemeinsamkeiten und Unterschiede ihrer Merkmalsausprägungen ermöglichen. Als weitere Eingangsinformation ist daher die in Kapitel 5.1 strukturierte und vorbereitete Datengrundlage aus Produkt- und Fertigungsrückmeldedaten erforderlich, die in Form des Fertigungsteildatensatzes sowie des Arbeitsplatz-, Übergangs-, Fertigungshilfsmittel-, Bearbeitungszeit- und Losgrößenprofils vorliegen (vgl. Kapitel 5.1.3.4).

Eine Übersicht der Eingangsinformationen der Entscheidungsunterstützung ist in Abbildung 5.27 dargestellt.

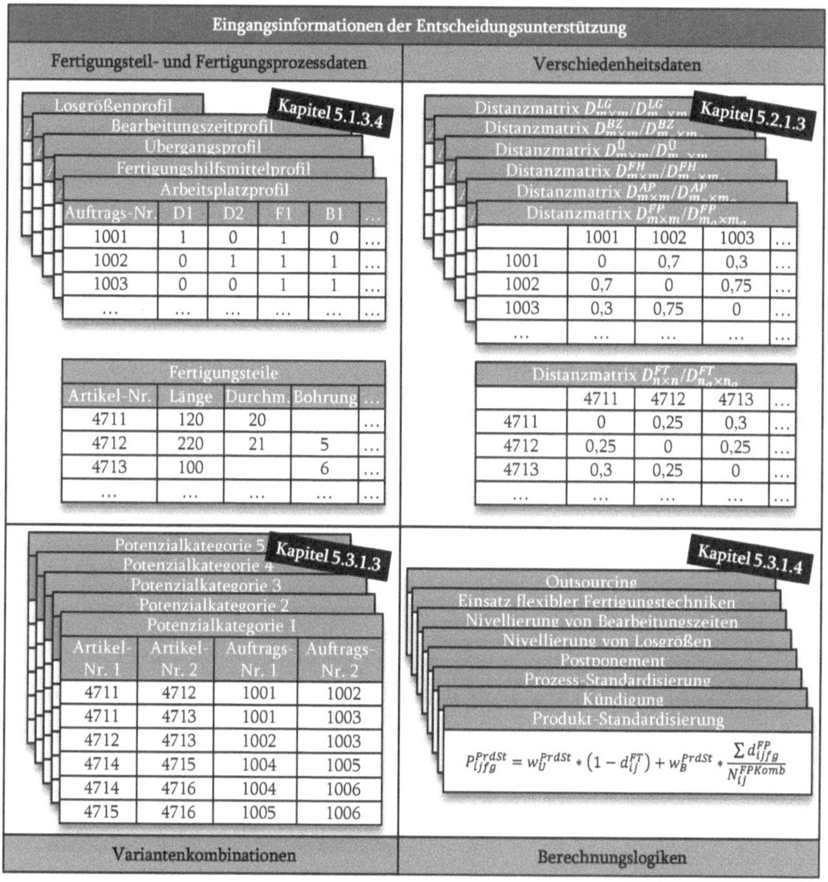

Abbildung 5.27: Eingangsinformationen der Entscheidungsunterstützung

5.3.2.2 Funktionalitäten der Entscheidungsunterstützung

Um die beschriebenen Eingangsinformationen in Ausgangsinformationen zur Reduzierung der Fertigungsprogrammvarianz zu überführen, muss die Entscheidungsunterstützung eine Reihe von Funktionalitäten erfüllen. Diese Funktionalitäten werden im Folgenden detaillierter beschrieben.

Funktionalität 1: Maßnahmenspezifische Potenzialbewertung der Variantenkombinationen

Zur Priorisierung des Anwendungsbereichs varianzreduzierender Maßnahmen gilt es, das Potenzial ihrer Anwendung je Variantenkombination durch eine Potenzialbewertung zu quantifizieren. Dazu wird auf die in Kapitel 5.3.1.4 entwickelten maßnahmenspezifischen Berechnungslogiken zurückgegriffen. Aufgrund unterschiedlicher Bewertungsgrößen innerhalb der Berechnungslogiken ist keine Vergleichbarkeit zwischen den Potenzialen verschiedener Maßnahmen gegeben. Die Potenzialbewertung ermöglicht daher lediglich eine maßnahmenspezifische Vergleichbarkeit und Priorisierung von Variantenkombinationen.

Funktionalität 2: Clusterbezogene Aggregation der Potenziale

Die Potenzialbewertung einzelner Variantenkombinationen ermöglicht deren Priorisierung und suggeriert eine optimale Reihenfolge für die Anwendung varianzreduzierender Maßnahmen. Wird eine Angleichung von Merkmalsausprägungen verfolgt, bietet sich je nach Anwendungsfall jedoch eine Ausweitung des Betrachtungsbereichs auf weitere Varianten an, die ebenfalls für eine Angleichung auf den Zielwert der Merkmalsausprägung in Frage kommen. So erleichtert die Betrachtung aller Variantenkombinationen eines Fertigungsteilclusters bspw. die Vorgabe verschiedener Standardausprägungen eines Merkmals im Sinne einer Baureihe (vgl. Kapitel 2.2.4.2). Prozessseitig hilft eine Betrachtung aller Variantenkombinationen eines Clusters bei der Bestimmung übergreifend nutzbarer Maschinen und Fertigungshilfsmittel sowie einheitlicher Vorgabezeiten und Losgrößen. Bei identischen Fertigungsteilen gibt die gruppenweise Betrachtung aller zugehörigen Fertigungsprozessvarianten einen Überblick über systematisch auftretende Prozessabweichungen und unterstützt so die Ursachenanalyse und Lösungsfindung. Als weitere Funktionalität wird daher eine cluster- bzw. gruppenweise Aggregation der Einzelpotenziale der Variantenkombinationen in die Entscheidungsunterstützung integriert. Dies ermöglicht eine Priorisierung der Anwendungsbereiche auf Cluster- bzw. Gruppenebene, bevor einzelne potenzialstarke Variantenkombinationen innerhalb der Cluster bzw. Gruppen für eine Maßnahme ausgewählt werden. Um eine Überbewertung großer Cluster bzw. Gruppen zu vermeiden, wird das durchschnittliche Potenzial der zugehörigen Variantenkombinationen zur Berechnung des Clusterpotenzials (vgl. Formel 5.30) bzw. Gruppenpotenzials (vgl. Formel 5.31) verwendet. Als Durchschnittswerte der zugehörigen Potenziale einzelner Variantenkombinationen liegen auch die Cluster- bzw. Gruppenpotenziale im Wertebereich zwischen Null (geringes Potenzial) und Eins (hohes Potenzial).

Formel 5.30: Potenzial eines Fertigungsteil- oder Fertigungsprozessclusters

$$CP_c = \frac{\sum_{u=1}^{V} P_{cu}}{V_c}$$

mit	$CP_c \in [0; 1]$	Potenzial des Clusters c
	$P_{cu} \in [0; 1]$	Potenzial der zu c gehörenden Variantenkombination u
	$V_c \in \mathbb{N}$	Anzahl zu c gehörender Variantenkombinationen

Formel 5.31: Potenzial einer Gruppe von Variantenkombinationen

$$GP_i = \frac{\sum_{v=1}^{W} P_{iv}}{W_i}$$

mit	$GP_i \in [0; 1]$	Potenzial der Gruppe von Variantenkombinationen mit identischer Fertigungsteilvariante i
	$P_{iv} \in [0; 1]$	Potenzial der Variantenkombination v mit identischer Fertigungsteilvariante i
	$W_i \in \mathbb{N}$	Anzahl Variantenkombinationen mit identischer Fertigungsteilvariante i

Eine beispielhafte Potenzialbewertung von Variantenkombinationen inklusive ihrer Clusterpotenziale ist in Abbildung 5.28 dargestellt.

Variantenkombinationen					Potenzialbewertung			
Artikel-Nr. 1	Artikel-Nr. 2	Auftrags-Nr. 1	Auftrags-Nr. 2	Fertigungsteilcluster	Norm. $1 - d_{ij}^{FT}$	Norm. $\varnothing\, d_{ijfg}^{FP}$	P_{ijfg}^{PrdSt}	CP_c
4711	4712	1001	1002	1	0,75	0,7	0,725	0,658
4711	4713	1001	1003	1	0,7	0,3	0,5	0,658
4712	4713	1002	1003	1	0,75	0,75	0,75	0,658
4714	4715	1004	1005	2	0,75	0,6	0,675	0,633
4714	4716	1004	1006	2	0,6	0,8	0,7	0,633
4715	4716	1005	1006	2	0,75	0,3	0,525	0,633

Abbildung 5.28: Potenzialbewertung von Variantenkombinationen

Funktionalität 3: Vergleich der Merkmalsausprägungen einer Variantenkombination

Nachdem potenzialstarke Variantenkombinationen für die Anwendung einer varianzreduzierenden Maßnahme identifiziert wurden, ist über deren Umsetzung zu entscheiden. Um die Entscheidungsfindung zu unterstützen, wird eine Funktionalität zur Gegenüberstellung der Merkmale und Merkmalsausprägungen der Fertigungsteil- und Fertigungsprozessvarianten einer Variantenkombination in die Entscheidungsunterstützung integriert. Dazu wird auf die Datengrundlage der Produkt- und Fertigungsrückmeldedaten zurückgegriffen, die in Form des Fertigungsteildatensatzes sowie des Arbeitsplatz-, Übergangs-, Fertigungshilfsmittel-, Bearbeitungszeit- und Losgrößenprofils vorliegen (vgl. Kapitel 5.1.3.4). Der Vergleich der Merkmale und Merkmalsausprägungen gegenübergestellter Varianten lässt anschließend Rückschlüsse auf die Ursachen vorhandener Unterschiede, die Umsetzbarkeit einer varianzreduzierenden Maßnahme sowie die Optimierungsrichtung einer Merkmalsangleichung zu.

Eine Zusammenfassung der Funktionalitäten der Entscheidungsunterstützung ist am Beispiel der Maßnahme Produkt-Standardisierung in Abbildung 5.29 dargestellt.

Funktionalitäten der Entscheidungsunterstützung

Funktionalität 1

Maßnahmenspezifische Potenzialbewertung der Variantenkombinationen

Var.-Komb.	Norm. $1 - d_{ij}^{FT}$	Norm. $\varnothing\, d_{ijfg}^{FP}$	P_{ijfg}^{PrdSt}
1	0,75	0,7	0,725
2	0,7	0,3	0,5
3	0,75	0,75	0,75
4	0,75	0,6	0,675
5	0,6	0,8	0,7
6	0,75	0,3	0,525

Funktionalität 2

Clusterbezogene Aggregation der Potenziale

Cluster	CP_c
1	0,658
1	0,658
1	0,658
2	0,633
2	0,633
2	0,633

Funktionalität 3

Vergleich der Merkmalsausprägungen

Variantenvergleich Cluster 1			
Artikel-Nr.	Länge	Durchm.	Bohrung
4711	120	20	
4712	220	21	5
4713	100		6

Abbildung 5.29: Funktionalitäten der Entscheidungsunterstützung

5.3.2.3 Ausgangsinformationen der Entscheidungsunterstützung

Die Ausgangsinformationen der Entscheidungsunterstützung ergeben sich aus den zuvor beschrieben Funktionalitäten sowie aus der Zielstellung. So ist zur Identifikation und Auswahl potenzialstarker Anwendungsbereiche varianzreduzierender Maßnahmen zunächst der Betrachtungsbereich auf Variantenkombinationen einer Potenzialkategorie zu beschränken. Dies erfolgt in der Ansicht *Potenzialkategorien* (vgl. Abbildung 5.30), die eine Gegenüberstellung und Auswahl identifizierter Potenzialkategorien anhand der Anzahl zugehöriger Variantenkombinationen sowie deren durchschnittlicher Potenzialbewertung ermöglicht. Innerhalb einer Potenzialkategorie erfolgt die Berechnung von Potenzialen maßnahmenspezifisch für jede zugehörige Variantenkombination. Die Entscheidungsunterstützung muss daher zusätzlich eine Auswahl der unterschiedlichen Maßnahmen ermöglichen, um den Betrachtungsbereich der Potenzialbewertung weiter einzugrenzen. Dies erfolgt in der Ansicht *Potenzialbewertung* (vgl. Abbildung 5.31), in der nach Auswahl einer varianzreduzierenden Maßnahme die Potenziale je Variantenkombination berechnet und in Form einer Datentabelle dargestellt werden. Entsprechend der Funktionalitäten 1 und 2 der Entscheidungsunterstützung umfasst die Datentabelle neben den Potenzialen einzelner Variantenkombinationen auch deren Gruppen- bzw. Clusterpotenziale.

Um eine Priorisierung des Anwendungsbereichs varianzreduzierender Maßnahmen im Sinne der Zielstellung zu ermöglichen, ist eine Filterfunktion in die Datentabelle integriert, mit der sich die Variantenkombinationen nach der Höhe ihres quantifizierten Potenzials sortieren lassen. Die so als potenzialstark identifizierten Variantenkombinationen müssen anschließend hinsichtlich ihrer Merkmale und Ausprägungen weiter untersucht werden, um Rückschlüsse auf die Ursachen vorhandener Unterschiede und die Umsetzbarkeit einer varianzreduzierenden Maßnahme zu ermöglichen. In die Entscheidungsunterstützung wird dazu die Ansicht *Variantenvergleich* integriert, in der durch Funktionalität 3 Merkmale und Merkmalsausprägungen der Varianten ausgewählter Variantenkombinationen gegenübergestellt werden (vgl. Abbildung 5.32). Erfolgt keine Einzelauswahl von Variantenkombinationen in der Ansicht *Potenzialbewertung*, ist alternativ die Auswahl ganzer Cluster oder Gruppen von Varianten in der Ansicht *Variantenvergleich* möglich. Um die Übersichtlichkeit der Ansicht zu verbessern, kann außerdem zwischen der Anzeige aller Merkmale der Varianten oder lediglich solcher mit unterschiedlichen Ausprägungen gewählt werden. Die Ausgangsinformationen werden anschließend in Form einer Datentabelle dargestellt und dienen als wertungsfreie Entscheidungsgrundlage zur Umsetzung varianzreduzierender Maßnahmen. Sie sind dabei als Ausgangspunkt weiterer technischer, wirtschaftlicher sowie strategischer Überlegungen zu sehen, die vor einer abschließenden Umsetzungsentscheidung zu berücksichtigen sind.

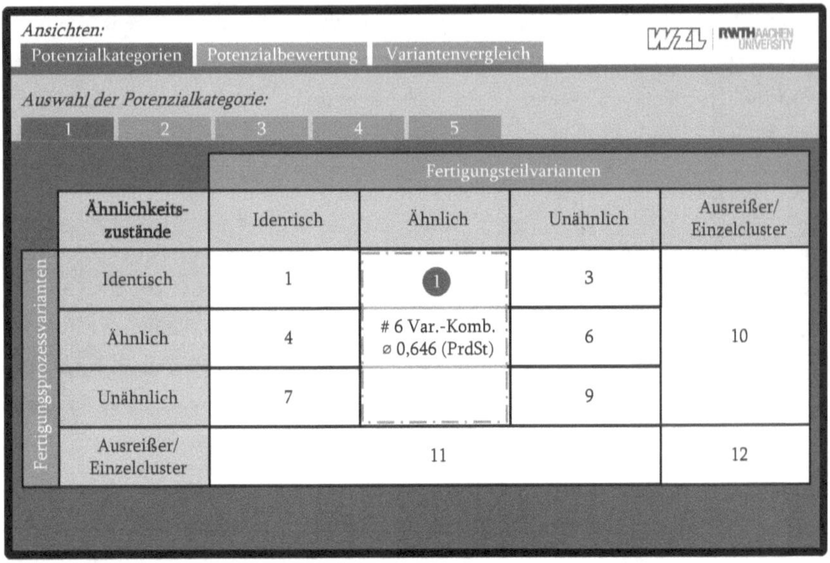

Abbildung 5.30: Ausgangsinformationen der Ansicht *Potenzialkategorien*

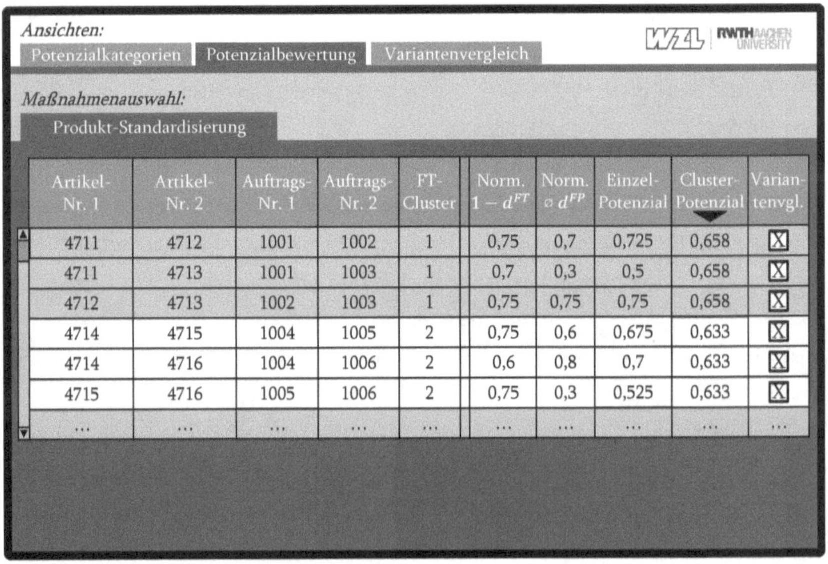

Abbildung 5.31: Ausgangsinformationen der Ansicht *Potenzialbewertung*

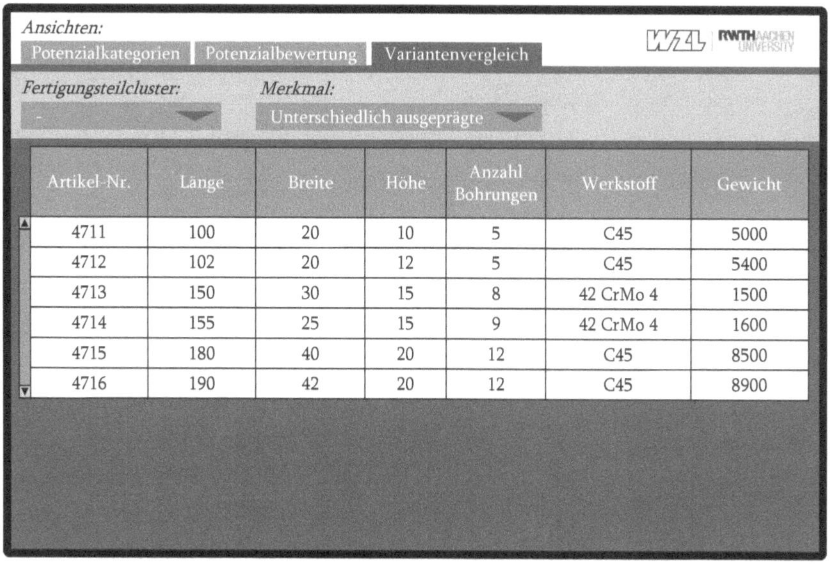

Artikel-Nr.	Länge	Breite	Höhe	Anzahl Bohrungen	Werkstoff	Gewicht
4711	100	20	10	5	C45	5000
4712	102	20	12	5	C45	5400
4713	150	30	15	8	42 CrMo 4	1500
4714	155	25	15	9	42 CrMo 4	1600
4715	180	40	20	12	C45	8500
4716	190	42	20	12	C45	8900

Abbildung 5.32: Ausgangsinformationen der Ansicht *Variantenvergleich*

5.4 Zwischenfazit: Detailkonzept zur Reduzierung der Fertigungsprogrammvarianz

In Kapitel 5 wurde das entwickelte Grobkonzept zur Reduzierung der Fertigungsprogrammvarianz mit Hilfe datenbasierter Ähnlichkeitsanalyse detailliert. Dazu wurde in Kapitel 5.1 zunächst die erforderliche Datengrundlage erstellt, indem ausgehend vom Geschäftsverständnis Informationsbedarfe identifiziert, Datenbedarfe abgeleitet und die extrahierten Daten modellierungsgerecht vorbereitet wurden. Die erstellte Datengrundlage enthält Daten zu den Merkmalen und Merkmalsausprägungen der Fertigungsteil- und Fertigungsprozessvarianten der Anwendungsumgebung, um eine Quantifizierung und Modellierung der Anzahl und Verschiedenheit der Varianten zur Ermittlung der Fertigungsprogrammvarianz zu ermöglichen. Im Anschluss an das Eingangsmodul wurde in Kapitel 5.2 das Vorgehensmodul detailliert, um auf Basis der Datengrundlage ein Vorgehen zur Ermittlung der Fertigungsprogrammvarianz zu entwickeln. Dazu wurden in Kapitel 5.2.1 zunächst die Verschiedenheiten der Fertigungsteil- und Fertigungsprozessvarianten durch Anwendung geeigneter Proximitätsmaße quantifiziert und in Form von Distanzmatrizen dokumentiert. Fertigungsprozessseitig wurden einzelne Distanzmatrizen je Merkmal erstellt, die eine Aufschlüsselung der Verschiedenheit hinsichtlich der durchlaufenen Arbeitsplätze, Vorgangsfolge, Bearbeitungszeiten, Losgröße und verwendeten Fertigungshilfsmittel ermöglichen. In Kapitel 5.2 wurden die Distanzmatrizen anschließend einer datenbasierten Ähnlichkeitsanalyse unterzogen, um anhand der Ähnlichkeitsstrukturen in den Fertigungsteil- und Fertigungsprozessvarianten die Fertigungsprogrammvarianz zu ermitteln. Dazu wurden zunächst geeignete Clusteringalgorithmen ausgewählt und auf die Distanzmatrizen angewendet, um Ausreißer zu identifizieren sowie Ähnlichkeitsstrukturen in Form von Clustern ähnlicher Varianten und Einzelclustern aufzudecken. Die quantifizierten Verschiedenheiten und Ähnlichkeitsstrukturen dienten abschließend als Grundlage zur Ermittlung der Fertigungsteil- und Fertigungsprozessvarianz, die summiert die Fertigungsprogrammvarianz ergeben. In Kapitel 5.3 wurde das Ergebnismodul detailliert, das die Verwendung der erzeugten DM-Ergebnisse zur Reduzierung der Fertigungsprogrammvarianz beschreibt. Dazu wurden die DM-Ergebnisse in Form einer Matrix strukturiert, die mögliche Ähnlichkeitskombinationen der Fertigungsteil- und Fertigungsprozessvarianten darstellt. Anschließend wurden die Ähnlichkeitskombinationen varianzreduzierenden Maßnahmen gegenübergestellt, um anhand deren fallspezifischer Eignung Potenziale zur Varianzreduktion zu identifizieren. Darauf aufbauend wurden Berechnungslogiken aufgestellt, die eine Bewertung identifizierter Potenziale zur Priorisierung des Anwendungsbereichs varianzreduzierender Maßnahmen ermöglichen. Zur Integration der Ergebnisse in die Entscheidungsfindung zur Reduzierung der Fertigungsprogrammvarianz wurde abschließend eine Entscheidungsunterstützung entwickelt, die die Anwendenden in der Auswahl potenzialstarker Anwendungsbereiche varianzreduzierender Maßnahmen unterstützt. In ihrer Gesamtheit adressiert die Methodik die inhaltlichen Anforderungen aus Theorie und Praxis (vgl. Kapitel 4.1) sowie die Lösungshypothesen aus Kapitel 4.2 und stellt damit einen Ansatz zur Reduzierung der Fertigungsprogrammvarianz mit Hilfe datenbasierter Ähnlichkeitsanalysen dar.

Im nachfolgenden Kapitel 6 wird die entwickelte Methodik anhand eines Fallbeispiels angewendet und validiert.

6 Anwendung und kritische Reflexion

Nach der Konzeptionierung und Detaillierung der Methodik zur Reduzierung der Fertigungsprogrammvarianz mittels datenbasierter Ähnlichkeitsanalyse wird diese im folgenden Kapitel anhand eines realen Datensatzes angewendet und validiert (vgl. Kapitel 6.1). Anschließend erfolgt eine kritische Reflexion der Methodik sowie der aus der Anwendung gewonnen Erkenntnisse (vgl. Kapitel 6.2).

6.1 Anwendung der Methodik

Zur Validierung der Methodik wird diese am Beispiel der Maschinenbau GmbH (anonymisierter Name) angewendet, die als Unternehmen des Maschinen- und Anlagenbaus überwiegend Fertigungsteile in einer variantenreichen Einzel- und Kleinserienfertigung nach dem Werkstattprinzip herstellt. Die Maschinenbau GmbH stellt damit einen typischen Vertreter der in Kapitel 2.1 typologisierten Betriebe dar und ist als Anwendungsumgebung der Methodik besonders geeignet. Die Anwendung folgt der an den CRISP-DM Prozess angelehnten Kapitelstruktur der Methodik (vgl. Kapitel 5). Aus Gründen der Geheimhaltung sind die verwendeten Daten sowie die Ergebnisinterpretationen teilweise neutralisiert worden, um keine Rückschlüsse auf das betrachtete Unternehmen zuzulassen.

6.1.1 Erzeugung einer modellierungsgerechten Datengrundlage

6.1.1.1 Erlangung des Geschäftsverständnisses

Das Produktportfolio der Maschinenbau GmbH umfasst überwiegend Lamellen, Kupplungen und Bremsen für ein breites Anwendungsspektrum in verschiedenen Branchen. Für die Produkte werden in hoher Wertschöpfungstiefe variantenreiche Fertigungsteile wie Flansche, Zylinder, Kolben, Ringe, Scheiben und Gehäuse gefertigt. Dabei durchlaufen die Fertigungsteile vielfältige Arbeitsvorgänge, die hauptsächlich den Verfahren Drehen, Bohren, Fräsen, Schleifen, Verzahnen und Wärmebehandlung zuzuordnen sind. Um die Wirtschaftlichkeit der Maschinenbau GmbH zu verbessern, sollen die Fertigungsprogrammvarianz reduziert und Skaleneffekte in der Produktion erzeugt werden. Dazu fehlt es trotz einer umfangreichen Produktklassifikation an Transparenz über die bestehende Fertigungsteil- und Fertigungsprozessvarianz, um potenzialstarke Anwendungsbereiche varianzreduzierender Maßnahmen aufzudecken. Um das Geschäftsziel einer Reduzierung der Fertigungsprogrammvarianz zu erreichen, muss die bestehende Fertigungsteil- und Fertigungsprozessvarianz daher zunächst ermittelt werden. Dazu sind Informationsbedarfe in Form der varianzinduzierenden Merkmale und Merkmalsausprägungen der Fertigungsteile und Fertigungsprozesse zu decken.

Die Fertigungsteile der Maschinenbau GmbH bestehen aus unterschiedlichen Werkstoffen und sind neben geometrischen Merkmalen insbesondere durch ihre Formelemente geprägt. Diese umfassen Bohrungen in verschiedenen Anordnungen und Durchmessern, Nuten, Nocken, Verzahnungen sowie Beschaffenheiten durch Oberflächen- und Wärmebehandlung. Mit der hohen Varianz in den Merkmalen und Merkmalsausprägungen der Fertigungsteile geht eine hohe Varianz in den Fertigungsprozessen einher. Als Varianzschwerpunkte hat die Maschinenbau GmbH dabei insbesondere die Anzahl unterschiedlicher Arbeitsplätze, uneinheitliche Bearbeitungszeiten sowie Schwankungen in den Losgrößen identifiziert. Fertigungshilfsmittel sowie Vorgangsfolgen spielen in der nach dem Werkstattprinzip organisierten Fertigung eine untergeordnete Rolle.

Die Anwendungsumgebung wird räumlich auf den deutschen Hauptstandort der Maschinenbau GmbH eingeschränkt, in dem ein Großteil der Fertigungsteile in hoher Wertschöpfungstiefe gefertigt wird. Für einen kleineren Teil des Portfolios findet im betrachteten Standort lediglich die Endmontage im Ausland vorproduzierter Teileumfänge statt. Diese werden durch eine artikelbezogene Einschränkung aus der Anwendungsumgebung ausgeschlossen. Zeitlich stehen historische Fertigungsaufträge eines ganzen Jahres zur Verfügung, die als Eventlogs digital erfasst wurden.

6.1.1.2 Erlangung des Datenverständnisses

Die aus den Informationsbedarfen abgeleiteten Datenbedarfe zur Ermittlung der Fertigungsprogrammvarianz der Maschinenbau GmbH bestehen fertigungsteilseitig aus den Artikelnummern, Merkmalsbeschreibungen sowie Merkmalsausprägungen der Fertigungsteile der Anwendungsumgebung. Diese Daten werden mit Hilfe der im Unternehmen vorhandenen Software zur Produktklassifikation aus den CAD-Modellen extrahiert und in einem Datensatz mit 1.303 Fertigungsteilen und 139 unterschiedlichen Merkmalen gespeichert. Zur Bestimmung der durchlaufenen Arbeitsplätze, Bearbeitungszeiten und Losgrößen werden die Auftragsnummern, Arbeitsplatz-IDs, Start- und Endzeitstempel sowie Sollmengen der Fertigungsaufträge der Anwendungsumgebung aus den Fertigungsrückmeldedaten extrahiert. Der resultierende Datensatz umfasst 2.720 Fertigungsaufträge, innerhalb derer 123 verschiedene Arbeitsplätze durchlaufen wurden.

Artikel-Nr.	Anzahl Bohrungen	Bohr-durchmesser	Lochkreis-durchmesser	...	Anzahl Innen-absätze	Innenabsatz-durchmesser	Innenabsatz-länge
715-78-46	1	40,00 mm		...	5	310 mm	54,50 mm
715-78-46	1	28,00 mm		...		268 mm	15,00 mm
715-78-46	24	21,00 mm	575 mm	...		250 mm	165,70 mm
715-78-46	2	19,00 mm		...		290 mm	49,50 mm
715-78-46	2	17,50 mm		...		315 mm	35,30 mm
715-78-46	20	14,50 mm	288 mm	...			
715-78-46	4	12,00 mm		...			
715-78-46	4	11,00 mm		...			
715-78-46	...	...	...	...	...	...	...

Artikel-Nr.	# Bohrungen ⌀ 11-20 mm	# Bohrungen ⌀ 21-30 mm	# Bohrungen ⌀ 31-40 mm	...	Innenabsatz-durchmesser 1	Innenabsatz-länge 1	Innenabsatz-durchmesser 2	...
715-78-46	32	25	1	...	310 mm	54,50 mm	268 mm	...

Abbildung 6.1: Auflösung von Korrelationsproblemen

Im Datensatz der Fertigungsteile nehmen die Ausprägungen der Merkmale *Anzahl Bohrungen*, *Bohrdurchmesser*, *Lochkreisdurchmesser*, *Oberflächenbehandlung*, *Anzahl Innenabsätze*, *Innenabsatzdurchmesser* und *Innenabsatzlänge* mehrere Zeilen je Artikelnummer ein. Zur Auflösung der Korrelationsprobleme werden für einheitliche Intervalle der Ausprägungen dieser Merkmale daher neue Spalten *# Bohrungen ⌀ 11-20 mm*, *# Bohrungen ⌀ 21-30 mm* etc. im Datensatz erstellt (vgl. Abbildung 6.1). Als Kompromiss zwischen einem hohen Informationsverlust bei großen Intervallen und einer wachsenden Dimensionalität bei kleinen Intervallen werden die *Anzahl Bohrungen* je *Bohrdurchmesser* in 10mm-Intervallen gruppiert; die Ausprägungen des Merkmals *Lochkreisdurchmesser* werden in zwei Spalten über 500mm bzw. unter 500mm unterteilt. Die Fertigungsteile werden bis zu zwei *Oberflächenbehandlungen* unterzogen, sodass zwei Spalten für dieses Merkmal erstellt werden. Aufgrund einer geringeren Anzahl unterschiedlicher Ausprägungen des Merkmals *Anzahl Innenabsätze* wird pro Innenabsatz außerdem eine neue Spalte für die Merkmale *Innenabsatzdurchmesser* und *Innenabsatzlänge* erstellt. Der Datensatz der Fertigungsaufträge wird zur Auflösung von Korrelationsproblemen entsprechend des in Kapitel 5.1.2.3 beschriebenen Vorgehens in ein Arbeitsplatz- und ein Bearbeitungszeitprofil mit je 123 Metriken sowie in ein Losgrößenprofil mit einer Metrik umstrukturiert.

6.1.1.3 Modellierungsgerechte Datenvorbereitung

Nach erfolgter Datenexploration werden im Rahmen der Datenauswahl einzelne Spalten und Zeilen der Datensätze entfernt, die den Relevanz- und Qualitätsanforderungen nicht genügen. Im Datensatz der Fertigungsteile betrifft dies Spalten ohne direkten Bezug zur Fertigungsprogrammvarianz, die vertriebs- und einkaufsspezifische Informationen, logistische Informationen oder Gültigkeits- und Planungsdaten enthalten. Auch die Spalten *Gesamtanzahl Lochkreisdurchmesser* und *Gesamtanzahl Bohrungen* werden aus dem Datensatz entfernt, da diese redundant zur kumulierten Betrachtung der Anzahl Bohrungen und Lochkreise unterschiedlicher Durchmesser sind. Fertigungsprozessseitig zeigt eine Spalte des Arbeitsplatzprofils auftragsübergreifend die gleiche Ausprägung, da alle Fertigungsprozesse mit dem Arbeitsplatz *Rohlager* beginnen. Aufgrund des fehlenden Informationsgehalts zur Ermittlung der Varianz wird diese Spalte aus dem Arbeitsplatz- und Bearbeitungszeitprofil entfernt. Da für einen Arbeitsplatz auftragsübergreifend keine Start- und Endzeitstempel vorliegen, wird dieser aus dem Bearbeitungszeitprofil entfernt. Darüber hinaus weisen knapp 13% der Arbeitsvorgänge fehlende Werte in den Start- und Endzeitstempeln auf, die im Bearbeitungszeitprofil zu fehlenden Verweildauern auf einzelnen Arbeitsplätzen führen. Statt betroffene Zeilen vollständig zu entfernen, werden die fehlenden Werte durch die in Kapitel 5.1.3.2 beschriebenen Methoden bereinigt. In diesem Zuge wird auch ein Ausreißer in den Fertigungsaufträgen entfernt, der mit einer Sollmenge von 4.140 Stück durch die Maschinenbau GmbH als nicht realitätsgetreu eingestuft wurde.

Die Berechnung der Korrelationsmatrix nach Bravais-Pearson zeigt starke Korrelationen zwischen einigen Spalten des Fertigungsteildatensatzes (vgl. Abbildung 6.2), die im Rahmen der Datentransformation adressiert werden. Dabei fallen die Korrelationen zwischen den Merkmalen *Teilung, Modul, Teilkreisdurchmesser, Fußkreisdurchmesser, Kopfkreisdurchmesser* sowie *Anzahl Zähne* besonders hoch aus, da diese über

Formeln im Sachzusammenhang stehen. Zur Auflösung der Korrelationen werden die Merkmale *Teilung, Modul, Fußkreisdurchmesser* und *Kopfkreisdurchmesser* daher aus dem Datensatz entfernt. Die übrigen Merkmale bleiben aufgrund ihrer unternehmensspezifischen Bedeutung zur Unterscheidung der Fertigungsteilvarianten im Datensatz erhalten und werden entsprechend ihrer Korrelationen in der Verschiedenheitsbestimmung untergewichtet (vgl. Kapitel 6.1.2.1). Die Merkmale *Werkstoff, Wärmebehandlung, Oberflächenbehandlung Verzahnungsart, Zahnform, Verzahnungsnorm, Verzahnung innen/außen, Nuten Position* und *Nocken Position* liegen nominalskaliert vor und weisen jeweils eine geringe Anzahl unterschiedlicher Ausprägungen auf. Sie werden daher mittels One-Hot-Encoding modellierungsgerecht transformiert (vgl. Kapitel 5.1.3.3.).

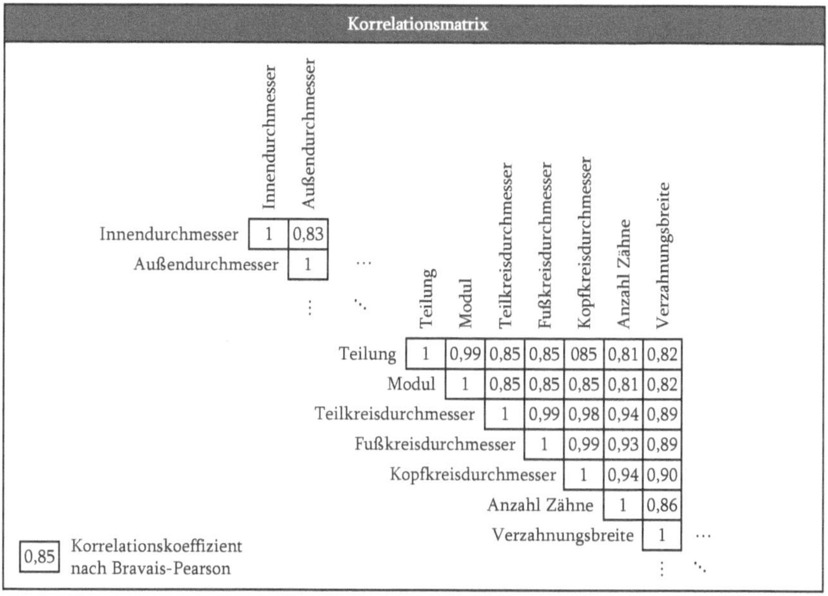

Abbildung 6.2: Stark korrelierte Merkmale des Fertigungsteildatensatzes

Der aus der Datenvorbereitung resultierende Datensatz der Fertigungsteile umfasst 1303 verschiedene Artikelnummern und 50 merkmalsbeschreibende Spalten. Fertigungsprozessseitig verbleiben 2.719 Auftragsnummern mit 122 Spalten im Arbeitsplatzprofil, 121 Spalten im Bearbeitungszeitprofil und einer Spalte im Losgrößenprofil. Die Auftrags- und Artikelnummern der Datensätze werden anhand der historischen Auftragsdaten miteinander verknüpft. Eine Übersicht der resultierenden modellierungsgerechten Datengrundlage ist in Abbildung 6.3 dargestellt.

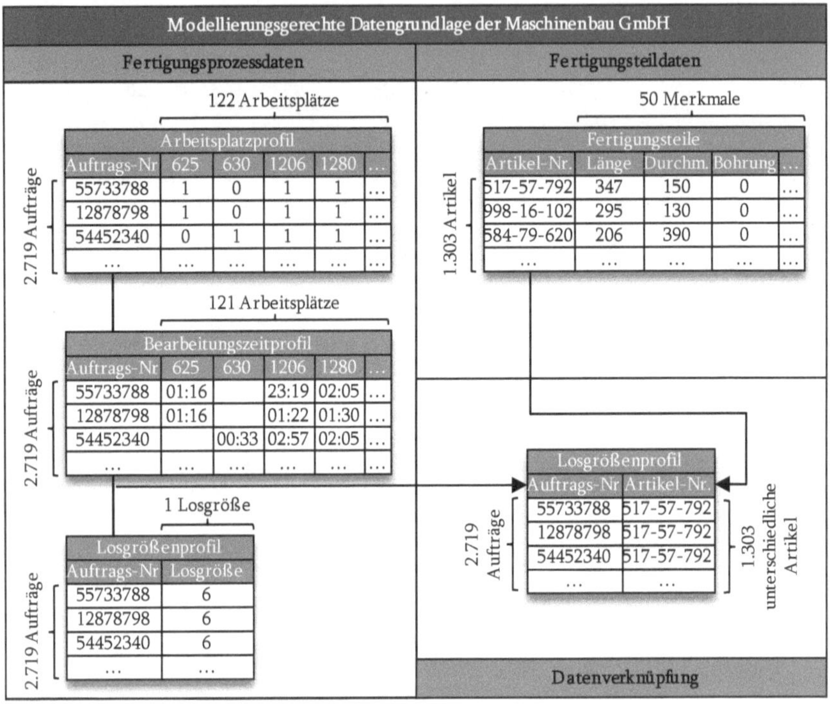

Abbildung 6.3: Modellierungsgerechte Datengrundlage der Maschinenbau GmbH

6.1.2 Ableitung der Fertigungsprogrammvarianz

6.1.2.1 Quantifizierung der Verschiedenheiten

Aufgrund der unterschiedlich skalierten Spalten innerhalb des Datensatzes der Fertigungsteile wird der GOWER-Koeffizient als Proximitätsmaß zur Quantifizierung der Verschiedenheiten zwischen den Varianten gewählt. Um eine Überbetonung einzelner Merkmalsgruppen sowie korrelierter Spalten zu vermeiden, werden anwendungsspezifische Gewichtungsfaktoren nach dem in Kapitel 5.2.1.2 beschrieben Vorgehen bestimmt und dem GOWER-Koeffizienten als Spaltengewichtungen übergeben. Eine

Übersicht der Gewichtungen der Merkmalsgruppen und Spalten des Fertigungsteildatensatzes der Maschinenbau GmbH ist Abbildung 6.4 zu entnehmen.

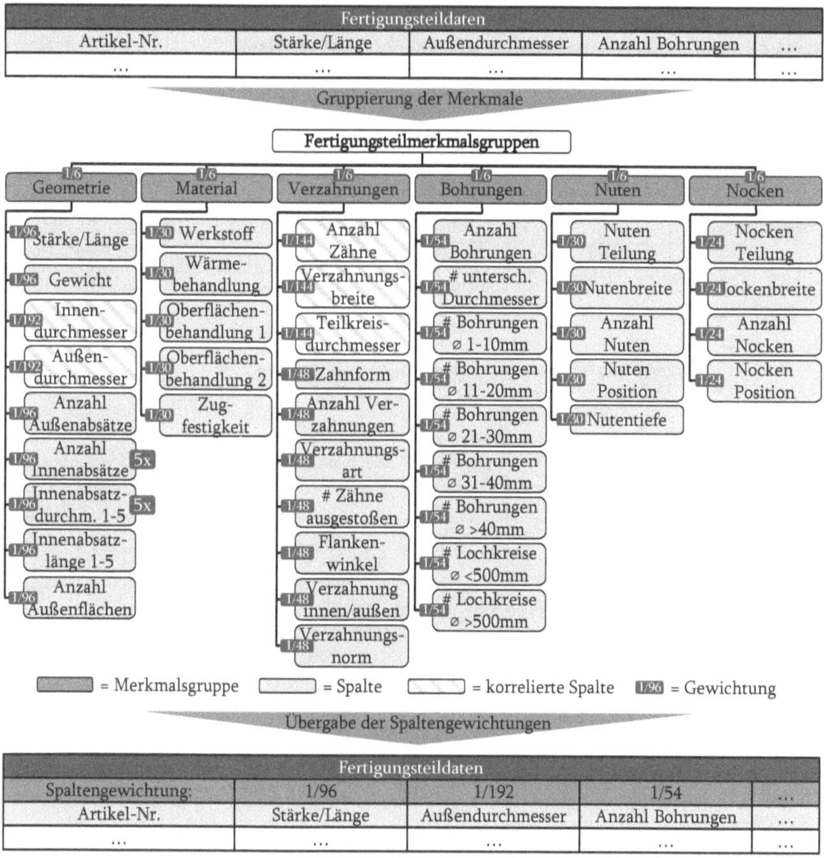

Abbildung 6.4: Bestimmung der Spaltengewichtungen

Unter Verwendung des GOWER-Koeffizienten und der Spaltengewichtungen wird die Distanzmatrix der Fertigungsteile $D^{FT}_{n\times n}$ mit der Funktion Daisy der Software R erstellt (vgl. Kapitel 5.2.1.3). Für das Arbeitsplatz-, Bearbeitungszeit- und Losgrößenprofil werden jeweils eigene Distanzmatrizen $D^{AP}_{m\times m}$, $D^{BZ}_{m\times m}$ und $D^{LG}_{m\times m}$ erstellt, die gleichgewichtet zu einer Distanzmatrix der Fertigungsprozesse $D^{FP}_{m\times m}$ zusammengeführt werden. Ein Ausschnitt der Distanzmatrizen ist in Abbildung 6.5 dargestellt. Als Verschiedenheitsdaten bilden sie die Grundlage zur Ermittlung der Fertigungsprogrammvarianz im nachfolgenden Kapitel.

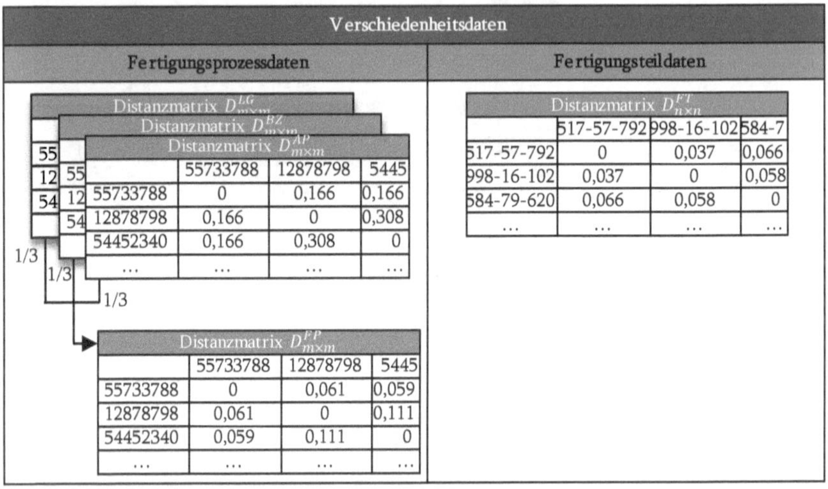

Abbildung 6.5: Generierung der Verschiedenheitsdaten durch Distanzmatrizen

6.1.2.2 Ermittlung der Fertigungsprogrammvarianz

Zur Ermittlung der Fertigungsprogrammvarianz werden die Ähnlichkeitsstrukturen der Fertigungsteil- und Fertigungsprozessvarianten aufgedeckt. Vor der Durchführung eines Distanz-basierten Clusterings müssen dafür zunächst Ausreißervarianten, die eine besonders hohe Verschiedenheit zu den anderen Varianten aufweisen, mittels DBSCAN Algorithmus identifiziert und aus den Distanzmatrizen eliminiert werden. Zur Identifikation der fertigungsprozessseitigen Ausreißer werden die Parameter $MinPts$ und ϵ für das Arbeitsplatz-, Bearbeitungszeit- und Losgrößenprofil bestimmt. Dafür werden Formel 5.12 und die in Kapitel 2.3.3.2 beschriebene kNN Heuristik verwendet. Die kNN Graphen zeigen eine unterschiedliche Dichteverteilung der Fertigungsaufträge im Arbeitsplatz-, Bearbeitungszeit- und Losgrößenprofil, sodass im ersten Tal jeweils unterschiedliche empfohlene Werte für die ϵ-Umgebung des DBSCAN Algorithmus abgelesen werden (vgl. Abbildung 6.6). Für das Losgrößenprofil lässt sich das erste Tal des kNN Graphen nur durch eine Vergrößerung des Graphenabschnitts erkennen und ϵ für einen Wert knapp über Null ablesen.

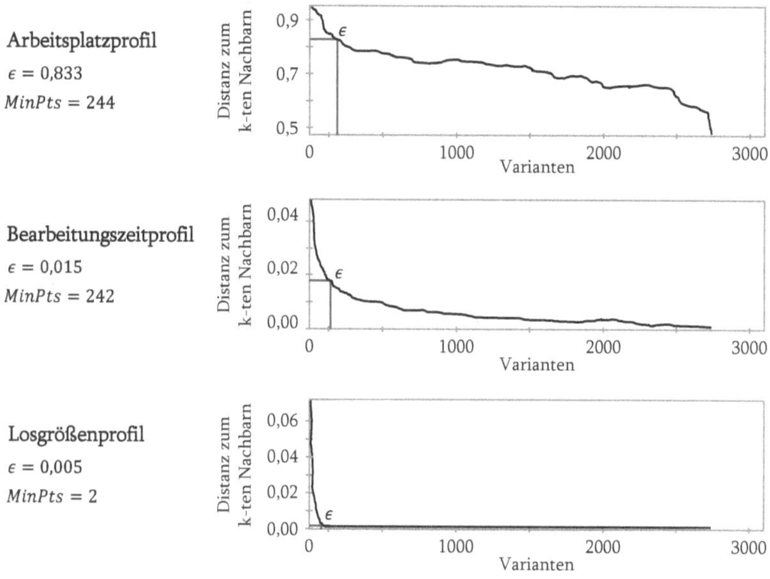

Abbildung 6.6: Parameterwerte für den DBSCAN Algorithmus

Nach Anwendung des DBSCAN Algorithmus ergeben sich insgesamt $K^{FP,Aus} = 31$ Ausreißer im Bearbeitungszeit- und Losgrößenprofil. Das Arbeitsplatzprofil weist keine Ausreißer auf. Im Datensatz der Fertigungsteile lassen sich für $MinPts = 4$ und $\epsilon = 0{,}08$ weitere $K^{FT,Aus} = 30$ Ausreißer identifizieren. Die fertigungsteil- und fertigungsprozessseitigen Ausreißer werden jeweils einem Cluster Null zugeordnet. Anschließend werden um Ausreißer bereinigte Distanzmatrizen $D^{FT}_{n_a \times n_a}$und $D^{FP}_{m_a \times m_a}$ mit $n_a = 1273$ und $m_a = 2688$ erstellt.

Anhand der um Ausreißer bereinigten Distanzmatrizen $D^{FT}_{n_a \times n_a}$und $D^{FP}_{m_a \times m_a}$werden durch Anwendung des PAM Algorithmus die Ähnlichkeitsstrukturen der Fertigungsteil- und Fertigungsprozessvarianten in Form von Clustern und Einzelclustern aufgedeckt. Dazu werden mit den in Kapitel 5.2.2.3 aufgestellten Zielfunktionen die optimalen Clusteranzahlen $K^{FT,opt}$ bzw. $K^{FP,opt}$ bestimmt und dem PAM Algorithmus übergeben. Zur Bestimmung von $K^{FT,opt}$ bzw. $K^{FP,opt}$ werden die Zielfunktionswerte nach dem Prinzip der Rastersuche zunächst in 10er-Schritten für K berechnet, im Bereich des Minimums anschließend in Einzelschritten. Für ZF^{FP} liegt der minimale Wert bei $K^{FP,opt} = 99$. Das Minimum von ZF^{FT} wird nach analoger Vorgehensweise bei $K^{FT,opt} = 96$ erreicht. In beiden Fällen werden durch den PAM Algorithmus lediglich Ähnlichkeitsstrukturen in Form von Clustern identifiziert, Einzelcluster liegen für $K^{FT,opt}$ bzw. $K^{FP,opt}$ nicht vor.

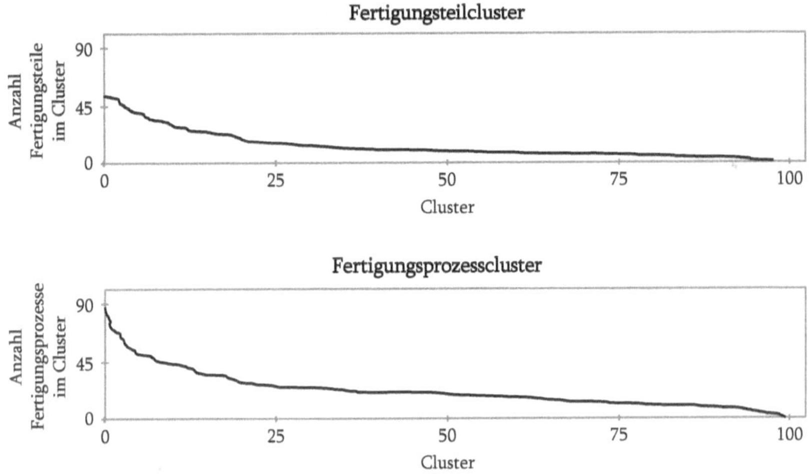

Abbildung 6.7: Größenverteilung identifizierter Cluster

Die anhand der Ähnlichkeitsstrukturen und Verschiedenheiten ermittelte Fertigungsteilvarianz beträgt nach Formel 5.17 $V^{FT} = 996{,}83$, die Fertigungsprozessvarianz beträgt $V^{FP} = 6325{,}38$ (vgl. Formel 5.18). Aus ihrer Summe ergibt sich nach Formel 5.19 die Fertigungsprogrammvarianz, deren Wert eine Vergleichbarkeit im Zeitverlauf und eine Erfolgskontrolle umgesetzter Maßnahmen ermöglicht. Das Varianzverhältnis indiziert mit $FPVV = 6{,}345$ eine hohe Fertigungsprozessvarianz in Relation zur Fertigungsteilvarianz der Maschinenbau GmbH. Dies deutet auf eine geringe Beherrschung der Fertigungsprogrammvarianz sowie starke prozessseitige Potenziale zur Varianzreduktion hin.

6.1.3 Entscheidungsunterstützung zur Reduzierung der Fertigungsprogrammvarianz

6.1.3.1 Evaluation der Data Mining-Ergebnisse

Die Verschiedenheiten und Ähnlichkeitsstrukturen dienen als Grundlage zur Erzeugung der Variantenkombinationen aus Fertigungsteil- und Fertigungsprozessvarianten entsprechend der in Kapitel 5.3.1.2 identifizierten Fälle. Dabei weisen 91 Fertigungsteile mit $d^{FT} = 0$ keine Verschiedenheit auf, sodass diese in ihrem Ähnlichkeitszustand als identisch betrachtet werden (Fälle 1, 4 und 7). Neben fertigungsprozessseitigen Maßnahmen zur Varianzreduktion bietet sich für diese Variantenkombinationen eine Bereinigung der Redundanz in den Produktstammdaten an. Identische Fertigungsprozessvarianten (Fälle 1, 2 und 3) und Variantenkombinationen aus Fertigungsteil- und Fertigungsprozessausreißern (Fall 12) liegen innerhalb der Anwendungsumgebung nicht vor.

Für die Maschinenbau GmbH werden fertigungsprozessseitige Potenziale für Prozess-Standardisierungen, Nivellierungen, Outsourcings und für die Implementierung flexibler Fertigungstechniken identifiziert. Da kein Varianzschwerpunkt in den Vorgangsfolgen und Fertigungshilfsmitteln der Fertigungsprozesse liegt (vgl. Kapitel 6.1.1.1), bleibt das Potenzial für Postponement unberücksichtigt. Zur Reduzierung der Fertigungsteilvarianz liegen Potenziale für Produkt-Standardisierungen und Kündigungen vor.

6.1.3.2 Umsetzung der Entscheidungsunterstützung

Zur Umsetzung der Entscheidungsunterstützung werden entsprechend der in Kapitel 5.3.2.2 beschriebenen Funktionalitäten die maßnahmenspezifischen Potenziale je Variantenkombination berechnet sowie auf Cluster- bzw. Gruppenebene aggregiert, um eine Priorisierung der Anwendungsbereiche varianzreduzierender Maßnahmen zu ermöglichen. Die Anzahl geeigneter Anwendungsbereiche je identifizierter Potenzialkategorie sowie deren durchschnittliche maßnahmenspezifische Potenzialbewertung gehen aus Abbildung 6.8 hervor. Eine Auswahl potenzialstarker Anwendungsbereiche der Maschinenbau GmbH wird im Folgenden entlang der identifizierten Potenzialkategorien dargestellt.

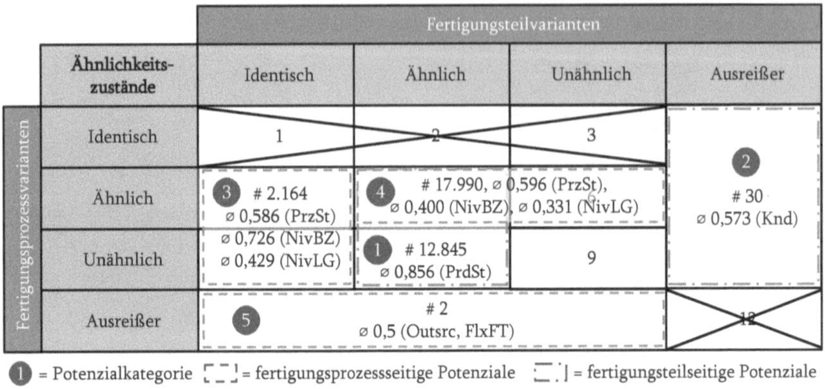

Abbildung 6.8: Potenziale zur Reduzierung der Fertigungsprogrammvarianz

Potenzialkategorie 1: Produkt-Standardisierung ähnlicher Fertigungsteile

Die Potenzialkategorie 1 beinhaltet alle möglichen Variantenkombinationen von Fertigungsteilen innerhalb der 96 identifizierten Fertigungsteilcluster. Das Einzelpotenzial einer Variantenkombination für eine Produkt-Standardisierung ist dabei abhängig von der Verschiedenheit der Fertigungsteilvarianten sowie von der durchschnittlichen Verschiedenheit zugehöriger Fertigungsprozessvarianten. Im Anwendungsfall der Maschinenbau GmbH soll die produktseitige Umsetzbarkeit der Standardisierung im Vordergrund stehen, sodass für $w_U^{PrdSt} = 1$ und $w_B^{PrdSt} = 0$ gewählt wird (vgl. Formel 5.22). Die durchschnittlich höchsten Einzelpotenziale für eine Produkt-Standardisierung weisen der Potenzialbewertung zufolge Variantenkombinationen des Clusters 71 auf (vgl. Abbildung 6.9). Dieses umfasst Fertigungsteile der Typen Kolben und Zylinder mit jeweils unterschiedlichen geometrischen Abmessungen sowie Formelementen. Das höchste Einzelpotenzial innerhalb des Clusters zeigt die Variantenkombination der Artikelnummern 370-85-7298 und 609-35-1567.

Ansichten:
Potenzialkategorien | Potenzialbewertung | Variantenvergleich

Maßnahmenauswahl:
Produkt-Standardisierung

Artikel-Nr. 1	Artikel-Nr. 2	# Var.-komb.	FT-Cluster	Norm. $1-d^{FT}$	Norm. $\varnothing\, d^{FP}$	Einzel-Potenzial	Cluster-Potenzial	Variantenvgl.
609-35-1567	370-85-7298	4	71	1	0,271	1	0,942	☒
343-97-2928	178-26-9413	1	71	0,997	0,347	0,997	0,942	☒
171-24-3293	340-37-3462	2	71	0,996	0,273	0,996	0,942	☒
376-44-3816	340-37-3462	1	71	0,995	0,560	0,995	0,942	☒
505-24-3662	370-85-7298	2	71	0,993	0,290	0,993	0,942	☒
561-52-9177	158-65-8157	2	71	0,989	0,162	0,989	0,942	☒
609-35-1567	969-26-6095	2	71	0,986	0,5	0,304	0,942	☒
548-42-7946	860-11-1301	4	71	0,984	0,314	0,984	0,942	☒
591-54-9710	171-24-3293	2	71	0,990	0,369	0,990	0,942	☒
...	...	...	...	...	...	...	...	...

Abbildung 6.9: Potenzialbewertung einer Produkt-Standardisierung

Der Variantenvergleich verdeutlicht, dass sich diese Fertigungsteile lediglich in der Ausprägung des Merkmals Innendurchmesser geringfügig unterscheiden (vgl. Abbildung 6.10). Zur Reduzierung der Fertigungsprogrammvarianz bietet sich daher eine Angleichung der Merkmalsausprägungen an, sofern diese kundenseitig durchsetzbar ist. Ebenfalls hohes Potenzial für eine Produkt-Standardisierung weisen die Variantenkombinationen der Artikelnummern 343-97-2928 und 178-26-9413 sowie 376-44-3816, 340-37-3462 und 171-24-3293 auf. Mit Blick auf den Variantenvergleich scheint die Definition einer Baureihe mit vorgegebenen Ausprägungen der Merkmale Außendurchmesser, Innendurchmesser und Stärke/Länge in den Wertebereichen 190/120/47, 160/95/40 sowie 90/45/35 sinnvoll, da ein Großteil der Varianten nur geringfügig von diesen Werten abweicht. Die Baureihe ermöglicht so einen Kompromiss zwischen Varianzreduktion und Angebotsvielfalt der Fertigungsteile.

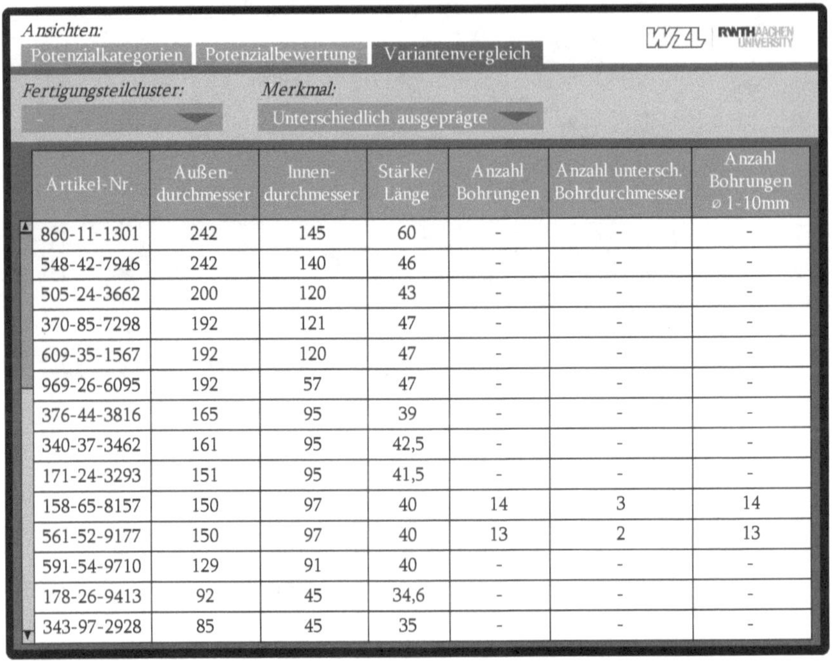

Artikel-Nr.	Außendurchmesser	Innendurchmesser	Stärke/ Länge	Anzahl Bohrungen	Anzahl untersch. Bohrdurchmesser	Anzahl Bohrungen ⌀ 1-10mm
860-11-1301	242	145	60	-	-	-
548-42-7946	242	140	46	-	-	-
505-24-3662	200	120	43	-	-	-
370-85-7298	192	121	47	-	-	-
609-35-1567	192	120	47	-	-	-
969-26-6095	192	57	47	-	-	-
376-44-3816	165	95	39	-	-	-
340-37-3462	161	95	42,5	-	-	-
171-24-3293	151	95	41,5	-	-	-
158-65-8157	150	97	40	14	3	14
561-52-9177	150	97	40	13	2	13
591-54-9710	129	91	40	-	-	-
178-26-9413	92	45	34,6	-	-	-
343-97-2928	85	45	35	-	-	-

Abbildung 6.10: Variantenvergleich ähnlicher Fertigungsteile in Cluster 71

Potenzialkategorie 2: Kündigung als Ausreißer deklarierter Fertigungsteile

Die Potenzialkategorie 2 umfasst jene 30 Fertigungsteile, die im Rahmen der Ähnlichkeitsanalyse als Ausreißer identifiziert wurden (vgl. Kapitel 6.1.2.2). Aufgrund ihrer hohen Verschiedenheit zu allen anderen Fertigungsteilen des Betrachtungsbereichs sind sie naheliegende Ziele einer Kündigung zur Reduzierung der Fertigungsprogrammvarianz. Die Umsetzbarkeit einer Kündigung und ihr Beitrag zur Reduzierung der Fertigungsprogrammvarianz wurden in der Potenzialbewertung gleichgewichtet. Ein Ausschnitt der nach Höhe des Potenzials sortierten Ansicht *Potenzialbewertung* ist in Abbildung 6.11 dargestellt. Für 22 der 30 Artikelnummern liegt der Umsatzanteil unter 0,1% des im Betrachtungsbereich erwirtschafteten Gesamtumsatzes der Maschinenbau GmbH, sodass die Umsatzverluste durch eine Kündigung dieser Fertigungsteile gering ausfallen. Die Umsetzung der Maßnahme ist vor dem Hintergrund möglicher Wahrnehmungs- und Imageverluste dennoch für jede Artikelnummer strategisch abzuwägen.

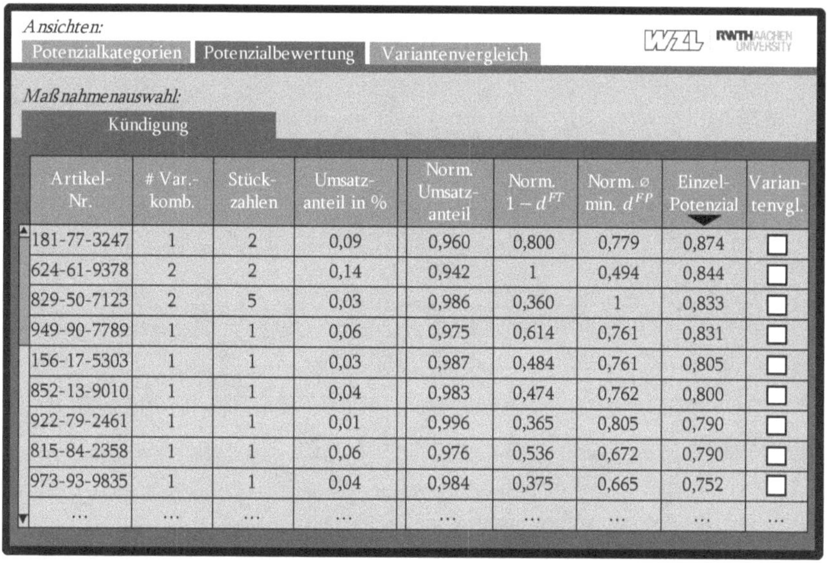

Artikel-Nr.	# Var.-komb.	Stück-zahlen	Umsatz-anteil in %	Norm. Umsatz-anteil	Norm. $1-d^{FT}$	Norm. ⌀ min. d^{FP}	Einzel-Potenzial	Varian-tenvgl.
181-77-3247	1	2	0,09	0,960	0,800	0,779	0,874	☐
624-61-9378	2	2	0,14	0,942	1	0,494	0,844	☐
829-50-7123	2	5	0,03	0,986	0,360	1	0,833	☐
949-90-7789	1	1	0,06	0,975	0,614	0,761	0,831	☐
156-17-5303	1	1	0,03	0,987	0,484	0,761	0,805	☐
852-13-9010	1	1	0,04	0,983	0,474	0,762	0,800	☐
922-79-2461	1	1	0,01	0,996	0,365	0,805	0,790	☐
815-84-2358	1	1	0,06	0,976	0,536	0,672	0,790	☐
973-93-9835	1	1	0,04	0,984	0,375	0,665	0,752	☐
...	...	...	...	...	...	...	...	...

Abbildung 6.11: Potenzialbewertung einer Kündigung

Potenzialkategorie 3: Prozess-Standardisierung und Nivellierung bei identischen Fertigungsteilen

Für 673 der 1273 betrachteten Fertigungsteile der Maschinenbau GmbH liegt mehr als eine Fertigungsprozessvariante im Betrachtungsbereich vor. In der Folge umfasst die Datentabelle der Potenzialkategorie 3 673 Gruppen, die jeweils aus den möglichen Variantenkombinationen der zu einer Artikelnummer gehörenden Fertigungsprozessvarianten bestehen. Die Verschiedenheit der Fertigungsprozessvarianten in den durchlaufenen Arbeitsplätzen, Bearbeitungszeiten und Losgrößen ist dabei ausschlaggebend für die Höhe des Einzelpotenzials einer Prozess-Standardisierung, einer Nivellierung der Bearbeitungszeiten oder einer Nivellierung der Losgrößen. Abbildung 6.12 zeigt einen Ausschnitt der Ansicht *Potenzialbewertung* für die Maßnahme *Bearbeitungszeit-Nivellierung* der Entscheidungsunterstützung zur Reduzierung der Fertigungsprogrammvarianz. Dabei wurde eine Gleichgewichtung der Umsetzbarkeit und des Beitrags zur Reduzierung der Fertigungsprogrammvarianz verfolgt.

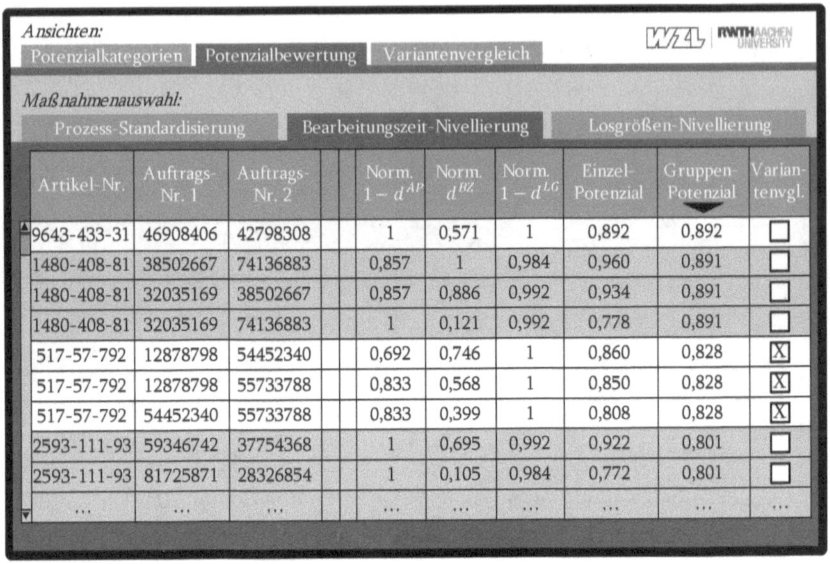

Artikel-Nr.	Auftrags-Nr. 1	Auftrags-Nr. 2			Norm. $1-d^{AP}$	Norm. d^{BZ}	Norm. $1-d^{LG}$	Einzel-Potenzial	Gruppen-Potenzial	Variantenvgl.
9643-433-31	46908406	42798308			1	0,571	1	0,892	0,892	☐
1480-408-81	38502667	74136883			0,857	1	0,984	0,960	0,891	☐
1480-408-81	32035169	38502667			0,857	0,886	0,992	0,934	0,891	☐
1480-408-81	32035169	74136883			1	0,121	0,992	0,778	0,891	☐
517-57-792	12878798	54452340			0,692	0,746	1	0,860	0,828	☒
517-57-792	12878798	55733788			0,833	0,568	1	0,850	0,828	☒
517-57-792	54452340	55733788			0,833	0,399	1	0,808	0,828	☒
2593-111-93	59346742	37754368			1	0,695	0,992	0,922	0,801	☐
2593-111-93	81725871	28326854			1	0,105	0,984	0,772	0,801	☐
...	...	...			...	...	...	...	...	...

Abbildung 6.12: Bearbeitungszeit-Nivellierung bei identischen Fertigungsteilen

Die nach der Höhe des Gruppen-Potenzials absteigend sortierte Datentabelle indiziert ein hohes Potenzial zur Bearbeitungszeit-Nivellierung für die Gruppen der Artikelnummern 9643-433-31, 1480-408-81 und 517-57-792. Dies ist jeweils auf die hohe Verschiedenheit der Bearbeitungszeiten (dBZ) der Variantenkombinationen zurückzuführen, obwohl identische Fertigungsteile gefertigt werden und eine hohe Ähnlichkeit der durchlaufenen Arbeitsplätze und Losgrößen vorliegt. Die in Abbildung 6.13 dargestellte Ansicht *Variantenvergleich* für die Variantenkombinationen der Artikelnummer 517-57-792 zeigt, dass die Verschiedenheit der Bearbeitungszeiten insbesondere an den Arbeitsplätzen 546, 721, 729 und 1206 auftritt ist. Zur Reduzierung der Fertigungsprogrammvarianz bietet sich daher eine Ursachenanalyse und Bearbeitungszeit-Nivellierung an diesen Arbeitsplätzen an.

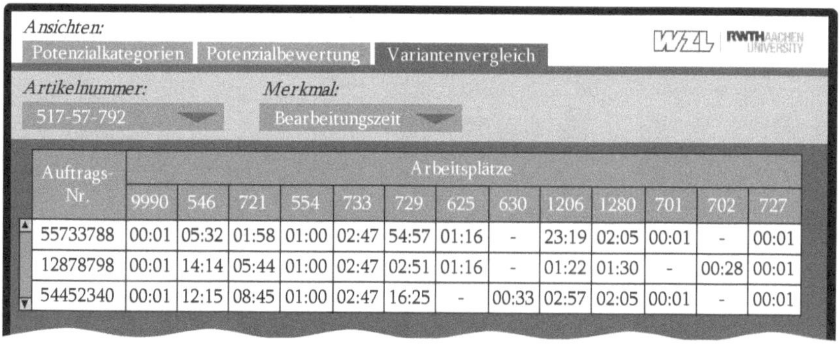

Auftrags-Nr.	Arbeitsplätze												
	9990	546	721	554	733	729	625	630	1206	1280	701	702	727
55733788	00:01	05:32	01:58	01:00	02:47	54:57	01:16	-	23:19	02:05	00:01	-	00:01
12878798	00:01	14:14	05:44	01:00	02:47	02:51	01:16	-	01:22	01:30	-	00:28	00:01
54452340	00:01	12:15	08:45	01:00	02:47	16:25	-	00:33	02:57	02:05	00:01	-	00:01

Abbildung 6.13: Variantenvergleich des Merkmals Bearbeitungszeit

Potenzialkategorie 4: Prozess-Standardisierung und Nivellierung ähnlicher Fertigungsprozesse

Die Potenzialkategorie 4 umfasst alle möglichen Variantenkombinationen von Fertigungsprozessen innerhalb der 99 identifizierten Prozesscluster. Das Einzelpotenzial einer Variantenkombination für eine Prozess-Standardisierung oder Nivellierung ist dabei abhängig von der Verschiedenheit der durchlaufenen Arbeitsplätze, Bearbeitungszeiten und Losgrößen sowie der Ähnlichkeit der zugehörigen Fertigungsteile. Die Umsetzbarkeit und der Beitrag zur Reduzierung der Fertigungsprogrammvarianz sind gleichgewichtet in die Potenzialbewertung eingeflossen. Die nach der Höhe des Clusterpotenzials absteigend sortierte Datentabelle der Potenzialbewertung zeigt ein hohes Potenzial einer Prozess-Standardisierung für die Variantenkombinationen des Prozessclusters 98 (vgl. Abbildung 6.14). Der Variantenvergleich der zugehörigen Fertigungsprozess- und Fertigungsteilvarianten zeigt, dass sich die Fertigungsprozesse in der Art und Anzahl der durchlaufenen Arbeitsplätze unterscheiden (vgl. Abbildung 6.15). Die zugehörigen Fertigungsteile weisen einheitliche Merkmale auf, unterscheiden sich in deren Ausprägung jedoch teilweise deutlich. Eine produktseitig induzierte Verschiedenheit der durchlaufenen Arbeitsplätze kann daher nicht vollständig ausgeschlossen werden. In Anbetracht der hohen Ähnlichkeit der Merkmalsausprägungen der Artikelnummern 4991-652-26 und 2303-982-27 sowie der Verschiedenheit der zugehörigen Fertigungsaufträge 60614667 und 35525314 scheint dies jedoch unwahrscheinlich. Zur Reduzierung der Fertigungsprogrammvarianz bietet sich daher eine Ursachenanalyse und Prozess-Standardisierung der Art und Anzahl durchlaufener Arbeitsplätze für diese und ggf. weitere Fertigungsprozessvarianten des Clusters an.

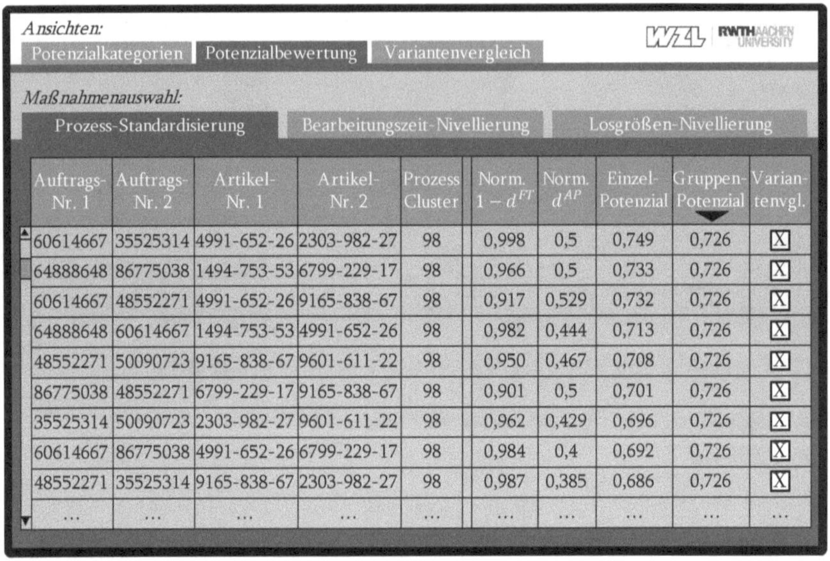

Auftrags-Nr. 1	Auftrags-Nr. 2	Artikel-Nr. 1	Artikel-Nr. 2	Prozess Cluster	Norm. $1-d^{FT}$	Norm. d^{AP}	Einzel-Potenzial	Gruppen-Potenzial	Variantenvgl.
60614667	35525314	4991-652-26	2303-982-27	98	0,998	0,5	0,749	0,726	[X]
64888648	86775038	1494-753-53	6799-229-17	98	0,966	0,5	0,733	0,726	[X]
60614667	48552271	4991-652-26	9165-838-67	98	0,917	0,529	0,732	0,726	[X]
64888648	60614667	1494-753-53	4991-652-26	98	0,982	0,444	0,713	0,726	[X]
48552271	50090723	9165-838-67	9601-611-22	98	0,950	0,467	0,708	0,726	[X]
86775038	48552271	6799-229-17	9165-838-67	98	0,901	0,5	0,701	0,726	[X]
35525314	50090723	2303-982-27	9601-611-22	98	0,962	0,429	0,696	0,726	[X]
60614667	86775038	4991-652-26	6799-229-17	98	0,984	0,4	0,692	0,726	[X]
48552271	35525314	9165-838-67	2303-982-27	98	0,987	0,385	0,686	0,726	[X]
...	...	...	...	...	...	...	...	...	...

Abbildung 6.14: Prozess-Standardisierung ähnlicher Fertigungsprozesse

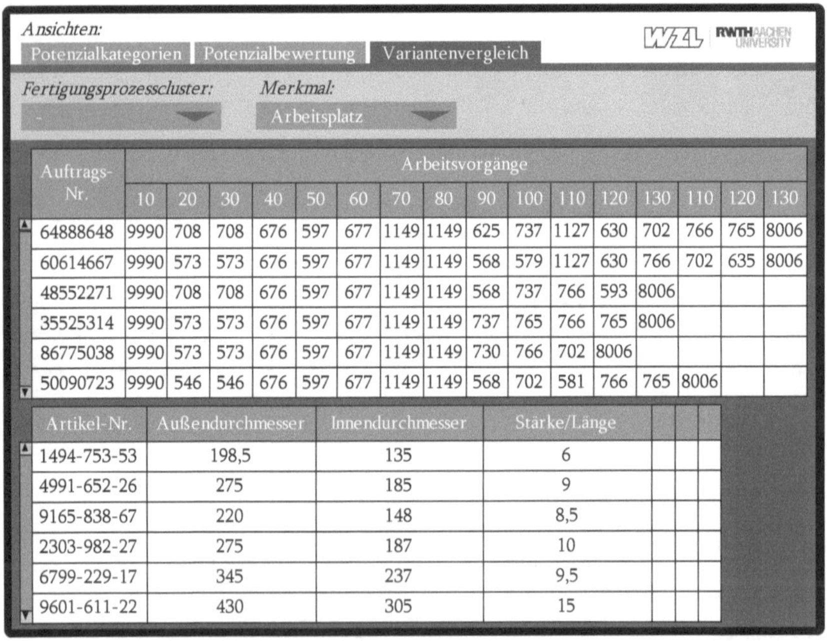

Auftrags-Nr.	Arbeitsvorgänge															
	10	20	30	40	50	60	70	80	90	100	110	120	130	110	120	130
64888648	9990	708	708	676	597	677	1149	1149	625	737	1127	630	702	766	765	8006
60614667	9990	573	573	676	597	677	1149	1149	568	579	1127	630	766	702	635	8006
48552271	9990	708	708	676	597	677	1149	1149	568	737	766	593	8006			
35525314	9990	573	573	676	597	677	1149	1149	737	765	766	765	8006			
86775038	9990	573	573	676	597	677	1149	1149	730	766	702	8006				
50090723	9990	546	546	676	597	677	1149	1149	568	702	581	766	765	8006		

Artikel-Nr.	Außendurchmesser	Innendurchmesser	Stärke/Länge			
1494-753-53	198,5	135	6			
4991-652-26	275	185	9			
9165-838-67	220	148	8,5			
2303-982-27	275	187	10			
6799-229-17	345	237	9,5			
9601-611-22	430	305	15			

Abbildung 6.15: Variantenvergleich der Fertigungsprozesse und -teile

Potenzialkategorie 5: Outsourcing als Ausreißer deklarierter Fertigungsprozesse

Für die Potenzialkategorie 5 wurden im Rahmen der Ähnlichkeitsanalyse 31 Fertigungsprozessvarianten als Ausreißer identifiziert (vgl. Kapitel 6.1.2.2). Für einen Großteil der in diesen Fertigungsprozessen hergestellten Fertigungsteile existieren im Betrachtungsbereich der Maschinenbau GmbH jedoch weitere Fertigungsprozessvarianten, die keine Ausreißer darstellen. Für ein Outsourcing eignen sich lediglich zwei Artikelnummern 5684-533-33 und 5795-113-50, die ausschließlich durch als Ausreißer deklarierte Fertigungsprozessvarianten gefertigt werden. Die Potenzialbewertung erfolgte dabei unter einer Gleichgewichtung der Umsetzbarkeit und des Beitrags der Maßnahme zur Reduzierung der Fertigungsprogrammvarianz. Die im Objektbereich gefertigten Stückzahlen der Artikelnummer 5795-113-50 fallen mit 80 Einheiten gering aus, sodass die Anwendung flexibler Fertigungstechniken in Frage kommt. Artikelnummer 5684-533-33 wird demgegenüber in Stückzahlen von mehreren hundert Einheiten gefertigt, sodass ein Outsourcing an externe Zulieferer zu prüfen ist.

Zusammenfassend liefert die Entscheidungsunterstützung über alle Potenzialkategorien hinweg valide Ergebnisse, die die Maschinenbau GmbH in der Auswahl geeigneter Maßnahmen und potenzialstarker Anwendungsbereiche zur Reduzierung der Fertigungsprogrammvarianz unterstützen. Nach erfolgter Auswahl des Anwendungsbereichs in Form von Variantenkombinationen bietet der Variantenvergleich zusätzlich eine wertungsfreie Informationsgrundlage für Ursachenanalysen sowie Optimierungsrichtungen, die als Entscheidungsgrundlage zur Umsetzung der Maßnahmen fungiert. Die Entscheidungsunterstützung ist dabei lediglich als Ausgangspunkt weiterer technischer, wirtschaftlicher sowie strategischer Überlegungen zu sehen, die vor einer abschließenden Umsetzungsentscheidung zu berücksichtigen sind.

6.2 Kritische Reflexion der Methodik

Die im vorherigen Kapitel beschriebene Anwendung hat gezeigt, dass die im Rahmen dieser Arbeit entwickelte Methodik in der Praxis anwendbar ist und verwertbare Ergebnisse zur Reduzierung der Fertigungsprogrammvarianz liefert. Die weitergehende Erfüllung der inhaltlichen Anforderungen aus Kapitel 4.1.1 wird im Folgenden erläutert und kritisch reflektiert.

Der Objektbereich der Fertigungsprogrammvarianz wird vollständig erfasst, da die Methodik eine übergreifende Betrachtung der Fertigungsteil- und Fertigungsprozessvarianz unter Berücksichtigung der Anzahl und Verschiedenheit der zugrundeliegenden Fertigungsteil- und Fertigungsprozessvarianten ermöglicht. Dies wird über die aus den Informationsbedarfen abgeleiteten produkt- und fertigungsprozessseitigen Datenbedarfe sichergestellt, die in Kapitel 5.1 in einer Datengrundlage zur Ermittlung der Fertigungsprogrammvarianz verknüpft werden. Im weiteren Verlauf der Arbeit ermöglicht die Datengrundlage sowohl eine kombinierte Betrachtung der Fertigungsteil- und Fertigungsprozessvarianz (vgl. Kapitel 5.2) als auch eine übergreifende Erschließung von Potenzialen zur Reduzierung der Fertigungsprogrammvarianz (vgl. Kapitel 5.3) im Sinne eines ganzheitlichen Variantenmanagements. Das Fallbeispiel der Maschinenbau GmbH zeigt, dass die erforderlichen Daten für eine übergreifende Betrachtung der Fertigungsteil- und Fertigungsprozessvarianz in der Praxis in ausreichender Qualität zur Verfügung stehen. Die methodische Anforderung einer Beschreibung der benötigten Datengrundlage zur Ermittlung der Fertigungsprogrammvarianz wird durch die Befolgung des Standardprozesses für industrielles Data-Mining CRISP-DM erfüllt. Dieser berücksichtigt neben einer systematischen Identifikation der Datenbedarfe und -quellen aus den Geschäfts- und Projektzielen der Arbeit auch die erforderlichen Schritte zur Vorbereitung der Daten. Auf diese Weise wird die Replizierbarkeit der Erzeugung einer modellierungsgerechten Datengrundlage sichergestellt. Die Nutzung datenbasierter Verfahren zur aufwandsgerechten Ermittlung der Fertigungsprogrammvarianz ist durch die Anwendung von Clusteringalgorithmen auf die erzeugte Datengrundlage erfüllt. Die programmatische Umsetzung in der Software R sowie die Verwendung frei zugänglicher Softwarebibliotheken ermöglicht dabei einen gegenüber herkömmlichen Methoden geringen manuellen Aufwand in der Umsetzung der Methodik. Die Berechnung von Distanzmatrizen stellt ein universelles Vorgehen zur Quantifizierung von Verschiedenheiten dar, das sich sowohl zur Anwendung auf die Fertigungsteil- als auch Fertigungsprozessdaten eignet. Die Flexibilität hinsichtlich der Anzahl und Skalenniveaus der Spalten des Inputdatensatzes garantiert darüber hinaus die praktische Nutzbarkeit der Methodik in wechselnden Anwendungsumgebungen. So wird auch die Anforderung einer flexiblen Integration unterschiedlicher, anwendungsspezifisch relevanter Merkmale zur Bestimmung der Verschiedenheit von Varianten erfüllt. Aus Anwendungsperspektive ermöglicht die entwickelte Methodik eine Identifikation von Potenzialen zur Reduzierung der Fertigungsprogrammvarianz. Durch die Gegenüberstellung der Matrix möglicher Ähnlichkeitskombinationen der Fertigungsteil- und Fertigungsprozessvarianten mit varianzreduzierenden Maßnahmen ist eine Berücksichtigung der Verschiedenheiten von Varianten in der Potenzialidentifikation sichergestellt. Die fallspezifische Evaluation der Eignung varianzreduzierender Maßnahmen anhand der zuvor erzeugten DM-Ergebnisse gewährleistet gleichzeitig eine nachvollziehbare Herleitung der Potenziale zur Reduzierung der Varianz. Die Praxisanforderung einer Bewertung identifizierter Potenziale zur Priorisierung des Anwendungsbereichs varianzreduzierender Maßnahmen wird durch die entwickelte Entscheidungsunterstützung erfüllt. Dieser liegen Berechnungslogiken zugrunde, die eine objektive Quantifizierung des Potenzials varianzreduzierender Maßnahmen für geeignete Kombinationen aus Fertigungsteil- und Fertigungsprozessvarianten ermöglichen. Dabei findet sowohl die Umsetzbarkeit der jeweiligen Maßnahmen als auch ihr Beitrag zur Reduzierung der Fertigungsprogrammvarianz Berücksichtigung.

Die in Kapitel 4.1.2 formulierten formalen Anforderungen an die Methodik werden ebenfalls als erfüllt bewertet. So zeigen die Ergebnisse des Anwendungsfalls der Maschinenbau GmbH die empirische Richtigkeit der Methodik. Zwar wurden durch die Datenstrukturierung, -bereinigung und -transformation vereinzelt Manipulationen an den extrahierten Daten vorgenommen. Diese dienten jedoch lediglich der Auflösung von Korrelationsproblemen und Datenfehlern sowie der Sicherstellung der Anwendbarkeit von Datenanalyseverfahren und ihrer Ergebnisqualität. Die empirische Richtigkeit der Methodik wird daher als erfüllt bewertet. Die Relevanz der Methodik ist bestätigt, da sämtliche für die Fertigungsprogrammvarianz relevanten Merkmale der Fertigungsteil- und Fertigungsprozessvarianten Berücksichtigung finden. Der Anspruch auf Vollständigkeit wurde im Rahmen der praktischen Anwendung der Methodik validiert und gilt vorbehaltlich weiterer Praxisanwendungen. Darüber hinaus bietet die Methodik eine flexible Erweiterbarkeit hinsichtlich der Art und Anzahl betrachteter Merkmale, sodass dies keine Limitation der Relevanz darstellt. Die Wirtschaftlichkeit der Methodik ergibt sich aus dem gegenüber herkömmlichen Methoden verbesserten Aufwand-Nutzen-Verhältnis. Dies wird durch den geringen manuellen Aufwand der programmatischen Anwendung datenbasierter Verfahren sowie des im Anwendungsfall validierten Nutzens der Ergebnisse zur Reduzierung der Fertigungsprogrammvarianz erreicht. Die Anwendung der Methodik erfordert aufgrund der replizierbar beschriebenen Vorgehensweise nach dem CRISP-DM Modell keine besonderen methodischen Kenntnisse. Durch die Entscheidungsunterstützung ist darüber hinaus eine intuitive Präsentation der Ergebnisse gewährleistet, die die Klarheit der Methodik sicherstellt. Die einzelnen Modelle der Methodik weisen einen einheitlichen Abstraktionsgrad auf und sind innerhalb des definierten betriebstypologischen Rahmens anwendungsübergreifend nutzbar. In Folge unternehmensindividueller Anwendungsumgebungen ist dabei keine quantitative, sondern eine qualitative Vergleichbarkeit der Ergebnisse gewährleistet. Durch den systemtheoretischen Aufbau der Methodik in ein Eingangs-, Vorgehens- und Ergebnismodul ist außerdem eine klare Definition der Schnittstellen zwischen den Modellen sichergestellt, sodass der Grundsatz des systematischen Aufbaus als erfüllt bewertet wird. Zur weiteren Bestätigung der inhaltlichen und formalen Anforderungen sowie Reflexion der Methodik bietet sich die Durchführung zusätzlicher Validierungen in der Praxis an.

7 Zusammenfassung und Ausblick

Um in globalen Käufermärkten zu bestehen und individuelle Kundenanforderungen zu bedienen, ist bei produzierenden Unternehmen eine Erhöhung der externen Angebotsvielfalt zu verzeichnen. Diese hat intern eine steigende Fertigungsprogrammvarianz zur Folge, die sich in erhöhten Kosten zur Administration und Herstellung des erweiterten Fertigungsteilespektrums niederschlägt. Trotz steigender Absätze führen die varianzinduzierten Kosten deshalb häufig zu einer unbeabsichtigten Verschlechterung der Wirtschaftlichkeit und Wettbewerbsfähigkeit der Unternehmen. Zur Reduzierung der Fertigungsprogrammvarianz und zur Steigerung der Profitabilität stehen im Variantenmanagement eine Reihe von Maßnahmen zur Verfügung, deren effektive Anwendung Transparenz über die bestehende Fertigungsprogrammvarianz voraussetzt. In Folge der variantenreichen Fertigungsprogramme ist diese mit manuellen Methoden jedoch kaum aufwandsgerecht zu ermitteln. Datenbasierte Ähnlichkeitsanalyseverfahren bieten Potenzial zur Reduzierung des manuellen Aufwands, finden für eine übergreifende Ermittlung und Reduzierung der Fertigungsprogrammvarianz im Sinne eines ganzheitlichen Variantenmanagements jedoch bisher keine Verwendung. Das Ziel dieser Arbeit war es daher, ein Vorgehen zur Reduzierung der Fertigungsprogrammvarianz mittels datenbasierter Ähnlichkeitsanalyse zu entwickeln.

Dazu wurden zunächst die Grundlagen und Herausforderungen des Betrachtungsbereichs der Fertigungsprogrammvarianz sowie der datenbasierten Ähnlichkeitsanalyse erläutert. Neben der Definition relevanter Begrifflichkeiten wurden die Auswirkungen einer steigenden Fertigungsprogrammvarianz konkretisiert sowie Methoden zur Ermittlung und Reduzierung der Fertigungsprogrammvarianz vorgestellt. Dabei wurden Produktkündigungen, Produkt-Standardisierungen, Prozess-Standardisierungen, Postponements, Nivellierungen, flexible Fertigungstechniken sowie Outsourcing als geeignete Maßnahmen zur Reduzierung der Fertigungsprogrammvarianz identifiziert. Zusätzlich wurde gezeigt, dass bestehende Methoden nicht in der Lage sind, die

Fertigungsprogrammvarianz zur Schaffung von Transparenz übergreifend und aufwandsgerecht zu ermitteln. Als Herausforderung in der Praxis wurde dabei unter anderem eine unvollständige Betrachtung der Fertigungsprogrammvarianz herausgearbeitet, die auf einen einseitigen Fokus der produkt- bzw. prozessseitigen Varianz und auf eine fehlende Berücksichtigung der Verschiedenheit von Varianten zurückzuführen ist. Neben einer aufwandsarmen datenbasierten Methode bedarf es zur Ermittlung der Fertigungsprogrammvarianz daher einer Quantifizierung der Verschiedenheit von Varianten sowie einer Definition der dafür erforderlichen Datengrundlage. Weiterer Handlungsbedarf besteht in der Entscheidungsfindung zur Reduzierung der Fertigungsprogrammvarianz. Hier fehlt es an einem Vorgehen zu Identifikation und Bewertung von Potenzialen zur Varianzreduktion, um die Entscheidungsfindung hinsichtlich des Anwendungsbereichs varianzreduzierender Maßnahmen zu unterstützen.

Anhand des Handlungsbedarfs aus der Praxis wurden Anforderungen an eine Methodik zur Reduzierung der Fertigungsprogrammvarianz mittels datenbasierter Ähnlichkeitsanalysen formuliert. Vierzehn bestehende Ansätze aus der Literatur wurden analysiert und hinsichtlich der Erfüllung dieser Anforderungen bewertet. Dabei wurde gezeigt, dass die Anforderungen nur teilweise erfüllt wurden und weiterer Forschungs- und Handlungsbedarf im Themenfeld besteht.

Um den Forschungs- und Handlungsbedarf zu adressieren, wurde das Grobkonzept der Methodik zur Reduzierung der Fertigungsprogrammvarianz mittels datenbasierter Ähnlichkeitsanalysen hergeleitet. Der Ablauf der Methodik orientiert sich am Prozessmodell des Cross-Industry Standard Process for Data Mining (CRISP-DM), das den defacto Standard für industrielles Data Mining darstellt. Die Phasen des Prozessmodells wurden dabei auf drei Lösungsmodule aufgeteilt. Im Eingangsmodul wurde zunächst die erforderliche Datengrundlage hergeleitet, indem ausgehend vom Geschäftsverständnis Informationsbedarfe identifiziert, Datenbedarfe abgeleitet und Schritte zur modellierungsgerechten Vorbereitung der Daten definiert wurden. Die resultierende Datengrundlage umfasst Daten zu den Merkmalen und Merkmalsausprägungen der Fertigungsteil- und Fertigungsprozessvarianten einer Anwendungsumgebung, die anhand der Artikelnummer miteinander verknüpft wurden. Im Anschluss an das Eingangsmodul wurde das Vorgehensmodul detailliert, um auf Basis der Datengrundlage ein Vorgehen zur Ermittlung der Fertigungsprogrammvarianz zu entwickeln. Zur Quantifizierung der Verschiedenheiten der Fertigungsteil- und Fertigungsprozessvarianten wurden zunächst geeignete Proximitätsmaße identifiziert und in ein Vorgehen zur Berechnung von Distanzmatrizen unter Berücksichtigung anwendungsspezifischer Gewichtungsfaktoren integriert. Anschließend wurden geeignete datenbasierte Ähnlichkeitsanalyseverfahren in Form von Clusteringalgorithmen anwendungsgerecht parametrisiert, um Ähnlichkeitsstrukturen in den Distanzmatrizen aufzudecken und so eine Ermittlung der Fertigungsprogrammvarianz zu ermöglichen. Im nächsten Schritt wurde das Ergebnismodul detailliert, das die Verwendung der Distanzmatrizen und Ähnlichkeitsstrukturen zur Reduzierung der Fertigungsprogrammvarianz beschreibt. Aus den Ähnlichkeitsstrukturen wurden dazu mögliche Ähnlichkeitskombinationen der Fertigungsteil- und Fertigungsprozessvarianten abgeleitet und varianzreduzierenden Maßnahmen gegenübergestellt. Anhand deren fallspezifischer Eignung wurden anschließend Potenziale zur Varianzreduktion identifiziert und Berechnungslogiken abgeleitet, die eine Bewertung der Potenziale zur Priorisierung des Anwendungsbereichs varianzreduzierender Maßnahmen ermöglichen. Um die Ergebnisse in die Entscheidungsfindung zur Reduzierung der Fertigungsprogrammvarianz zu integrieren, wurde abschließend eine Entscheidungsunterstützung entwickelt, die eine Auswahl potenzialstarker Anwendungsbereiche varianzreduzierender Maßnahmen ermöglicht.

Die entwickelte Methodik wurde abschließend am anonymisierten Fallbeispiel der Maschinenbau GmbH anhand realer Daten angewendet und validiert. Durch die Anwendung der Methodik wurde eine in Relation zur Fertigungsteilvarianz hohe Fertigungsprozessvarianz der Maschinenbau GmbH aufgedeckt, die es durch fertigungsteil- und fertigungsprozessseitige Maßnahmen zu reduzieren gilt. Mit Hilfe der Entscheidungsunterstützung wurden dazu 30 geeignete Anwendungsbereiche für Produktkündigungen, 12.845 für Produkt-Standardisierungen, 20.154 für Prozess-Standardisierungen und Nivellierungen von Bearbeitungszeiten und Losgrößen sowie zwei geeignete Anwendungsbereiche für Outsourcing bzw. den Einsatz flexibler Fertigungstechniken identifiziert. Die Potenzialbewertung zeigt eine hohe Umsetzbarkeit und einen hohen Beitrag zur Varianzreduktion für viele der identifizierten Anwendungsbereiche und erleichtert die Priorisierung und zielgerichtete Umsetzung varianzreduzierender Maßnahmen. Dabei stellt die Entscheidungsunterstützung der entwickelten Methodik lediglich einen Teil der Entscheidungsgrundlage dar, sodass die Umsetzung der Maßnahmen durch die Maschinenbau GmbH vorbehaltlich einer positiven strategischen und wirtschaftlichen Bewertung erfolgt.

Weiterer Forschungsbedarf besteht hinsichtlich der Implementierung zusätzlicher Bewertungsgrößen in die Entscheidungsunterstützung, um Folgen der Varianzreduktion, z.B. den Verlust eines Kunden infolge einer Produkt-Kündigung, zu berücksichtigen. Eine Integration vergleichbarer Bewertungsgrößen für die übrigen Kategorien der Entscheidungsunterstützung sowie eine Erweiterung um zusätzliche relevante varianzreduzierende Maßnahmen ist ebenso denkbar. Neben der inhaltlichen Weiterentwicklung der Methodik wird eine Zusammenführung der einzelnen Lösungsmodule in einem Software-Tool empfohlen, um eine schnittstellenfreie Erzeugung der Teilergebnisse und deren Verwertung im Rahmen der Ansichten der Entscheidungsunterstützung zu ermöglichen. Insbesondere hinsichtlich der modellierungsgerechten Vorbereitung der Daten besteht weiteres softwaregestütztes Automatisierungspotenzial. Auf diese Weise können der manuelle Aufwand der Anwendung weiter reduziert und die fortlaufende Validierung der Methodik in weiteren Unternehmen des betriebstypologischen Rahmens erleichtert werden.

In Ergänzung zu den inkrementellen Verbesserungen der Methodik und ihrer softwareseitigen Umsetzung besteht weiterer Forschungsbedarf hinsichtlich des Einflusses der Varianzreduktion auf die Nachhaltigkeitsziele produzierender Unternehmen. So sind neben den ökonomischen Effekten einer reduzierten Fertigungsprogrammvarianz auch ökologische und soziale Auswirkungen zu erwarten, beispielsweise in Form einer gesteigerten Ressourceneffizienz, verbesserten Arbeitsbedingungen sowie einer höheren Zufriedenheit der Mitarbeitenden. Es ist daher zu untersuchen, inwiefern die Potenzialbewertung varianzreduzierender Maßnahmen hinsichtlich dieser Zieldimensionen erweiterbar ist. Großer Einfluss auf die Zieldimensionen wird nicht allein in der Fertigung, sondern auch den Montagebereichen produzierender Unternehmen vermutet. Vor diesem Hintergrund wird eine Übertragung der Methodik auf Montageprozesse als sinnvoll und vielversprechend erachtet.

8 Literaturverzeichnis

Aggarwal, C. C. (2015)
Data Mining, Springer International Publishing, Cham, 2015.

Andersen, T.; Haug, A.; Hvam, L. (2020)
A Procedure for Product Variety Reduction That Considers Linked Revenue. In: Institute of Electrical and Electronics Engineers (IEEE) (Hrsg.): 2020 IEEE International Conference on Industrial Engineering and Engineering Management (IEEM), IEEE, 2020

Assenmacher, W. (2003)
Deskriptive Statistik, (3) Springer, Berlin, Heidelberg, 2003.

Assent, I. (2010)
Effiziente Ähnlichkeitssuche und Data Mining in großen Multimediadatenbanken Efficient Adaptive Retrieval and Mining in Large Multimedia Databases. In: itit, Nr. 1, 52. Jg., 2010, S. 45 - 47.

Awiszus, B.; Bast, J.; Hänel, T.; Kusch, M. (2020)
Grundlagen der Fertigungstechnik, (7., vollständig überarbeitete und erweiterte Auflage) Hanser, München, 2020.

Backhaus, K.; Erichson, B.; Gensler, S.; Weiber, R.; Weiber, T. (2021)
Multivariate Analysemethoden - Eine anwendungsorientierte Einführung, (16., vollständig überarbeitete und erweiterte Auflage) Springer Gabler, Wiesbaden, 2021.

Backhaus, K.; Erichson, B.; Plinke, W.; Weiber, R. (2018)
Multivariate Analysemethoden - Eine anwendungsorientierte Einführung, (15) Springer, Berlin, Heidelberg, 2018.

Bahrenburg, S.; Munk, S.; Fischer, J. W.; Rützel, H.; Fuchs, B. (2019)
Studie Future PLM, Frankfurt am Main, 2019.

Bankhofer, U.; Vogel, J. (2008)
Datenanalyse und Statistik - Eine Einführung für Ökonomen im Bachelor ; [Bachelor geeignet, (1. Aufl.) Gabler, Wiesbaden, 2008.

Bauernhansl, T. (2020)
Fabrikbetriebslehre 1 - Management in der Produktion, Springer Vieweg, Berlin, Heidelberg, 2020.

Bauernhansl, T.; Miehe, R. (2020)
Industrielle Produktion – Historie, Treiber und Ausblick. In: Bauernhansl, T. (Hrsg.): Fabrikbetriebslehre 1 - Management in der Produktion, Springer Vieweg, Berlin, Heidelberg, 2020, S. 1 - 33.

Bender, B.; Feldhusen, J.; Krause, D.; Beckmann, G.; Paetzold, K.; Hövel, A. (2020)
Grundlagen technischer Systeme und des methodischen Vorgehens. In: Bender, B./Göhlich, D. (Hrsg.): Dubbel Taschenbuch für den Maschinenbau 2: Anwendungen, Springer Berlin Heidelberg, Berlin, Heidelberg, 2020, S. 3 - 63.

Bender, B.; Gericke, K.; Pahl, G. (2021)
Pahl/Beitz Konstruktionslehre - Methoden und Anwendung erfolgreicher Produktentwicklung, (9. Auflage) Springer Vieweg, Berlin, 2021.

Bender, B.; Göhlich, D. (2020)
Dubbel Taschenbuch für den Maschinenbau 2: Anwendungen, Springer Berlin Heidelberg, Berlin, Heidelberg, 2020.

Bertagnolli, F. (2020)
Lean Management, Springer Fachmedien Wiesbaden, Wiesbaden, 2020.

Boas, R. (2008)
Commonality in Complex Product Families: Implications of Divergence and Lifecycle Offsets, Dissertation, Massachusetts Institute of Technologie, 2008.

Bortz, J.; Schuster, C. (2010)
Statistik für Human- und Sozialwissenschaftler, (7., vollständig überarbeitete und erweiterte Auflage) Springer, Berlin, Heidelberg, 2010.

Bottin, M.; Faccio, M.; Minto, R.; Rosati, G. (2021)
Sales Kit Automated Production: An Integrated Procedure for Setup Reduction in Case of High Products Variety. In: Applied Sciences, Nr. 21, 11. Jg., 2021, S. 1 - 15.

Bozarth, C.; Edwards, S. (1997)
The impact of market requirements focus and manufacturing characteristics focus on plant performance. In: Journal of Operations Management, Nr. 3, 15. Jg., 1997, S. 161 - 180.

Bozarth, C.; Warsing, D.; Flynn, B.; Flynn, E. (2009)
The impact of supply chain complexity on manufacturing plant performance. In: Journal of Operations Management, Nr. 1, 27. Jg., 2009, S. 78 - 93.

Brambring, F. (2017)
Steigerung der Datenintegrität in der Produktionssteuerung, Dissertation, Rheinisch-Westfälische Technische Hochschule Aachen; Apprimus Verlag, 2017.

Brecher, C. (2012)
Integrative Production Technology for High-Wage Countries, Springer Berlin Heidelberg, Berlin, Heidelberg, 2012.

Brecher, C.; Kampker, A.; Klocke, F.; Loosen, P. (2012)
Integrative Business and Technology Cases. In: Brecher, C. (Hrsg.): Integrative Production Technology for High-Wage Countries, Springer Berlin Heidelberg, Berlin, Heidelberg, 2012, S. 987 - 1075.

Buchholz, M. (2012)
Theorie der Variantenvielfalt - Ein produktions- und absatzwirtschaftliches Erklärungsmodell, Gabler Verlag, Wiesbaden, 2012.

Budde, L. (2016)
Integriertes Komplexitätsmanagement in produzierenden Unternehmen - ein Modell zur Bewertung von Komplexität, Dissertation, 2016.

Büdenbender, W. (1991)
Ganzheitliche Produktionsplanung und -steuerung - Konzepte für Produktionsunternehmen mit kombinierter kundenanonymer und kundenbezogener Auftragsabwicklung, Springer-Verlag, Berlin, New York, 1991.

Burggräf, P.; Schuh, G. (2020)
Produktion und Management, MORGAN KAUFMANN, [S.l.], 2020.

Burggräf, P.; Schuh, G.; Dannapfel, M.; Fuchs, S.; Roderburg, A.; Schlosser, R.; Tönissen, S. (2020)
Produktionsprozessplanung. In: Burggräf, P./Schuh, G. (Hrsg.): Produktion und Management, MORGAN KAUFMANN, [S.l.], 2020, S. 165 - 223.

Cadenas (o.J.)
PARTsolutions. URL: https://partsolutions.com/. Zuletzt geprüft am 07.04.2023.

Chapman, P.; Clinton, J.; Kerber, R.; Khabaza, T.; Reinhartz, T.; Shearer, C.; Wirth, R. (2000)
CRISP-DM 1.0 - Step-by-step data mining guide,, 2000.

Dangelmaier, W. (2009)
Theorie der Produktionsplanung und -steuerung - Im Sommer keine Kirschpralinen?, Springer, Berlin, Heidelberg, 2009.

Dassault Systemes (o.J.)
OnePart. URL: https://www.3ds.com/de/produkte-und-services/netvibes/produkte/onepart/. Zuletzt geprüft am 07.04.2023.

DIN Deutsches Institut für Normung e. V. (2015-11-00)
Qualitätsmanagementsysteme - Grundlagen, DIN EN ISO 9000 Beuth Verlag GmbH, Berlin, 2015-11-00.

DIN Deutsches Institut für Normung e. V. (2020-10-00)
Technische Produktdokumentation - Vokabular, DIN EN ISO 10209 Beuth Verlag GmbH, Berlin, 2020-10-00.

DIN Deutsches Institut für Normung e.V. (1977)
Begriffe im Zeichnungs- und Stücklistenwesen, DIN 199 Teil 2 Beuth, Berlin, 1977.

Dogan, A.; Birant, D. (2021)
Machine learning and data mining in manufacturing. In: Expert Systems with Applications, 166. Jg., 2021, S. 114060.

Dombrowski, U.; Krenkel, P. (2021)
Ganzheitliches Produktionsmanagement, Springer Vieweg, Berlin, Heidelberg, 2021.

Dombrowski, U.; Krenkel, P.; Löffler, C. (2021)
Strategisches Produktionsmanagement. In: Dombrowski, U./Krenkel, P. (Hrsg.): Ganzheitliches Produktionsmanagement, Springer Vieweg, Berlin, Heidelberg, 2021, S. 19 - 87.

Dudenredaktion (o.J.)
ähnlich. URL: https://www.duden.de/rechtschreibung/aehnlich. Zuletzt geprüft am 13.03.2023.

Dudenredaktion (o.J.)
Varianz, die. URL: https://www.duden.de/node/193058/revision/924022. Zuletzt geprüft am 29.08.2022.

Dudenredaktion (o.J.)
Wissenschaft, die. URL: https://www.duden.de/rechtschreibung/Wissenschaft. Zuletzt geprüft am 14.09.2023.

Dyckhoff, H.; Spengler, T. S. (2010)
Produktionswirtschaft - Eine Einführung, (3) Springer, Berlin, Heidelberg, 2010.

Efthymiou, K.; Mourtzis, D.; Pagoropoulos, A.; Papakostas, N.; Chryssolouris, G. (2016)
Manufacturing systems complexity analysis methods review. In: International Journal of Computer Integrated Manufacturing, Nr. 9, 29. Jg., 2016, S. 1025 - 1044.

Ehrlenspiel, K.; Kiewert, A.; Mörtl, M.; Lindemann, U. (2020)
Kostengünstig Entwickeln und Konstruieren - Kostenmanagement bei der integrierten Produktentwicklung, (8. Auflage) Springer Vieweg, Berlin, Heidelberg, 2020.

Eisele, O.; Jeske, T.; Lennings, F. (2021)
Produktivitätsmanagement. In: Gruen/Jeske (Hrsg.): Produktivitätsmanagement 4.0, Springer Berlin Heidelberg, Berlin, Heidelberg, 2021, S. 7 - 41.

Emmanouilidis, C.; Taisch, M.; Kiritsis, D. (2013)
Advances in Production Management Systems. Competitive Manufacturing for Innovative Products and Services, Springer Berlin Heidelberg, Berlin, Heidelberg, 2013.

Ester, M.; Kriegel, H.-P.; Sander, J.; Xu, X. (1996)
A Density-Based Algorithm for Discovering Clusters in Large Spatial Databases with Noise. In: KDD'96: Proceedings of the Second International Conference on Knowledge Discovery and Data Mining, 1996, S. 226 - 231.

Everitt, B. S.; Landau, S.; Leese, M.; Stahl, D. (2011)
Cluster Analysis, (5) Wiley, Hoboken, 2011.

Ezzat, O.; Medini, K.; Boucher, X.; Delorme, X. (2022)
A clustering approach for modularizing service-oriented systems. In: Journal of Intelligent Manufacturing, Nr. 3, 33. Jg., 2022, S. 719 - 734.

Fandel, G. (2005)
Produktion I - Produktions- und Kostentheorie, (6) Springer, Berlin, Heidelberg, 2005.

Fayyad, U.; Piatetsky-Shapiro, G.; Smyth, P. (1996)
From Data Mining to Knowledge Discovery in Databases. In: AI Magazine, Nr. 17(3), 1996, S. 37 - 54.

Feurer, M.; Hutter, F. (2019)
Hyperparameter Optimization. In: Hutter, F./Kotthoff, L./ et al. (Hrsg.): Automated Machine Learning - Methods, Systems, Challenges, Springer, Cham, 2019, S. 3 - 33.

Fisher, M.; Ittner, C. (1999)
The Impact of Product Variety on Automobile Assembly Operations: Empirical Evidence and Simulation Analysis. In: Management Science, Nr. 6, 45. Jg., 1999, S. 771 - 786.

Flynn, B.; Flynn, E. (1999)
Information-Processing Alternatives for Coping with Manufacturing Environment Complexity. In: Decision Sciences, Nr. 4, 30. Jg., 1999, S. 1021 - 1052.

Förderer, J. (2022)
Erfolgsmodell Digitale Plattformen - Geschäftsmodelle – Netzwerkeffekte – Community-Management, (1. Auflage) Schäffer-Poeschel Verlag, Stuttgart, 2022.

Förderer, J. (2022)
Teil A: Das Plattform-ABC. In: Förderer, J. (Hrsg.): Erfolgsmodell Digitale Plattformen - Geschäftsmodelle – Netzwerkeffekte – Community-Management, 1. Auflage; Schäffer-Poeschel Verlag, Stuttgart, 2022, S. 25 - 48.

Franke, H.-J. (1998)
Produkt-Variantenvielfalt - Ursachen und Methoden zu ihrer Bewältigung. In: VDI-Buch 1434 (Hrsg.): Effektive Entwicklung und Auftragsabwicklung variantenreicher Produkte, VDI-Verlag, Düsseldorf, 1998, S. 1 - 14.

Franke, H.-J. (2002)
Variantenmanagement in der Einzel- und Kleinserienfertigung - Mit 33 Tabellen, Hanser, München, Wien, 2002.

Franke, H.-J. (2002)
Variantenmanagement: Variantenvielfalt in Produkten und Prozessen erfolgreich beherrschen. In: Franke, H.-J. (Hrsg.): Variantenmanagement in der Einzel- und Kleinserienfertigung - Mit 33 Tabellen, Hanser, München, Wien, 2002, S. 1 - 25.

Freitag, M.; Kinra, A.; Kotzab, H.; Megow, N. (2022)
Dynamics in logistics - Proceedings of the 8th international conference LDIC 2022, Bremen, Germany, Springer, Cham, 2022.

Frochte, J. (2021)
Maschinelles Lernen - Grundlagen und Algorithmen in Python, (3., überarbeitete und erweiterte Auflage) Hanser, München, 2021.

Gabrielsen, P.; Bosch, P. (2003)
Environmental indicators: typology and use in reporting,, 2003.

González López de Murillas, E.; Reijers, H.; van der Aalst, W. (2019)
Connecting databases with process mining: a meta model and toolset. In: Software & Systems Modeling, Nr. 2, 18. Jg., 2019, S. 1209 - 1247.

Göpfert, J. (1998)
Modulare Produktentwicklung - Zur gemeinsamen Gestaltung von Technik und Organisation, Dt. Univ.-Verl.; Gabler, Wiesbaden, 1998.

Gower, J. (1971)
A General Coefficient of Similarity and Some of Its Properties, 1971

Gressel, S.; Pauleen, D. J.; Taskin, N. (2020)
Management decision-making, big data and analytics, SAGE, Thousand Oaks, 2020.

Große-Heitmeyer, V.; Wiendahl, H.-P. (2004)
Einführung. In: Wiendahl, H.-P./Gerst, D./ et al. (Hrsg.): Variantenbeherrschung in der Montage - Konzept und Praxis der flexiblen Produktionsendstufe, Springer, Berlin, Heidelberg, 2004, S. 3 - 20.

Größler, A.; Grübner, A.; Milling, P. (2006)
Organisational adaptation processes to external complexity. In: International Journal of Operations & Production Management, Nr. 3, 26. Jg., 2006, S. 254 - 281.

Gruen; Jeske (2021)
Produktivitätsmanagement 4.0, Springer Berlin Heidelberg, Berlin, Heidelberg, 2021.

Grzymala-Busse, J.; Grzymala-Busse, W. (2010)
Handling Missing Attribute Values. In: Maimon, O. Z. (Hrsg.): Data Mining and Knowledge Discovery Handbook, 2. Aufl.; Springer, New York, 2010, S. 33 - 51.

Guizzardi, R.; Ralyté, J.; Franch, X. (2022)
Research Challenges in Information Science, Springer International Publishing, Cham, 2022.

Gutenberg, E. (1951)
Grundlagen der Betriebswirtschaftslehre - Erster Band Die Produktion, Springer, Berlin, Göttingen, Heidelberg, 1951.

Guyon, I. (2006)
Feature extraction - Foundations and applications, Springer, Berlin, 2006.

Hachtel, G.; Holzbaur, U. (2010)
Management für Ingenieure - Technisches Management für Ingenieure in Produktion und Logistik, (1. Aufl.) Vieweg + Teubner, Wiesbaden, 2010.

Hachtel, G.; Holzbaur, U. (2010)
Produktionsmanagement. In: Hachtel, G./Holzbaur, U. (Hrsg.): Management für Ingenieure - Technisches Management für Ingenieure in Produktion und Logistik, 1. Aufl.; Vieweg + Teubner, Wiesbaden, 2010, S. 67 - 119.

Han, J.; Kamber, M.; Pei, J. (2012)
Data mining - Concepts and techniques, (3rd ed (Online-Ausg.)) Elsevier professional, s.l., 2012.

Handl, A.; Kuhlenkasper, T. (2017)
Multivariate Analysemethoden, Springer Berlin Heidelberg, Berlin, Heidelberg, 2017.

Henze, N. (2018)
Stochastik für Einsteiger, Springer Fachmedien Wiesbaden, Wiesbaden, 2018.

Hochdörffer, J.; Laule, C.; Lanza, G. (2017)
Product variety management using data-mining methods — Reducing planning complexity by applying clustering analysis on product portfolios. In: IEEE International Conference on Industrial Engineering and Engineering Management (Hrsg.): IEEM 2017 : 2017 IEEE International Conference on Industrial Engineering & Engineering Management : 10-13 December, Singapore, IEEE, 2017, S. 593 - 597.

Hofmann, Y. (2007)
Transparenz in Unternehmen. In: Zeitschrift für Management, Nr. 1, 2. Jg., 2007, S. 6 - 27.

Holtewert, P.; Wiendahl, H.-H. (2020)
Fertigungs- und Montagesysteme. In: Bauernhansl, T. (Hrsg.): Fabrikbetriebslehre 1 - Management in der Produktion, Springer Vieweg, Berlin, Heidelberg, 2020, S. 129 - 164.

Huber, S.; Wiemer, H.; Schneider, D.; Ihlenfeldt, S. (2019)
DMME: Data mining methodology for engineering applications – a holistic extension to the CRISP-DM model. In: Procedia CIRP, 79. Jg., 2019, S. 403 - 408.

Hubka, V. (1984)
Theorie technischer Systeme - Grundlagen einer wissenschaftlichen Konstruktionslehre, (Zweite, völlig neu bearbeitete und erweiterte Auflage) Springer-Verlag GmbH, Berlin, Heidelberg, New York, 1984.

Hutter, F.; Kotthoff, L.; Vanschoren, J. (2019)
Automated Machine Learning - Methods, Systems, Challenges, Springer, Cham, 2019.

Hvam, L.; Hansen, C.; Forza, C.; Mortensen, N.; Haug, A. (2020)
The reduction of product and process complexity based on the quantification of product complexity costs. In: International Journal of Production Research, Nr. 2, 58. Jg., 2020, S. 1 - 43.

IEEE (2021)
2021 IEEE International Conference on Industrial Engineering and Engineering Management (IEEM), 2021 IEEE International Conference on Industrial Engineering and Engineering Management (IEEM), 13.12.2021 - 16.12.2021. IEEE (2021)

IEEE (2022)
2022 IEEE International Conference on Industrial Engineering and Engineering Management (IEEM), 2022 IEEE International Conference on Industrial Engineering and Engineering Management (IEEM), 07.12.2022 - 10.12.2022. IEEE (2022)

IEEE International Conference on Industrial Engineering and Engineering Management (2017)
IEEM 2017 : 2017 IEEE International Conference on Industrial Engineering & Engineering Management : 10-13 December, Singapore, 2017 IEEE International Conference on Industrial Engineering and Engineering Management (IEEM), 12/10/2017 - 12/13/2017. IEEE (2017)

Institute of Electrical and Electronics Engineers (IEEE) (2016)
2016 IEEE International Conference on Industrial Engineering and Engineering Management (IEEM), 2016 IEEE International Conference on Industrial Engineering and Engineering Management (IEEM), 12/4/2016 - 12/7/2016. IEEE (2016)

Institute of Electrical and Electronics Engineers (IEEE) (2020)
2020 IEEE International Conference on Industrial Engineering and Engineering Management (IEEM), IEEE (2020)

Institute of Electrical and Electronics Engineers (IEEE) (2020)
2020 IEEE International Conference on Industrial Engineering and Engineering Management (IEEM), 2020 IEEE International Conference on Industrial Engineering and Engineering Management (IEEM), 14.12.2020 - 17.12.2020. IEEE (2020)

Institute of Electrical and Electronics Engineers (IEEE) (2022)
2022 IEEE International Conference on Industrial Engineering and Engineering Management (IEEM), IEEE (2022)

Jacobs, M.; Swink, M. (2011)
Product portfolio architectural complexity and operational performance: Incorporating the roles of learning and fixed assets. In: Journal of Operations Management, Nr. 7-8, 29. Jg., 2011, S. 677 - 691.

Jain, A. (2010)
Data clustering: 50 years beyond K-means. In: Pattern Recognition Letters, Nr. 8, 31. Jg., 2010, S. 651 - 666.

Kaltschmitt, M.; Schebek, L. (2015)
Umweltbewertung für Ingenieure - Methoden und Verfahren, Springer Berlin Heidelberg; Imprint: Springer Vieweg, Berlin, Heidelberg, 2015.

Kämpfer, T.; Klasen, S.; Nyhuis, P. (2022)
Using Distance Measures and Cluster Algorithms for Production Logistics-oriented Evaluation of Products and Product Portfolios. In: Institute of Electrical and Electronics Engineers (IEEE) (Hrsg.): 2022 IEEE International Conference on Industrial Engineering and Engineering Management (IEEM), IEEE, 2022, S. 428 - 433.

Kantardzic, M. (2020)
Data mining - Concepts, models, methods, and algorithms, (Third edition) IEEE Press; Wiley, Piscataway, NJ, Hoboken, New Jersey, 2020.

Kaufman, L.; Rousseeuw, P. J. (2005)
Finding Groups in Data - An Introduction to Cluster Analysis, (2) Wiley, Hoboken, 2005.

KEK/CDC Consultants (2001)
Handbuch Indikatorenbildung - für die wirtschaftliche Zusammenarbeit mit Entwicklungs- und Transitionsländern. Zuletzt geprüft am 13.03.2023.

Kellner, F.; Lienland, B.; Lukesch, M. (2018)
Produktionswirtschaft - Planung, Steuerung und Industrie 4.0, Springer, Berlin, Heidelberg, 2018.

Kellner, F.; Lienland, B.; Lukesch, M. (2020)
Produktionswirtschaft - Planung, Steuerung und Industrie 4.0, (Second edition) Springer Gabler, Berlin, Heidelberg, 2020.

Kießner, P.; Perera, H. (2022)
Managing Complexity in Variant-Oriented Manufacturing: A System Dynamics Approach. In: Freitag, M./Kinra, A./ et al. (Hrsg.): Dynamics in logistics - Proceedings of the 8th international conference LDIC 2022, Bremen, Germany, Springer, Cham, 2022, S. 363 - 375.

Kirchner, E. (2020)
Werkzeuge und Methoden der Produktentwicklung, Springer Berlin Heidelberg, Berlin, Heidelberg, 2020.

Kletti, J.; Deisenroth, R. (2019)
MES-Kompendium - Ein Leitfaden am Beispiel von HYDRA, (2. Auflage) Springer Vieweg, Berlin, Heidelberg, 2019.

Klocke, F. (2021)
Fertigungsgerecht. In: Bender, B./Gericke, K./ et al. (Hrsg.): Pahl/Beitz Konstruktionslehre - Methoden und Anwendung erfolgreicher Produktentwicklung, 9. Auflage; Springer Vieweg, Berlin, 2021, S. 704 - 718.

Koether, R.; Meier, K.-J. (2020)
Lean Production für die variantenreiche Einzelfertigung - Flexibilität wird zum neuen Standard, (2., aktualisierte und überarbeitete Auflage) Springer Gabler, Wiesbaden, Heidelberg, 2020.

Koller, R. (1998)
Konstruktionslehre für den Maschinenbau - Grundlagen zur Neu- und Weiterentwicklung technischer Produkte mit Beispielen, (4., neubearb. und erw. Aufl.) Springer, Berlin, 1998.

Kotler, P.; Keller, K. L.; Brady, M.; Goodman, M.; Hansen, T. (2016)
Marketing management, (3rd edition) Pearson, Harlow, England, London, New York, Boston, San Francisco, Toronto, Sydney, 2016.

Krause, D.; Gebhardt, N. (2018)
Methodische Entwicklung modularer Produktfamilien, Springer Berlin Heidelberg, Berlin, Heidelberg, 2018.

Krause, D.; Gebhardt, N. (2023)
Methodical Development of Modular Product Families - Developing High Product Diversity in a Manageable Way, Springer Berlin Heidelberg, Berlin, Heidelberg, 2023.

Krause, D.; Paetzold, K.; Wartzack, S. (2012)
Design for X - Beiträge zum 23. DfX-Symposium Oktober 2012, TuTech Verl., Hamburg, 2012.

Krause, D.; Vietor, T.; Inkermann, D.; Hanna, M.; Richter, T.; Wortmann, N. (2021)
Produktarchitektur. In: Bender, B./Gericke, K./ et al. (Hrsg.): Pahl/Beitz Konstruktionslehre - Methoden und Anwendung erfolgreicher Produktentwicklung, 9. Auflage; Springer Vieweg, Berlin, 2021, S. 335 - 390.

Kreutzer, R. T. (2022)
Praxisorientiertes Marketing - Grundlagen - Instrumente - Fallbeispiele, (6. Auflage) Springer Fachmedien Wiesbaden, Wiesbaden, 2022.

Kubicek, H. (1976)
Heuristische Bezugsrahmen und heuristisch angelegte Forschungsdesign als Elemente einer Konstruktionsstrategie empirischer Forschung, Inst. für Unternehmensführung, Berlin, 1976.

Kurgan, L.; Musilek, P. (2006)
A survey of Knowledge Discovery and Data Mining process models. In: The Knowledge Engineering Review, Nr. 1, 21. Jg., 2006, S. 1 - 24.

Lasch, R. (2021)
Strategisches und operatives Logistikmanagement: Beschaffung, Springer Fachmedien Wiesbaden, Wiesbaden, 2021.

Laudon, K. C.; Laudon, J. P.; Schoder, D. (2016)
Wirtschaftsinformatik - Eine Einführung, (3., vollständig überarbeitete Auflage) Pearson, Hallbergmoos, 2016.

Laufenberg, L. (1996)
Methodik zur integrierten Projektgestaltung für die situative Umsetzung des simultaneous engineering, (Als Ms. gedr) Shaker, Aachen, 1996.

Laureijs, R.; Fuchs, E.; Whitefoot, K. (2019)
Is More Less? Benefits and Costs of High-Variety Production in Nonassembled Manufacturing. In: Journal of Mechanical Design, Nr. 6, 141. Jg., 2019, S. 1 - 11.

Leyer, I.; Wesche, K. (2007)
Multivariate Statistik in der Ökologie - Eine Einführung, Springer, Berlin, Heidelberg, 2007.

Lindemann, U. (2009)
Methodische Entwicklung technischer Produkte - Methoden flexibel und situationsgerecht anwenden, (3., korrigierte Aufl.) Springer, Dordrecht, Heidelberg, 2009.

Lödding, H. (2016)
Verfahren der Fertigungssteuerung, Springer Berlin Heidelberg, Berlin, Heidelberg, 2016.

Luckert, M. (2018)
Potenzial der Fertigungssegmentierung zur Erhöhung der produktionslogistischen Leistungsfähigkeit, Dissertation, Rheinisch-Westfälische Technische Hochschule Aachen; Apprimus Verlag, 2018.

Lyons, A.; Um, J.; Sharifi, H. (2020)
Product variety, customisation and business process performance: A mixed-methods approach to understanding their relationships. In: International Journal of Production Economics, 221. Jg., 2020, S. 1 - 38.

Maechler, M.; Rousseeuw, P.; Struyf, A.; Hubert, M.; Hornik, K. (2021)
cluster: Cluster Analysis Basics and Extensions. URL: https://CRAN.R-project.org/package=cluster. Zuletzt geprüft am 23.09.2023.

Maetschke, J.; Fulterer, J.; Janke, T.; Zipfel, A.; Bank, L.; Theumer, P.; Mundt, C.; Köster, N.; Kämpfer, T.; Heuer, T.; Hiller, T. (2022)
PPS-Report 2021. In: Zeitschrift für wirtschaftlichen Fabrikbetrieb, Nr. 6, 117. Jg., 2022, S. 400 - 404.

Maimon, O. (2010)
Data Mining and Knowledge Discovery Handbook, (2) Springer, New York, 2010.

Maimon, O.; Rokach, L. (2010)
Introduction to Knowledge Discovery and Data Mining. In: Maimon, O. Z. (Hrsg.): Data Mining and Knowledge Discovery Handbook, 2. Aufl.; Springer, New York, 2010, S. 1 - 15.

Maletic, J.; Marcus, A. (2010)
Data Cleansing: A Prelude to Knowledge Discovery. In: Maimon, O. Z. (Hrsg.): Data Mining and Knowledge Discovery Handbook, 2. Aufl.; Springer, New York, 2010, S. 19 - 32.

Marr, B. (2015)
Big data - Using smart big data, analytics and metrics to make better decisions and improve performance, (1. publ) John Wiley and Sons Inc, Chichester, West Sussex, United Kingdom, 2015.

Marr, B. (2022)
Data strategy - How to profit from a world of big data, analytics and artificial intelligence, (Second edition) Kogan Page, London, United Kingdom, New York, NY, 2022.

Martinez, I.; Viles, E.; Olaizola, I. (2021)
Data Science Methodologies: Current Challenges and Future Approaches. In: Big Data Research, Nr. 3, 24. Jg., 2021

Martinez-Plumed, F.; Contreras-Ochando, L.; Ferri, C.; Hernandez Orallo, J.; Kull, M.; Lachiche, N.; Ramirez Quintana, M.; Flach, P. (2019)
CRISP-DM Twenty Years Later: From Data Mining Processes to Data Science Trajectories. In: IEEE Transactions on Knowledge and Data Engineering, Nr. 8, 33. Jg., 2019, S. 3048 - 3061.

Medeiros, A. de; **Weijters, A.; van der Aalst, W. (2007)**
Genetic process mining: an experimental evaluation. In: Data Mining and Knowledge Discovery, Nr. 2, 14. Jg., 2007, S. 245 - 304.

Meise, V. (2001)
Ordnungsrahmen zur prozessorientierten Organisationsgestaltung - Modelle für das Management komplexer Reorganisationsprojekte, Kovač, Hamburg, 2001.

Meyer, W. (2004)
Indikatorenentwicklung: eine praxisorientierte Einführung, DEU; Saarbrücken, 2004.

Milani, F.; Lashkevich, K.; Maggi, F.; Di Francescomarino, C. (2022)
Process Mining: A Guide for Practitioners. In: Guizzardi, R./Ralyté, J./ et al. (Hrsg.): Research Challenges in Information Science, Springer International Publishing, Cham, 2022, S. 265 - 282.

Moser, T.; Klotz, A.; Felberbauer, T.; Moser, M. (2020)
Industrie 4.0 – Konsequenzen für das Produktionsmanagement - Wie verändert Industrie 4.0 das Produktionsmanagement der kundenauftragsgetriebenen Klein- und Einzelserienfertigung von KMUs. In: Koether, R./Meier, K.-J. (Hrsg.): Lean Production für die variantenreiche Einzelfertigung - Flexibilität wird zum neuen Standard, 2., aktualisierte und überarbeitete Auflage; Springer Gabler, Wiesbaden, Heidelberg, 2020, S. 69 - 87.

Myrodia, A.; Hvam, L.; Sandrin, E.; Forza, C.; Haug, A. (2021)
Identifying variety-induced complexity cost factors in manufacturing companies and their impact on product profitability. In: Journal of Manufacturing Systems, 60. Jg., 2021, S. 373 - 391.

Myrodia, A.; Moseley, A.; Hvam, L. (2017)
Product portfolio optimization based on substitution. In: IEEE International Conference on Industrial Engineering and Engineering Management (Hrsg.): IEEM 2017 : 2017 IEEE International Conference on Industrial Engineering & Engineering Management : 10-13 December, Singapore, IEEE, 2017, S. 1651 - 1655.

Navaei, J.; ElMaraghy, H. (2014)
Grouping Product Variants based on Alternate Machines for Each Operation. In: Procedia CIRP, 17. Jg., 2014, S. 61 - 66.

Nöhring, F.; Sackermann, R.; Krebs, M.; Deuse, J. (2016)
Moderne Zeitwirtschaft in der Einzel- und Kleinserienfertigung. In: Zeitschrift für wirtschaftlichen Fabrikbetrieb, Nr. 5, 111. Jg., 2016, S. 256 - 260.

Opitz, H. (1969)
Merkmalanalyse für datenverarbeitende Fertigungsplanung, (1st ed. 1969) VS Verlag für Sozialwissenschaften; Imprint: VS Verlag für Sozialwissenschaften, Wiesbaden, 1969.

Öztürk, A.; Kayalıgil, S.; Özdemirel, N. (2006)
Manufacturing lead time estimation using data mining. In: European Journal of Operational Research, Nr. 2, 173. Jg., 2006, S. 683 - 700.

Ponn, J.; Lindemann, U. (2011)
Konzeptentwicklung und Gestaltung technischer Produkte - Systematisch von Anforderungen zu Konzepten und Gestaltlösungen, Springer-Verlag Berlin Heidelberg, Berlin, Heidelberg, 2011.

Probst, G. J. B.; Raub, S. P.; Romhardt, K. (2012)
Wissen managen - Wie Unternehmen ihre wertvollste Ressource optimal nutzen, (7. Auflage) Springer Gabler, Wiesbaden, 2012.

Produ, T.; Laperrière, L.; Reinhart, G. (2017)
CIRP Encyclopedia of Production Engineering, Springer Berlin Heidelberg, Berlin, Heidelberg, 2017.

Rathnow, P. J. (1993)
Integriertes Variantenmanagement - Bestimmung, Realisierung und Sicherung der optimalen Produktvielfalt, Vandenhoeck & Ruprecht, Göttingen, 1993.

Reinkemeyer, L. (2020)
Process Mining in a Nutshell. In: Reinkemeyer, L. (Hrsg.): Process mining in action - Principles, use cases and outlook, Springer, Cham, 2020, S. 3 - 11.

Reinkemeyer, L. (2020)
Process mining in action - Principles, use cases and outlook, Springer, Cham, 2020.

Rennekamp, M. (2013)
Methode zur Bewertung des Komplexitätsgrades von Unternehmen, (1. Aufl.) Apprimus-Verl., Aachen, 2013.

Riesener, M.; Doelle, C.; Koch, J.; Schuh, G. (2020)
Data Model for Managing Product Complexity. In: Institute of Electrical and Electronics Engineers (IEEE) (Hrsg.): 2020 IEEE International Conference on Industrial Engineering and Engineering Management (IEEM), IEEE, 2020, S. 996 - 1000.

Rousseeuw, P. (1986)
Silhouettes: a graphical aid to the interpretation and validation of cluster analysis. In: Journal of Computational and Applied Mathematics, Nr. 1, 20. Jg., 1986, S. 53 - 65.

Rudolf, S. (2013)
Produktionsgerechte Baukastengestaltung, (1. Aufl.) Apprimus-Verl., Aachen, 2013.

Runkler, T. A. (2015)
Data mining - Modelle und Algorithmen intelligenter Datenanalyse, (2., aktualisierte Auflage) Springer Vieweg, Wiesbaden, 2015.

Säfsten, K.; Elgh, F. (2020)
SPS2020 - Proceedings of the swedish production symposium, october 7-8, 2020, IOS Press, [S.l.], 2020.

Sander, J.; Ester, M.; Kriegel, H.-P.; Xu, X. (1998)
Density-Based Clustering in Spatial Databases: The Algorithm GDBSCAN and Its Applications. In: Data Mining and Knowledge Discovery, Nr. 2, 2. Jg., 1998, S. 169 - 194.

Schäfer, F.; Zeiselmair, C.; Becker, J.; Otten, H. (2018)
Synthesizing CRISP-DM and Quality Management: A Data Mining Approach for Production Processes. In: 2018 IEEE International Conference on Technology Management, Operations and Decisions (ICTMOD), 2018, S. 190 - 195.

Schebek, L.; Wowra, K.; Ahlf, W.; Scheffler, A. (2015)
Anthropogene Umweltwirkungen. In: Kaltschmitt, M./Schebek, L. (Hrsg.): Umweltbewertung für Ingenieure - Methoden und Verfahren, Springer Berlin Heidelberg; Imprint: Springer Vieweg, Berlin, Heidelberg, 2015, S. 15 - 41.

Schmitt, R.; Vorspel-Rüter, M.; Wienholdt, H. (2010)
Handhabung von Komplexität in flexiblen Produktionssystemen - Kundenindividuelle Produkte zu Kosten der Massenproduktion. In: Industrie-Management : Zeitschrift für industrielle Geschäftsprozesse, Nr. 1, 26. Jg., 2010, S. 53 - 56.

Schmitz, S. (2015)
Gestaltungsmethodik für eine Produktstruktur variantenreicher rotationssymmetrischer Bauteile, (1. Aufl.) Apprimus-Verlag, Aachen, 2015.

Schoeneberg, K.-P. (2014)
Komplexitätsmanagement in Unternehmen, Springer Fachmedien Wiesbaden, Wiesbaden, 2014.

Scholz-Reiter, B.; Höhns, H. (2012)
Selbststeuerung logistischer Prozesse mit Agentensystemen. In: Schuh, G./Stich, V. (Hrsg.): Produktionsplanung und -steuerung 2 - Evolution der PPS, 4., überarb. Aufl.; Springer Vieweg, Berlin, 2012, S. 294 - 335.

Schomburg, E. (1980)
Entwicklung eines betriebstypologischen Instrumentariums zur systematischen Ermittlung der Anforderungen an EDV-gestützte Produktionsplanungs- und -steuerungssysteme im Maschinenbau, Dissertation, RWTH Aachen, 1980.

Schröer, C.; Kruse, F.; Gómez, J. (2021)
A Systematic Literature Review on Applying CRISP-DM Process Model. In: Procedia Computer Science, 181. Jg., 2021, S. 526 - 534.

Schubert, E.; Sander, J.; Ester, M.; Kriegel, H.; Xu, X. (2017)
DBSCAN Revisited, Revisited - Why and How You Should (Still) Use DBSCAN. In: ACM Transactions on Database Systems, Nr. 3, 42. Jg., 2017, S. 1 - 21.

Schuh, G. (1988)
Gestaltung und Bewertung von Produktvarianten, Dissertation, Rheinisch-Westfälische Technische Hochschule Aachen, 1988.

Schuh, G. (2012)
Innovationsmanagement, (2., vollst. neu bearb. und erw. Aufl.) Springer Vieweg, Berlin, 2012.

Schuh, G.; Brandenburg, U.; Cuber, S. (2012)
Aufgaben. In: Schuh, G./Stich, V. (Hrsg.): Produktionsplanung und -steuerung 1 - Grundlagen der PPS, 4. Aufl.; Springer, Berlin, 2012, S. 29 - 81.

Schuh, G.; Dölle, C.; Becker, A.; Jank, M.-H.; Kress, J.; Kuhn, M.; Lauf, H.; Menges, A.; Schloesser, S.; Tittel, J. (2021)
Sustainable innovation - Nachhaltig Werte schaffen, (2. Auflage) Springer Vieweg, Berlin, 2021.

Schuh, G.; Guetzlaff, A.; Maetschke, J.; Krug, M.; Breitung, J. (2022)
Data-based Approach for Reducing Process Complexity in Parts Manufacturing. In: IEEE (Hrsg.): 2022 IEEE International Conference on Industrial Engineering and Engineering Management (IEEM), IEEE, 2022, S. 434 - 438.

Schuh, G.; Guetzlaff, A.; Schmidhuber, M.; Krug, M. (2021)
Creating Transparency on Product Variety Through Data-driven Similarity Analysis. In: IEEE (Hrsg.): 2021 IEEE International Conference on Industrial Engineering and Engineering Management (IEEM), IEEE, 2021, S. 1077 - 1081.

Schuh, G.; Kelzenberg, C.; Wiese, J.; Ochel, T. (2019)
Data Structure of the Digital Shadow for Systematic Knowledge Management Systems in Single and Small Batch Production. In: Procedia CIRP, 84. Jg., 2019, S. 1094 - 1100.

Schuh, G.; Lenders, M.; Nußbaum, C. (2012)
Produktarchitekturgestaltung. In: Schuh, G. (Hrsg.): Innovationsmanagement, 2., vollst. neu bearb. und erw. Aufl.; Springer Vieweg, Berlin, 2012, S. 115 - 160.

Schuh, G.; Potente, T.; Reuter, C.; Hauptvogel, A. (2017)
Steigerung der Kollaborationsproduktivität durch cyber-physische Systeme. In: Vogel-Heuser, B./Bauernhansl, T./ et al. (Hrsg.): Handbuch Industrie 4.0, 2., erweiterte und bearbeitete Auflage; Springer Vieweg, Berlin, Heidelberg, 2017, S. 75 - 92.

Schuh, G.; Potente, T.; Thomas, C.; Schmitz, S. (2013)
Designing Rotationally Symmetric Products for Multi-variant Mass Production by Using Production-Technical Solution Space. In: Emmanouilidis, C./Taisch, M./ et al. (Hrsg.): Advances in Production Management Systems. Competitive Manufacturing for Innovative Products and Services, Springer Berlin Heidelberg, Berlin, Heidelberg, 2013, S. 286 - 293.

Schuh, G.; Reinhart, G.; Prote, J.-P.; Sauermann, F.; Horsthofer, J.; Oppolzer, F.; Knoll, D. (2019)
Data Mining Definitions and Applications for the Management of Production Complexity. In: Procedia CIRP, 81. Jg., 2019, S. 874 - 879.

Schuh, G.; Riesener, M. (2018)
Produktkomplexität managen - Strategien - Methoden - Tools, (3., vollständig überarbeitete Auflage) Hanser, München, 2018.

Schuh, G.; Riesener, M.; Ortlieb, C.; Koch, J. (2016)
Identification of modular platform potential in complex product portfolios using data analytics. In: Institute of Electrical and Electronics Engineers (IEEE) (Hrsg.): 2016 IEEE International Conference on Industrial Engineering and Engineering Management (IEEM), IEEE, 2016, S. 1548 - 1552.

Schuh, G.; Schenk, M.; Quick, J. (2012)
Prozessarchitektur. In: Schuh, G./Stich, V. (Hrsg.): Produktionsplanung und -steuerung 1 - Grundlagen der PPS, 4. Aufl.; Springer, Berlin, 2012, S. 82 - 108.

Schuh, G.; Schmidt, C. (2014)
Produktionsmanagement, (2., vollst. neu bearb. und erw. Aufl.) Springer Vieweg, Berlin, Heidelberg, 2014.

Schuh, G.; Schmidt, C.; Helmig, J. (2012)
Prozesse. In: Schuh, G./Stich, V. (Hrsg.): Produktionsplanung und -steuerung 1 - Grundlagen der PPS, 4. Aufl.; Springer, Berlin, 2012, S. 109 - 194.

Schuh, G.; Stich, V. (2012)
Produktionsplanung und -steuerung 1 - Grundlagen der PPS, (4. Aufl.) Springer, Berlin, 2012.

Schuh, G.; Stich, V. (2012)
Produktionsplanung und -steuerung 2 - Evolution der PPS, (4., überarb. Aufl.) Springer Vieweg, Berlin, 2012.

Siemens (o.J.)
Geolus Shape Search. URL: https://www.plm.automation.siemens.com/global/de/products/plm-components/geolus.html. Zuletzt geprüft am 07.04.2023.

Simuform (o.J.)
Similia. URL: https://www.simuform.com/similia.html. Zuletzt geprüft am 07.04.2023.

Simus Systems (o.J.)
Simus Classmate. URL: https://www.simus-systems.com/produkte-uebersicht/. Zuletzt geprüft am 07.04.2023.

Sinsel, A. (2020)
Das Internet der Dinge in der Produktion - Smart Manufacturing für Anwender und Lösungsanbieter, ([1. Auflage]) Springer Vieweg, Berlin, 2020.

Sinsel, A. (2020)
Grundlagen der Produktionsoptimierung. In: Sinsel, A. (Hrsg.): Das Internet der Dinge in der Produktion - Smart Manufacturing für Anwender und Lösungsanbieter, [1. Auflage]; Springer Vieweg, Berlin, 2020, S. 39 - 77.

Sorensen, D.; ElMaraghy, H.; Brunoe, T.; Nielsen, K. (2020)
Classification coding of production systems for identification of platform candidates. In: CIRP Journal of Manufacturing Science and Technology, 28. Jg., 2020, S. 144 - 156.

Staskiewicz, A.; Hvam, L.; Haug, A. (2020)
Reduction of Product Portfolio Complexity Based on Process Analysis. In: Säfsten, K./Elgh, F. (Hrsg.): SPS2020 - Proceedings of the swedish production symposium, october 7-8, 2020, IOS Press, [S.l.], 2020

Thiebes, F.; Plankert, N. (2014)
Umgang mit Komplexität in der Produktentwicklung – Komplexitätsbeherrschung durch Variantenmanagement. In: Schoeneberg, K.-P. (Hrsg.): Komplexitätsmanagement in Unternehmen, Springer Fachmedien Wiesbaden, Wiesbaden, 2014, S. 165 - 185.

Thommen, J.-P.; Achleitner, A.-K.; Gilbert, D. U.; Hachmeister, D.; Jarchow, S.; Kaiser, G. (2020)
Allgemeine Betriebswirtschaftslehre - Umfassende Einführung aus managementorientierter Sicht, (9., vollständig überarbeitete Auflage) Springer Gabler, Wiesbaden, Heidelberg, 2020.

Tomczak, T. (1992)
Forschungsmethoden in der Marketingwissenschaft: Ein Plädoyer für den qualitativen Forschungsansatz. In: Marketing ZFP, Nr. 2, 14. Jg., 1992, S. 77 - 87.

Ulrich, H.; Dyllick, T.; Probst, G. J. B. (1984)
Management, Haupt, Bern, Stuttgart, 1984.

Ulrich, K. (1995)
The role of product architecture in the manufacturing firm. In: Research Policy, Nr. 3, 24. Jg., 1995, S. 419 - 440.

Ulrich, P.; Hill, W. (1976)
Wissenschaftstheoretische Grundlagen der Betriebswirtschaftslehre. In: Wirtschaftswissenschaftliches Studium : WiSt ; Zeitschrift für Studium und Forschung, Nr. 5, 1976. Jg., 1976, S. 345 - 350.

Unbehauen, H. (2008)
Regelungstechnik I - Klassische Verfahren zur Analyse und Synthese linearer kontinuierlicher Regelsysteme, Fuzzy-Regelsysteme, (15., überarbeitete und erweiterte Auflage) Vieweg + Teubner, Wiesbaden, 2008.

van der Aalst, W. (2016)
Process mining - Data science in action, (Second edition) Springer, Berlin, Heidelberg, New York, Dordrecht, London, 2016.

VDI-Buch 1434 (1998)
Effektive Entwicklung und Auftragsabwicklung variantenreicher Produkte, VDI-Verlag, Düsseldorf, 1998.

Vogel-Heuser, B.; Bauernhansl, T.; Hompel, M. ten **(2017)**
Handbuch Industrie 4.0, (2., erweiterte und bearbeitete Auflage) Springer Vieweg, Berlin, Heidelberg, 2017.

Wannenwetsch, H. (2021)
Integrierte Materialwirtschaft, Logistik, Beschaffung und Produktion - Supply chain im… zeitalter der digitalisierung, MORGAN KAUFMANN, [S.l.], 2021.

Wannenwetsch, H. (2021)
Standardisierungsstrategien und Komplexitätsmanagement. In: Wannenwetsch, H. (Hrsg.): Integrierte Materialwirtschaft, Logistik, Beschaffung und Produktion - Supply chain im… zeitalter der digitalisierung, MORGAN KAUFMANN, [S.l.], 2021, S. 419 - 438.

Warnecke, H.-J. (1984)
Der Produktionsbetrieb - Eine Industriebetriebslehre für Ingenieure, Springer, Berlin, Heidelberg, 1984.

Weber, C. (2012)
Produkte und Produktentwicklungsprozesse abbilden mit Hilfe von Merkmalen und Eigenschaften. In: Krause, D./Paetzold, K./ et al. (Hrsg.): Design for X - Beiträge zum 23. DfX-Symposium Oktober 2012, TuTech Verl., Hamburg, 2012, S. 25 - 62.

Westkämper, E. (2006)
Einführung in die Organisation der Produktion, Springer-Verlag Berlin Heidelberg, Berlin, Heidelberg, 2006.

Westkämper, E.; Löffler, C. (2016)
Strategien der Produktion - Technologie, Konzepte und Wege in die Praxis, Springer, Berlin, Heidelberg, 2016.

Westkämper, E.; Schloske, A. (2020)
Fertigungs- und Fabrikbetrieb. In: Bender, B./Göhlich, D. (Hrsg.): Dubbel Taschenbuch für den Maschinenbau 2: Anwendungen, Springer Berlin Heidelberg, Berlin, Heidelberg, 2020, S. 997 - 1045.

Wiendahl, H.-H.; Denner, T. (2020)
Arbeitsplanung. In: Bauernhansl, T. (Hrsg.): Fabrikbetriebslehre 1 - Management in der Produktion, Springer Vieweg, Berlin, Heidelberg, 2020, S. 165 - 191.

Wiendahl, H.-P.; Gerst, D.; Keunecke, L. (2004)
Variantenbeherrschung in der Montage - Konzept und Praxis der flexiblen Produktionsendstufe, Springer, Berlin, Heidelberg, 2004.

Wiendahl, H.-P.; Scholtissek, P. (1994)
Management and Control of Complexity in Manufacturing. In: CIRP Annals, Nr. 2, 43. Jg., 1994, S. 533 - 540.

Wiendahl, H.-P.; Wiendahl, H.-H. (2020)
Betriebsorganisation für Ingenieure, (9., vollständig überarbeitete Auflage) Hanser, München, 2020.

Wildemann, H.; Voigt, K.-I. (2011)
Komplexitätsindex-Tool: Entscheidungsgrundlagen für die Produktprogrammgestaltung bei KMU,, 2011.

Witten, I. H.; Frank, E.; Hall, M. A.; Pal, C. J. (2017)
Data mining - Practical machine learning tools and techniques, (Fourth edition) Elsevier Morgan Kaufmann, Amsterdam, Boston, Heidelberg, London, New York, Oxford, Paris, San Diego, San Francisco, Singapore, Sydney, Tokyo, 2017.

Yuan, C.; Yang, H. (2019)
Research on K-Value Selection Method of K-Means Clustering Algorithm. In: J, Nr. 2, 2. Jg., 2019, S. 226 - 235.

Zenner, C. (2006)
Durchgängiges Variantenmanagement in der Technischen Produktionsplanung, LFT Lehrstuhl für Fertigungstechnik/CAM Univ. des Saarlandes, Saarbrücken, 2006.

Zheng, A.; Casari, A. (2018)
Feature engineering for machine learning - Principles and techniques for data scientists, O'Reilly, Beijing, Boston, Farnham, Sebastopol, Tokyo, Beijing, Boston, Farnham, Sebastopol, Tokyo, 2018.

Betreute studentische Arbeiten

Während der Erstellung der Dissertation hat der Autor unter wissenschaftlicher und inhaltlicher Leitung verschiedene studentische Arbeiten betreut, die Teilaspekte einer Reduzierung der Fertigungsprogrammvarianz mittels datenbasierter Ähnlichkeitsanalysen untersuchen. Die Erkenntnisse wurden im Rahmen der vorliegenden Dissertation an unterschiedlichen Stellen aufgegriffen:

Wehage, Justus

Erzeugung von Transparenz über Produktvarianz mittels ähnlichkeitsbasierter Datenanalyseverfahren, Bachelorarbeit, 2021. Erkenntnisse sind in Kapitel 2 und 5.1 eingeflossen.

Entwicklung eines Indikatorsystems zur Bewertung von Potenzialen und Zuordnung von Maßnahmen zur Reduzierung der Fertigungsprogrammvarianz, Masterarbeit, 2023. Erkenntnisse sind in Kapitel 2, 3 und 5.3 eingeflossen.

Breitung, Julius

Datenbasiertes Verfahren zur Schaffung von Transparenz über die Komplexität in der Produktion, Bachelorarbeit, 2021. Erkenntnisse sind in Kapitel 2, 3, 5.1 und 5.2 eingeflossen.

Rinck, Johannes

Datenbasierte Identifikation von Potentialen und Zuordnung von Maßnahmen zur Reduzierung der Fertigungsprogrammvarianz, Masterarbeit, 2022. Erkenntnisse sind in Kapitel 2 und 3 eingeflossen.

In der Reihe **Ergebnisse aus der Produktionstechnik** zuletzt erschienen:

Haase, Bernd:
Datenbasierte Werkzeuglebenszykluskostenanalyse
ISBN: 978-3-98555-255-9
Erscheinungsdatum: 20.01.2025

Krug, Marius:
Reduzierung der Fertigungsprogrammvarianz mittels datenbasierter Ähnlichkeitsanalyse
ISBN: 978-3-98555-253-5
Erscheinungsdatum: 20.01.2025

Ruschitzka, Christina:
Funktionsorientierte Ökologieanalyse im Maschinen- und Anlagenbau
ISBN: 978-3-98555-252-8
Erscheinungsdatum: 08.01.2025

Schlosser, Tino X.:
Gestaltung des Zentralisierungsgrads im Produktionsmanagement globaler Produktionsnetzwerke
ISBN: 978-3-98555-248-1
Erscheinungsdatum: 17.12.2024

Steinert, Alexander:
Modellprädiktive Regelung aktiver Kühlsysteme von Werkzeugmaschinen zur Kompensation thermo-elastischer Verlagerungen
ISBN: 978-3-98555-245-0
Erscheinungsdatum: 26.11.2024

Mueller, Aleksandra:
Assistenzsystem zur wissensbasierten Steuerungsrekonfiguration für robotergestützte Automatisierungsprozesse
ISBN: 978-3-98555-244-3
Erscheinungsdatum: 28.10.2024

Voet, Henning:
Ermittlung der Qualitätskosten bei Bauteilen mit unsicherheitsbehafteten geometrischen Merkmalen durch additiv gefertigte Prozessprototypen in Kleinserien
ISBN: 978-3-98555-242-9
Erscheinungsdatum: 17.10.2024

Latz, Tim:
Methodik zur Förderung von Deep-Tech im Maschinenbau
ISBN: 978-3-98555-243-6
Erscheinungsdatum: 14.10.2024

Föhlisch, Nils:
Klassifikationsbasierte Planung flexibler, flussorientierter Mixed-Model-Montagestrukturen
ISBN: 978-3-98555-231-3
Erscheinungsdatum: 16.09.2024

Keuper, Alexander:
Kompetenzbasierter Ressourceneinsatz in Multientwicklungsprojektumgebungen
ISBN: 978-3-98555- 236-8
Erscheinungsdatum: 09.09.2024

Edition Wissenschaft
Apprimus

Kessler, Niklas:
Transformation zur digital vernetzten Wertschöpfung im Werkzeugbau
ISBN: 978-3-98555- 232-0
Erscheinungsdatum: 02.09.2024

Rodemann, Niklas:
Resiliente Produktionsnetzwerke durch datenbasierte Früherkennung
ISBN: 978-3-98555-228-3
Erscheinungsdatum: 12.08.2024

Hähnel, Sebastian:
Das variationskraftgeregelte, schwingungsunterstützte Schleifen von gekrümmten Werkzeugstahlober-flächen mit gummigebundenen Schleifstiften
ISBN: 978-3-98555-225-2
Erscheinungsdatum: 22.07.2024

Kosel, Maximilian:
Prozess- und Maschinenentwicklung für das kontinuierliche, variotherme Heißprägen
ISBN: 978-3-98555-223-8
Erscheinungsdatum: 16.07.2024

Dackweiler, Jonas:
Planungseffizienz und -effektivität durch Plattformbasierte Fabrikplanung
ISBN: 978-3-98555-220-7
Erscheinungsdatum: 27.05.2024

Schopen, Marco:
Datenbasierte hybride Analyse und Gestaltung von Geschäftsprozessen
ISBN: 978-3-98555-217-7
Erscheinungsdatum: 22.05.2024

Spierling, Robert:
Abbildung thermo-elastischer Fehler von Fräsmaschinen auf Basis des photoelektrischen Effekts und eines lernenden Modells
ISBN: 978-3-98555-208-5
Erscheinungsdatum: 12.08.2024

Eckel, Hans-Martin:
Kinematische Analyse von Spindellagern unter statischen und dynamischen Kräften
ISBN: 978-3-98555-226-9
Erscheinungsdatum: 01.08.2024

Lender, Benjamin:
Datenbasierte Identifikation von Heuristiken für das Entwicklungsmanagement
ISBN: 978-3-98555-219-1
Erscheinungsdatum: 16.07.2024

Lukas, Gerret:
Gestaltungsmodell zur thermischen Auslegung additiver Prototypen-werkzeuge aus Kunststoff
ISBN: 978-3-98555-209-2
Erscheinungsdatum: 03.06.2024

Löffler, Bernd:
Additiv gefertigte Kunststoffwerkzeuge für das Tiefziehen von Feinblech
ISBN: 978-3-98555-211-5
Erscheinungsdatum: 27.05.2024

Scholzen, Philipp:
Auslegung geräuschoptimierter pulvermetallurgischer Stirnradverzahnungen
ISBN: 978-3-98555-216-0
Erscheinungsdatum: 21.05.2024

Edition Wissenschaft
Apprimus

FSC
www.fsc.org
MIX
Papier | Fördert
gute Waldnutzung
FSC® C083411

Kolibri 360 GmbH
Ferdinand-Jühlke-Straße 7
99095 Erfurt, Deutschland
produktsicherheit@kolibri360.de